Methodik zur Identifizierung und Nutzung strategischer Technologiepotentiale

Von der Fakultät für Maschinenwesen der
Rheinisch-Westfälischen Technischen Hochschule Aachen
zur Erlangung des akademischen Grades eines
Doktors der Ingenieurwissenschaften
genehmigte Dissertation

vorgelegt von

Diplom-Ingenieur Walther Pelzer

aus Aachen

Berichter: Univ.-Prof. Dr.-Ing. Dipl.-Wirt.Ing. Dr.techn. h.c. (N) Walter Eversheim
Berichter: Univ.-Prof. Dr.-Ing. Fritz Klocke

Tag der mündlichen Prüfung: 21. Mai 1999

D 82 (Diss. RWTH Aachen)

Fraunhofer Institut
Produktionstechnologie

Berichte aus der Produktionstechnik

Walther Pelzer

Methodik zur Identifizierung und Nutzung strategischer Technologiepotentiale

Herausgeber:

Prof. Dr.-Ing. Dr. h. c. Dipl.-Wirt. Ing. W. Eversheim
Prof. Dr.-Ing. F. Klocke
Prof. em. Dr.-Ing. Dr. h. c. mult. W. König
Prof. Dr.-Ing. Dr. h. c. Prof. h. c. T. Pfeifer
Prof. Dr.-Ing. Dr.-Ing. E. h. M. Weck

Band 22/99
Shaker Verlag
D 82   (Diss. RWTH Aachen)

> Die Deutsche Bibliothek - CIP-Einheitsaufnahme
>
> *Pelzer, Walther:*
> Methodik zur Identifizierung und Nutzung strategischer Technologiepotentiale /
> Walther Pelzer. - Als Ms. gedr. - Aachen : Shaker, 1999
>   (Berichte aus der Produktionstechnik ; Bd. 99,22)
>   Zugl.: Aachen, Techn. Hochsch., Diss., 1999
> ISBN 3-8265-6565-7

Copyright Shaker Verlag 1999
Alle Rechte, auch das des auszugsweisen Nachdruckes, der auszugsweisen
oder vollständigen Wiedergabe, der Speicherung in Datenverarbeitungs-
anlagen und der Übersetzung, vorbehalten.

Als Manuskript gedruckt. Printed in Germany.

ISBN 3-8265-6565-7
ISSN 0943-1756

> Shaker Verlag GmbH • Postfach 1290 • 52013 Aachen
> Telefon: 02407 / 95 96 - 0 • Telefax: 02407 / 95 96 - 9
> Internet: www.shaker.de • eMail: info@shaker.de

Vorwort

Die vorliegende Arbeit entstand während meiner Tätigkeit als wissenschaftlicher Mitarbeiter am Fraunhofer-Institut für Produktionstechnologie (IPT) in Aachen.

Herrn Professor Walter Eversheim, dem Leiter der Abteilung Planung und Organisation des oben genannten Instituts und Leiter des Lehrstuhls für Produktionssystematik am Laboratorium für Werkzeugmaschinen und Betriebslehre (WZL) der Rheinisch-Westfälischen Technischen Hochschule Aachen, danke ich für die Gelegenheit zur Promotion. Seine wohlwollende Förderung und Unterstützung ermöglichte die Durchführung dieser Arbeit. Herrn Professor Fritz Klocke bin ich für die Übernahme des Korreferats sehr dankbar.

Meinen ehemaligen Kollegen danke ich für die freundliche, kreative und auch kritische Zusammenarbeit, die das Erstellen dieser Arbeit bedeutend erleichtert hat. Stellvertretend für alle nenne ich meinen langjährigen Bürokollegen Bernhard Mischke, mit dem man auch in den schwierigsten Situationen zu jeder Tages- und Nachtzeit lachen und somit die (Arbeits-) Stimmung hochhalten konnte. Des weiteren gilt mein Dank den EDV-Damen Jaqueline Barby, Ute Jentzsch und Ute Schütt, ohne deren fürsorgliche Unterstützung ich diese Arbeit wohl auf einer Schreibmaschine hätte schreiben müssen. Nicht zuletzt danke ich allen Verwaltungsangestellten, die sich von keiner noch so chaotischen Reisekostenabrechnungen aus der Ruhe bringen ließen.

Für die inhaltlich kontroversen und immer humorvollen Diskussionen zur Thematik danke ich Volker Grüntges, Jürgen Thiemann und besonders Gunnar Güthenke. Diese Diskussionen führten häufig aus dem Labyrinth strategischer Verflechtungen und operativen „Knispeleien". Für den notwendigen „Feinschliff" durch die Rezensierung der Arbeit danke ich Dr. Uwe Böhlke, Dr. Eckard Bosselmann und dem TM-Literatur-Experten Bernhard Rupprecht.

Besonderer Dank gilt meiner „Hiwi-Schar" Nils Nohturfft, Sebastian Schöning, Jörn Rees, Bernhard Rupprecht, Jürgen Thiemann und Markus Ern für die hervorragende Unterstützung bei allen Projekten aber auch bei der Erstellung meiner Dissertation. Hervorzuheben ist hierbei mein Freund Nils Nohturfft aufgrund seiner einzigartigen und immerwährenden Einsatzbereitschaft, die die Basis für so manches erfolgreiche Projekt bildete.

Ganz besonderer Dank gilt meiner Frau Runak-Ariane für Ihre liebevolle Unterstützung, Geduld und Verständnis. Dies schuf den für diese Arbeit notwendigen Freiraum.

Meinen Eltern und meinen Geschwistern danke ich für ihre weltoffene Erziehung und ihre stete Unterstützung. Sie ermöglichten mir eine sorgenfreie Ausbildung und bildeten den notwendigen Rückhalt für meinen bisherigen Lebensweg.

Aachen, im Mai 1999

Inhaltsverzeichnis

INHALTSVERZEICHNIS I

ABKÜRZUNGSVERZEICHNIS IV

ABBILDUNGSVERZEICHNIS IX

1 EINLEITUNG 1
   1.1 AUSGANGSSITUATION UND ZIELSETZUNG 2
   1.2 AUFBAU DER ARBEIT 5

2 KENNZEICHNUNG DER DERZEITIGEN SITUATION 7
   2.1 ABGRENZUNG DES UNTERSUCHUNGSBEREICHES 7
      2.1.1 OBJEKTBEZOGENE ABGRENZUNG 7
      2.1.2 PROZEßBEZOGENE ABGRENZUNG 10
      2.1.3 MANAGEMENTBEZOGENE ABGRENZUNG 12
      2.1.4 PLANUNGSSICHTEBEZOGENE ABGRENZUNG 13
   2.2 ANALYSE UND KRITISCHE WÜRDIGUNG RELEVANTER ANSÄTZE 14
      2.2.1 BEITRÄGE IM UNTERSUCHUNGSBEREICH 15
      2.2.2 ANSATZ NACH EßMANN 17
      2.2.3 ANSATZ NACH JÜRGENS 18
      2.2.4 ANSATZ NACH ZEHNDER 21
      2.2.5 ANSATZ NACH EDGE ET AL. (TOOLKIT) 22
      2.2.6 SWOT-MODELL UND STÄRKEN/SCHWÄCHEN-CHECKLISTEN 24
      2.2.7 LEBENSZYKLEN - KONZEPTE 26
      2.2.8 PORTFOLIO KONZEPTE 28
   2.3 FAZIT UND FORSCHUNGSBEDARF 30

3 KONZEPTION DER PLANUNGSMETHODIK 32
   3.1 ANFORDERUNGEN AN DIE PLANUNGSMETHODIK 32
      3.1.1 ALLGEMEINE ANFORDERUNGEN AN DIE METHODIK 32
      3.1.2 INHALTLICHE ANFORDERUNGEN AN DIE METHODIK 33
   3.2 AUSWAHL EINER MODELLIERUNGSSPRACHE 36
   3.3 KONZEPTION DES MAKROZYKLUS 40
   3.4 ZWISCHENFAZIT 43

4 DETAILLIERUNG DER PLANUNGSMETHODIK 44
   4.1 SITUATIONSANALYSE {A1} 44

- 4.1.1 Ableitung der Ziele ... 46
- 4.1.2 Eingrenzung des Analysebereiches ... 47
- 4.2 Potentialanalyse {A2} ... 50
  - 4.2.1 Analyse der Technologiebeherrschung ... 50
  - 4.2.2 Ermittlung relevanter Substitutionstechnologien ... 54
- 4.3 Potentialbewertung {A3} ... 54
  - 4.3.1 Entwicklung des Potentialportfolios als Bewertungsinstrument ... 54
  - 4.3.2 Ermittlung der Bewertungskriterien ... 56
    - 4.3.2.1 Bewertungskriterien für die Zukunftsträchtigkeit ... 56
    - 4.3.2.2 Bewertungskriterien für die Technologiebeherrschung ... 59
    - 4.3.2.3 Bestimmung der Skalenniveaus der Bewertungskriterien ... 61
  - 4.3.3 Grundlagen der fuzzy-logik-basierten Bewertung ... 63
  - 4.3.4 Systematik zur Modellierung linguistischer Variablen ... 65
    - 4.3.4.1 Modellierung von Kriterien mit kardinalem Skalenniveau ... 65
    - 4.3.4.2 Modellierung von Kriterien mit ordinalem Skalenniveau ... 69
    - 4.3.4.3 Bestimmung der Operatoren der Fuzzy-Regelung ... 70
  - 4.3.5 Bewertung der Zukunftsträchtigkeit ... 71
  - 4.3.6 Bewertung der Technologiebeherrschung ... 75
  - 4.3.7 Darstellung der Ergebnisse mit dem Potentialportfolio ... 78
- 4.4 Suchfeldbildung {A4} ... 79
  - 4.4.1 Anforderungen an Suchfelder ... 79
  - 4.4.2 Beschreibungsparameter für Suchfelder ... 80
- 4.5 Ideengenerierung {A5} ... 82
  - 4.5.1 Auswahl der Kreativitätstechnik ... 82
  - 4.5.2 Generierung von Produktideen ... 84
- 4.6 Ideenbewertung {A6} ... 87
  - 4.6.1 Bewertung der Markteignung ... 87
    - 4.6.1.1 Ermittlung des Umsatzerlöses ... 89
    - 4.6.1.2 Ermittlung der Erfolgsgröße Markteignung ... 90
  - 4.6.2 Bewertung der Strategie- und Potentialkonformität ... 92
    - 4.6.2.1 Bewertungskriterien für die Strategiekonformität ... 92
    - 4.6.2.2 Ermittlung der Erfolgsgröße Strategiekonformität ... 94
    - 4.6.2.3 Bewertungskriterien für die Potentialkonformität ... 95
  - 4.6.3 Darstellung der Ergebnisse ... 99
- 4.7 Fazit: Detaillierung der Planungsmethodik ... 99

5 Anwendung der entwickelten Methodik ... 101

- 5.1 EDV-Tool zur Erstellung des Potentialportfolios ... 101
- 5.2 Methodikanwendung ... 103

5.3 FAZIT: ANWENDUNG DER ENTWICKELTEN METHODIK 114

6 ZUSAMMENFASSUNG **115**

7 LITERATURVERZEICHNIS **118**

8 ANHANG **136**

ABKÜRZUNGSVERZEICHNIS

{A1}	Ordnungsnummer einer Planungsaktivität im SADT-Modell
a	Jahr
ABC	Klassen einer charakteristischen Verteilung der Lorenzkurve
ADL	Arthur D. Little
AG	Automatisierungsgrad
AI	Anzahl der internen Technologieexperten
A_i,	Ansätze
AP	Anwendungsperformance
AU	Automatisierbarkeit
AWK	Aachener Werkzeugmaschinen Kolloquium e.V.
BLZ	Branchenlebenszyklus
BV	Bedienerverfügbarkeit
bzw.	beziehungsweise
CAD	Computer Aided Design
CAM	Computer Aided Manufacturing
dabit	Datenbank für innovative Technologien
d.h.	das heißt
DGM	Geometriemerkmale (Differenzierungspotential)
DIN	Deutsches Institut für Normung e.V.
DM	Differenzierungsmerkmale
DP	Differenzierungspotential
DQM	Qualitätsmerkmale (Differenzierungspotential)
DT	Dauer der Technologieanwendung
DWM	Werkstoffmerkmale (Differenzierungspotential)
EDV	Elektronische Datenverarbeitung
EP	Erwartetes Gesamtpotential
etc.	et cetera
evtl.	eventuell

f(r)	Verteilungsfunktion
F&E	Forschung und Entwicklung
FL	Flexibilität
FR	Fertigungsredundanz
FU	Funktionsumfang
GF	Geometrieflexibilität
ggf.	gegebenenfalls
GW	Geschwindigkeit der Entwicklung
h(r)	Dichtefunktion
H	Intervallanzahl
HK	Herstellkosten
HRC	Härtemaß nach Rockwell (cone)
i.allg.	im allgemeinen
I_i	Eingangsinformation (Input) einer Planungsaktivität im SADT-Modell
IDEF	Integrated Definition Language
i.e.S.	im engeren Sinne
IMMS	Integrated Manufacturing Modelling System
IP	Imagepotential
i.S.	im Sinne
IW	Imagewirkung
i.w.S.	im weiteren Sinne
KD	Kostenführerschafts- und Differenzierungspotential
KE	Kontakt zu externen Technologieexperten
kg	Kilogramm
KGM	Geometriemerkmale (Kostenführerschaftspotential)
KI	Know-how der internen Technologieexperten
KMU	kleine und mittelständische Unternehmungen
KP	Kostenführerschaftspotential
KQM	Qualitative Merkmale (Kostenführerschaftspotential)
KRT	Kreativitätstechniken
KT	Kosten der Technologieanwendung

KWM	Werkstoffliche Merkmale (Kostenführerschaftspotential)
lfd.	Laufend, laufende
LM	Leistungsbezogener Maschinenstundensatz
LP	Leistungspotential
LZ	Lebenszyklus
max.	Maximum
MF	Mengenflexibilität
MK	Maschinenkosten
m	Mittelwert
min.	Minimum
ML	Maschinenleistung
mm	Millimeter
MP	Multiplikationspotential
MS	Maschinenstundensatz
MTP	Manufacturing Technology Planning
MV	Maschinenverfügbarkeit
µ	Zugehörigkeit
µm	Mikrometer
N	Nutzen
o.a.	oben angeführt
o.S.	ohne Seitenangabe
O_i	Ausgangsinformation (Output) einer Planungsaktivität im SADT-Modell
PDB	Produktdatenblatt
PF	Prozeßfähigkeit
PG	Prozeßgeschwindigkeit
PI	Personalintensität
PK	Prozeßkosten
PLZ	Produktlebenszyklus
PQ	Prozeßqualität
PV	Produktvarität

PW	Prozeßbezogene Wertschöpfung
r	Laufvariable
R	Menge der Reellen Zahlen
σ	Standardabweichung
SADT	Structure Analysis and Design Technique
SFB	Sonderforschungsbereich
SGF	Strategisches Geschäftsfeld
SL	Stellung im Lebenszyklus
SP	Sachmittelpotential
ST	Steuerung
STEP	Standard for the Exchange of Product Model Data
STF	Strategisches Technologiefeld
StraTelio	Strategisches Technologie- Portfolio (EDV-Tool)
SWOT	Stregth-Weakness-Opportunities-Threats-Modell
TB	Technologiebeherrschung
TD	Technologiediffusion
TDB	Technologiedatenblatt
TE	Technologieerfahrung
TFL	Technologieflexibilität
TK	Technologiekalender
TLZ	Technologielebenszyklus
u.a.	unter anderem
u.U.	unter Umständen
UV	Umweltverträglichkeit
U1	Höhe der Emissionen (Umweltverträglichkeit)
U2	Höhe des Materialverlustes (Umweltverträglichkeit)
U3	Höhe des Energieeinsatzes (Umweltverträglichkeit)
U4	Höhe des Betriebshilfsstoffeinsatzes (Umweltverträglichkeit)
WA	Wertanalyse
WF	Werkstoffflexibilität
WK	Weiterentwicklungs-Know-how

WP	Weiterentwicklungspotential
WZL	Laboratorium für Werkzeugmaschinen und Betriebslehre, Aachen
z.B.	zum Beispiel
ZT	Zukunftsträchtigkeit
z.Z.	zur Zeit

ABBILDUNGSVERZEICHNIS

Bild 1-1: Wege zur Renditesteigerung nach HAMEL und PRAHALAD 2

Bild 1-2: Relevanz und Quellen neuer Produkte [CONM98] 3

Bild 1-3: Ausgangssituation und Zielsetzung 4

Bild 1-4: Forschungsstrategie und Aufbau der Arbeit (in Anlehnung an ULRICH) 6

Bild 2-1: Verwendetes Begriffsverständnis nach BINDER/KANTOWSKY 8

Bild 2-2: Erfolgs- und Leistungspotential nach EWALD 9

Bild 2-3: Der allgemeine Entscheidungsprozeß nach HAHN 11

Bild 2-4: Das St. Galler Management Konzept [BLEI92] 12

Bild 2-5: Einordnung der untersuchten Ansätze und Konzepte 16

Bild 2-6: Das Phasenmodell zur Produktkonversion nach EßMANN 18

Bild 2-7: Ganzheitliche strategische Leistungsgestaltung nach JÜRGENS 19

Bild 2-8: Der Wert von Fähigkeiten nach ZEHNDER 22

Bild 2-9: Die Skill-Cluster-Analysis nach EDGE 24

Bild 2-10: Das Strength-Weakness-Opportunities-Threats-Modell (SWOT) 25

Bild 2-11: Das Technologielebenszyklus-Konzept [BULL94] 27

Bild 2-12: Übersicht der Technologieportfolio-Konzepte [vgl. WOLF92] 29

Bild 3-1: Allgemeine Anforderungen an die Planungsmethodik 32

Bild 3-2: Inhaltliche Anforderungen an die Planungsmethodik 34

Bild 3-3: Die SADT-Methode 39

Bild 3-4: Die Konzeption des Makrozyklus 40

Bild 4-1: Modellierung der Methodik als SADT-Aktivitätenmodell 45

Bild 4-2: Unternehmensziele und Wettbewerbsstrategien 47

Bild 4-3: Strategische Verflechtungsmatrix nach BULLINGER 49

Bild 4-4: Analyse der Ressourcen 51

Bild 4-5: Analyse der Fähigkeiten 53

Bild 4-6: Die Dimensionen des Potentialportfolios 55

Bild 4-7: Bewertungskriterien für die Zukunftsträchtigkeit 56

Bild 4-8: Bewertungskriterien für die Technologiebeherrschung 60

Bild 4-9: Darstellung linguistischer Variablen durch Fuzzy-Intervalle 64

Bild 4-10: Ableitung der Fuzzy Intervalle 67

Bild 4-11: Bewertungsdatenblatt „Zukunftsträchtigkeit" 72

Bild 4-12: Dichtefunktion für den leistungsbezogenen Maschinenstundensatz 77

Bild 4-13: Anforderungen an Suchfelder 80

Bild 4-14: Ausschnitt aus dem Suchfeld 1. Ordnung 82

Bild 4-15: Auswahl geeigneter Kreativitätstechniken 84

Bild 4-16: Phasenschema des kreativen Denkens nach MARR 86

Bild 4-17: Auswahl des Kostenrechnungmodells 88

Bild 4-18: Ablauf der Deckungsbeitragsrechnung 89

Bild 4-19: Ermittlung des Absatzes und des Preises 90

Bild 4-20: Bewertungsgrößen für die Strategiekonformität 93

Bild 4-21: Bewertung der Strategie- und Potentialkonformität 98

Bild 4-22: Ergebnisse der Methodikanwendung 99

Bild 5-1: Bildschirmmaske Bewertung der Technologiebeherrschung (Wickeln) 102

Bild 5-2: Bildschirmmaske „Potentialportfolio" 103

Bild 5-3: Auswahl des relevanten Analysebereiches 104

Bild 5-4: Potentialbewertung mit dem EDV-Tool „StraTelio" 108

Bild 5-5: Berechnungsergebnisse der Markteignung (Atemluftflasche) 112

Bild 5-6: Ergebnis der Methodikanwendung: CFK-Atemluftflasche 114

„Gesundschrumpfen heißt nicht wettbewerbsfähiger
und schon gar nicht zukunftsfähiger!"

Hans H. Hinterhuber, Mailand, 1998

1 EINLEITUNG

Die Globalisierung der Märkte und der damit einhergehende verstärkte internationale Wettbewerb führte in vielen Unternehmen dazu, daß vor allem über Effizienzsteigerung, Kostensenkungsprogramme und interne Prozeßoptimierung versucht wurde, die Wettbewerbsfähigkeit zu steigern [EVER99]. Nun sind schlanke Strukturen und optimierte Geschäftsabläufe zwar eine notwendige, aber keineswegs hinreichende Voraussetzung für den langfristigen Unternehmenserfolg [BOUT98, S. 87; KUTT98, S. 18].

Die Betonung von Kostensenkung bei gleichzeitiger Vernachlässigung von Innovation und Wissen ist ein typisches Merkmal des „Gesundschrumpfens". Oft steht hinter diesem Schlagwort jedoch nur eine bloße Steigerung der Effizienz, nicht aber eine Verbesserung der langfristigen Produktivität [vgl. ROAC96, S. 81ff]. Dabei ist es längst kein Geheimnis mehr, daß dort, wo man versucht, das Äußerste aus den Aktiva herauszupressen, mitunter irreparable Schädigungen der Wettbewerbsfähigkeit hinzunehmen sind [HINT98, S. 17]. Bedenken werden vor allem dahingehend laut, daß die erzielbare Wertsteigerung nur von kurzer Dauer ist, die Differenzierungsfähigkeit durch Qualität und Einzigartigkeit der Produkte abnimmt und wesentliches Unternehmens-Know-how unwiederbringlich verloren geht [WIEN98, S. 375].

Bestätigung dieser Bedenken liefert die Outsourcingpraxis: Vorschnelle Rückzüge aus Bereichen, deren Rolle hinsichtlich der eigenen Kernkompetenzen nicht richtig verstanden wird, ermöglichen Wettbewerbern, Schlüsselpositionen einzunehmen, führen in gefährliche Abhängigkeiten, vernichten Differenzierungschancen und schaffen neue Konkurrenz. Damit wird dort, wo ein kurzfristiges, primär kosten- anstatt kompetenzorientiertes Denken dominiert, mehr Wert vernichtet als geschaffen und Wettbewerbskraft eingebüßt [FRIE96, S. 277ff.].

Hat man seine Zukunftsfähigkeit erst zerstört, bleibt letztlich nur die Möglichkeit, das Unternehmen immer wieder aufs neue nach Verkleinerungspotential zu analysieren. Man sitzt in der Restrukturierungsfalle [HINT98, S. 18].

Daß trotz der o. a. Gefahren die Reduzierung des Ressourceninputs immer noch den bevorzugte Ansatzpunkt zur Renditesteigerung darstellt, ist nachvollziehbar. Der Tritt auf die Kostenbremse ist ungleich bequemer, als Programme zur Vergrößerung der Rückflüsse zu entwickeln [FRIE98, S. 34ff.].

Dieses von HAMEL und PRAHALAD mit „Nenner-Management" bezeichnete Vorgehen (**Bild 1-1**) ist unbestritten ökonomisch sinnvoll, wenn es darum geht ineffektive Bereiche abzubauen [HAME95]. Zur Unterstützung des „Nenner-Management" existieren eine Vielzahl von Ansätzen, für die stellvertretend das „cost cutting", „lean production" oder „outsourcing" genannt seien. Diese können dazu dienen, bestehende Marktpositionen abzusichern. Den Aufbau neuer Märkte ersetzen sie nicht.

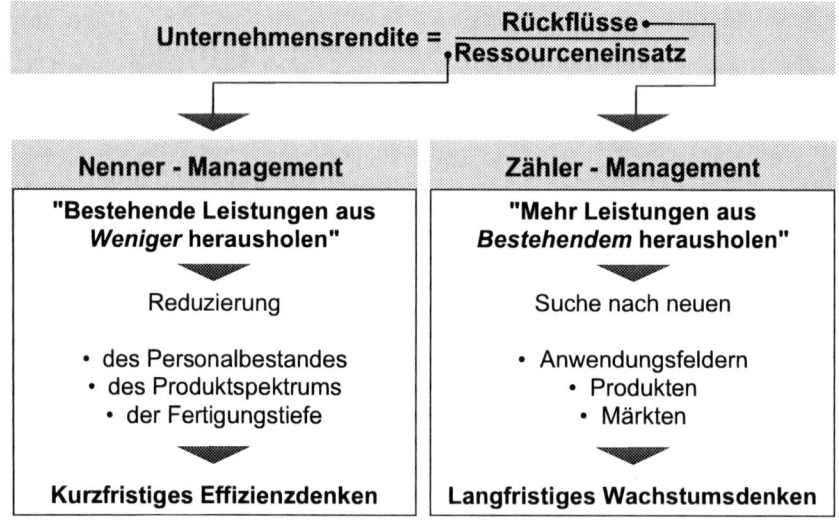

Bild 1-1: Wege zur Renditesteigerung nach HAMEL und PRAHALAD

Um die Unternehmen zukunftsfähiger zu gestalten und gleichzeitig das Abwandern von Beschäftigung und Wachstum in Niedriglohnländer zu vermeiden, ist ein wirksames „Zähler-Management" erforderlich. Damit ist neben der betriebswirtschaftlichen auch die volkswirtschaftliche Relevanz offensichtlich und es müssen, basierend auf bestehenden Ressourcen, die Rückflüsse durch neue Produkte und Anwendungsfelder, gesteigert werden [vgl. WIEN98, S. 375].

1.1 Ausgangssituation und Zielsetzung

Unternehmen in einem Hochlohnland wie Deutschland sind gezwungen, durch intensive Nutzung des technologischen Vorsprungs einzigartige Produkte in kürzester Zeit zu entwickeln [vgl. AWK96, S. 3]. Die vitale Bedeutung neuer Produkte für die Unternehmen - gemessen am durchschnittlichen Ergebniswachstum der letzten drei Jahre - ist beeindruckend (**Bild 1-2**). Bei Unternehmen mit einem Ergebniswachstum von mehr als 5 Prozent steigt der Ergebnisbeitrag durch neue Produkte überproportional an, so daß Unternehmen mit einem Ergebniswachstum von über 20 Prozent fast die

Hälfte ihres Ergebnisses mit Produkten erwirtschaften, die erst innerhalb der letzten drei Jahre auf den Markt gekommen sind [CONM98, S. 4].

Gleichzeitig entsteht durch die sinkende Produktlebensdauer und die steigende Komplexität der Produktionssysteme ein Spannungsfeld zwischen Marktdynamik auf der einen Seite und Kapitalbindung auf der anderen Seite, das es im Rahmen des strategischen Technologiemanagementes zu berücksichtigen gilt [vgl. SCHU97].

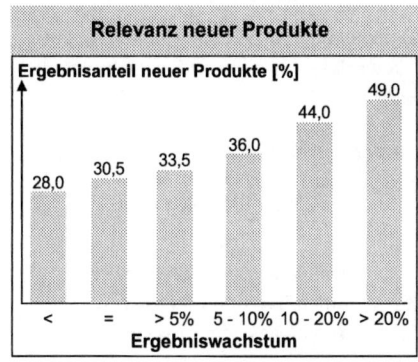 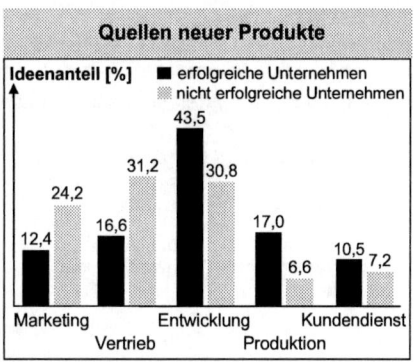

Bild 1-2: Relevanz und Quellen neuer Produkte [CONM98]

Bei der Entwicklung neuer Produkte dominiert der Ansatz, Produktideen aus einer outside-in gerichteten Sichtweise (market-pull) zu entwickeln [vgl. KLEI96]. Hierbei steht eine stärkere Kundenorientierung durch die frühzeitige Identifizierung von Marktsignalen im Vordergrund [vgl. MAYE97].

Das Ergebnis einer aktuellen Innovationsstudie[1] zeigt jedoch, daß bei erfolglosen Unternehmen über 55 Prozent der Ideen aus dem Marketing und dem Vertrieb und nur ca. 37 Prozent aus Entwicklung und Produktion kommen (Bild 1-2). Bei erfolgreichen Unternehmen ist es umgekehrt. Hier werden nur 29 Prozent der Produktideen im Marketing und Vertrieb, aber über 60 Prozent in der Entwicklung und Produktion generiert. Das heißt, daß die kundennahen Bereiche weniger als ein Drittel der Ideen für neue Produkte beisteuern.

Aktuelle Veröffentlichungen zur kompetenz- bzw. potentialorientierten, strategischen Planung zeigen den Ergebnissen der Studie entsprechend eine zunehmende Tendenz zu einer inside-out gerichteten Produktplanung [vgl. RASH94, BIND96]. Hierbei werden die in den Unternehmen vorhandenen technologischen Potentiale als

---

[1] Befragt wurden 900 Unternehmen, überwiegend Hersteller von Investitionsgütern und komplexen Gebrauchsprodukten, von denen sich 219 bereit erklärten, an der Untersuchung teilzunehmen. Die Befragung erfolgte schriftlich und wurde 1998 von der CON MOTO Markt & Innovation Unternehmensberatung GmbH, München durchgeführt.

Grundlage für neue Produkte betrachtet. Dabei finden jedoch bisher überwiegend Produkttechnologien Beachtung, obwohl die wachsende Relevanz von Produktionstechnologien für die langfristige Wettbewerbsfähigkeit der Unternehmen [EVER96c, S. 106] und deren strategisch Gleichrangigkeit mit Produkttechnologien erkannt sind [PFEI90, S. 8].

Vor diesem Hintergrund wird mit der vorliegenden Arbeit die ZIELSETZUNG verfolgt, ein wirksames „Zähler-Management" zu unterstützen (**Bild 1-3**). Daher wird eine Methodik zur Identifizierung technologischer Potentiale und deren Nutzung durch neue Produkte entwickelt. Im Rahmen der Zielverfolgung müssen Teilziele erreicht werden, die im folgenden kurz angeführt werden.

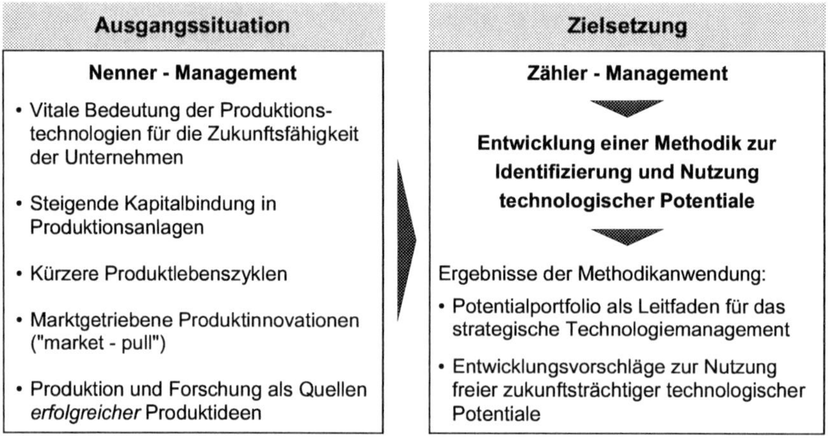

Ausgangssituation	Zielsetzung
Nenner - Management	**Zähler - Management**
• Vitale Bedeutung der Produktionstechnologien für die Zukunftsfähigkeit der Unternehmen	**Entwicklung einer Methodik zur Identifizierung und Nutzung technologischer Potentiale**
• Steigende Kapitalbindung in Produktionsanlagen	
• Kürzere Produktlebenszyklen	Ergebnisse der Methodikanwendung:
• Marktgetriebene Produktinnovationen ("market - pull")	• Potentialportfolio als Leitfaden für das strategische Technologiemanagement
• Produktion und Forschung als Quellen *erfolgreicher* Produktideen	• Entwicklungsvorschläge zur Nutzung freier zukunftsträchtiger technologischer Potentiale

Bild 1-3: Ausgangssituation und Zielsetzung

Mit der Methodikanwendung sollen die Rückflüsse aus wettbewerbsfähigen Technologien gesteigert werden. Hierfür bedarf es zunächst der Entwicklung einer Methode zur Identifizierung unternehmensspezifisch gut beherrschter und gleichzeitig zukunftsträchtiger Technologien.

Die identifizierten Technologien sollen bei der Herstellung neuer Produkte zur Anwendung kommen und müssen daher den Nukleus für die Generierung von Produktideen bilden. Um die Kreativität auf diese Technologien zu fokussieren, erfolgt die Konzeption einer Suchfeldstruktur, in der die technologischen Eigenschaften abgebildet werden.

Die Bewertung der Produktideen darf nicht nur anhand ökonomischer Bewertungsgrößen wie Rendite oder Amortisationsdauer (externe Sicht) erfolgen. Entsprechend der Zielsetzung das „Zähler-Management" zu unterstützen, müssen interne Aspekte wie Nutzung vorhandener Potentiale und Konformität zur gewählten Wettbewerbsstrategie bei der Methode zur Priorisierung der Produktideen berücksichtigt werden.

Die Methodikanwendung für ein Unternehmen soll nach erreichen oben angeführter Teilziele zu folgenden Ergebnissen führen:

- Einem POTENTIALPORTFOLIO[2] als Hilfsmittel zur Identifikation unternehmensspezifisch gut beherrschter und zukunftsträchtiger Technologien sowie als Leitfaden zur Ableitung von Normstrategien für das strategische Technologiemanagement.
- Entwicklungsvorschläge im Sinne bewerteter Produktideen, die auf Basis der mit dem Potentialportfolio identifizierten Technologien generiert wurden.

Um eine adäquate Handhabbarkeit der Methodik zu gewährleisten, werden Hilfsmittel zur systematischen Erfassung der Grunddaten erstellt. Des weiteren wird zur effizienten Methodikanwendung ein EDV-System zur Durchführung der Technologiebewertung und Erstellung des Potentialportfolios entwickelt. Schließlich wird die Priorisierung der Produktideen zur Auswahl eines Entwicklungsvorschlages durch strategiespezifisch konzipierte Bewertungsdatenblätter unterstützt.

1.2 AUFBAU DER ARBEIT

Die im Rahmen der vorliegenden Arbeit zu entwickelnde Methodik soll einen Problemlösungsprozeß mit Praxisbezug unterstützen. Damit ist sie aus wissenschaftstheoretischer Sicht der angewandten Wissenschaft zuzuordnen [ULRI81]. Die für die Entwicklung der Methodik verfolgte Forschungsstrategie folgt daher den von ULRICH konzipierten terminologisch-deskriptiven, empirisch-induktiven und analytisch-deduktiven Phasen für die angewandte Wissenschaft (**Bild1-4**).

Ausgangspunkt für die vorliegende Arbeit ist die Kennzeichnung der derzeitigen Situation in KAPITEL 2. Hierfür wird einleitend in Kapitel 2.1 eine terminologisch-deskriptive Abgrenzung des Untersuchungsbereiches durchgeführt. In Kapitel 2.2 erfolgt die Analyse existierender Methoden und Konzepte hinsichtlich der Problemlösung und die Diskussion ausgewählter relevanter Ansätze. Abschließend wird der Forschungsbedarf im Anwendungszusammenhang aufgezeigt.

Auf Basis des identifizierten Forschungsbedarfes wird in KAPITEL 3 ein Anforderungsprofil für die zu entwickelnde Methodik aufgestellt. Dabei wird zwischen allgemeinen Anforderungen zur Methodikanwendung und inhaltlichen Anforderungen zur Problemlösung unterschieden.

Des weiteren wird zur Darstellung der Aktivitäten und Informationsbeziehungen der einzelnen Planungsphasen eine Modellierungssprache ausgewählt, bevor abschließend der Makrozyklus zur Problemlösung, durch abgrenzbare Phasen strukturiert, konzipiert wird.

---

[2] Das POTENTIALPORTFOLIO als Instrumentarium zur Methodikanwendung wird in Kapitel 4.3.1 entwickelt und ebenda detailliert beschrieben.

Die inhaltliche Ausarbeitung und die Entwicklung von Instrumentarien zur effizienten Methodikanwendung erfolgt im Rahmen der Detaillierung der Methodik in KAPITEL 4. Es wird mit der ausgewählten Modellierungssprache ein idealisiertes Vorgehensmodell entwickelt, in dem die Planungsaktivitäten, Informationsbeziehungen und Schnittstellen zu bestehenden Instrumentarien mit hohem Adaptionspotential dargestellt sind.

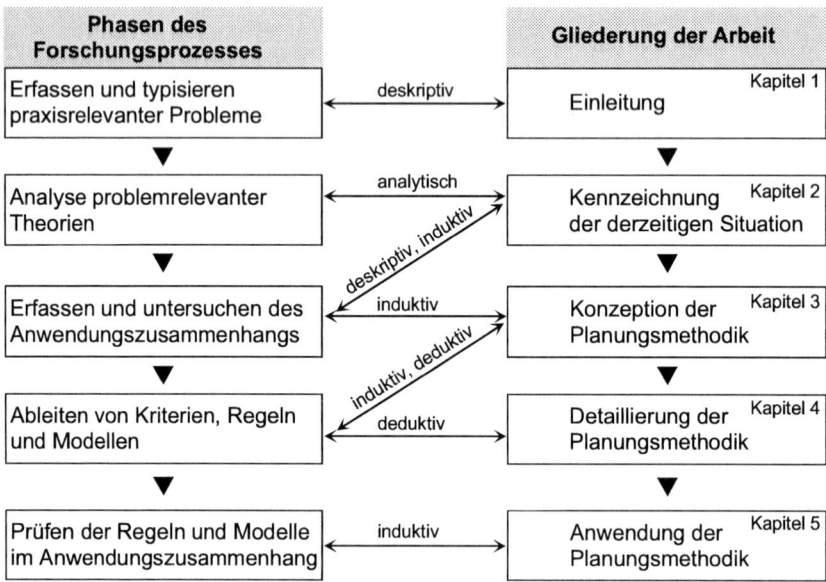

Bild 1-4: Forschungsstrategie und Aufbau der Arbeit (in Anlehnung an ULRICH)

Die Prüfung der allgemeinen Anwendbarkeit der Methodik erfolgt in KAPITEL 5. Hierfür werden zunächst das entwickelte EDV-System zur Unterstützung der Potentialbewertung vorgestellt und anschließend die einzelnen Phasen der Planungsmethodik anhand eines Fallbeispiels dargestellt.

2 Kennzeichnung der derzeitigen Situation

Nachdem der Bedarf einer potentialbasierten Technologiestrategie sowohl aus volkswirtschaftlicher als auch aus betriebswirtschaftlicher Sicht skizziert wurde, werden in diesem Kapitel Methoden und Konzepte analysiert, die für die Problemstellung dieser Arbeit relevant sind. Hierfür erfolgt zunächst eine terminologisch-deskriptive Abgrenzung des Untersuchungsbereiches, in dem auch das der Arbeit zugrunde liegende Begriffsverständnis dargestellt wird. Anschließend werden ausgewählte Ansätze diskutiert und abschließend der Forschungsbedarf konkretisiert.

2.1 Abgrenzung des Untersuchungsbereiches

Die Abgrenzung des Untersuchungsbereiches erfolgt hinsichtlich vier Aspekte. In der *objektbezogenen Abgrenzung* wird das Untersuchungsobjekt und das der Arbeit zugrunde liegende Begriffsverständnis beschrieben. Die Eingrenzung der notwendigen Planungsprozesse im Rahmen der Phasen des Entscheidungsprozesses wird mit der *prozeßbezogenen Abgrenzung* durchgeführt. Weiterhin werden eine hierarchische Einordnung bezüglich der Planungsdimension mit der *managementbezogenen Abgrenzung* und eine Unterscheidung der bei der Planung dominierenden Orientierung mit der *planungssichtbezogenen Abgrenzung* vorgenommen.

2.1.1 Objektbezogene Abgrenzung

Das *technologische Potential* ist der zentrale Begriff der vorliegenden Arbeit und wird im folgenden durch die Abgrenzung der Begriffe Technologie, Technik, Erfolgs- und Leistungspotential definiert.

Zur Definition des Begriffs *Technologie* ist zunächst die Darstellung des traditionellen Begriffsverständnisses notwendig, bevor das in dieser Arbeit verwendete Begriffsverständnis definiert wird.

Im deutschen Sprachraum wird überwiegend eine Trennung der Begriffe TECHNOLOGIE und TECHNIK in der Art vollzogen, daß unter Technologie das naturwissenschaftliche Wissen zur technischen Problemlösung verstanden wird, und Technik die konkrete Anwendung der Technologie in materieller Form darstellt [vgl. PERL87, S. 12; BROC92, S. 22; BULL93, S. 29]. Während Technik sich somit einerseits auf Gegenstände und andererseits auf das Handeln bezieht, wird Technologie allgemein als "Wissenschaft der Technik" bezeichnet [vgl. ROPO73, S. 153].

Die inhaltlich enge Verbindung der Begriffe und daraus resultierend deren unscharfe Abgrenzung bezeichnen PFEIFFER und WEISS mit der "Inkorporation der Technologie in Problemlösungen der Unternehmen" [vgl. PFEI95, S. 670]. Sie bringen damit zum Ausdruck, daß einerseits Technik die materialisierte Form einer Technologie darstellt, sowie andererseits auf Technologie basiert und gleichsam deren Anwendung verkörpert [BIND96, S. 89].[1]

Die Abgrenzung der Begriffe wird in der englischsprachigen Literatur nicht vollzogen und beide Aspekte, Wissen und Anwendung bzw. Materialisierung, unter dem Begriff "technology" subsummiert [vgl. EDOS89, S. 10; BIND96, S. 91].

Die vorliegende Arbeit folgt dem Begriffsverständnis nach BINDER/KANTOWSKY, wonach Technik als Subsystem der Technologie zu verstehen ist (**Bild 2-1**). Technologie setzen sich demnach aus Fähigkeiten, bestehend aus Wissen, Kenntnissen, und Fertigkeiten zur Lösung technischer Probleme, sowie aus Ressourcen (Anlagen und Einrichtungen) zusammen, die dazu dienen, naturwissenschaftliche Erkenntnisse praktisch umzusetzen [vgl. BIND96, S. 91ff.].

Bild 2-1: Verwendetes Begriffsverständnis nach BINDER/KANTOWSKY

Der **Potential**begriff entstand in der Mechanik und wurde von P. S. LAPLACE im Jahr 1782 mit der nach ihm benannten Differentialgleichung erstmals als skalare, ortsabhängige physikalische Größe $V = V_{(r)}$ zur Beschreibung eines wirbelfreien Kraftfeldes verwendet [MEYE78, S. 169].

GUTENBERG führte den Begriff in die Betriebswirtschaftslehre ein [GUTE83] und BAIN beschrieb damit die Vorstellung, daß ein Unternehmen als offenes ökonomisches System in vielfältiger Beziehung mit seiner Umwelt steht und in dieser Umwelt relativ zu anderen Unternehmen (Systemen) eine bestimmte Position einnimmt [BAIN56].

Die dynamische Veränderung der Umwelt stellt sich den Unternehmen sowohl als Gelegenheit als auch als Gefahr dar. Chancen entstehen für ein Unternehmen, wenn es relative Stärken in bezug auf solche Gelegenheiten aufweist, Risiken erwachsen, wenn Gefahren der Umwelt auf relative Schwächen des Unternehmens treffen [BULL93, S. 83]. Das (Kraft-) Potentialfeld wird somit durch das Unternehmen und seine Umwelt dargestellt.

Die Gesamtheit der unternehmerischen Ressourcen und Fähigkeiten stellen die raum- und zeitabhängigen Möglichkeiten eines Unternehmens dar und bilden das

---

[1] Weitere Beispiele zur Darstellung der unscharfen Abgrenzung von Technik und Technologie führen BINDER/KANTOWSKY an [BIND96, S. 87ff].

Unternehmenspotential. Das Unternehmenspotential setzt sich aus dem unternehmensorientierten *(Leistungs-)Potential* und dem umweltorientierten *Erfolgspotential* zusammen (**Bild 2-2**) [vgl. EWAL89, 13; BULL93, 83].

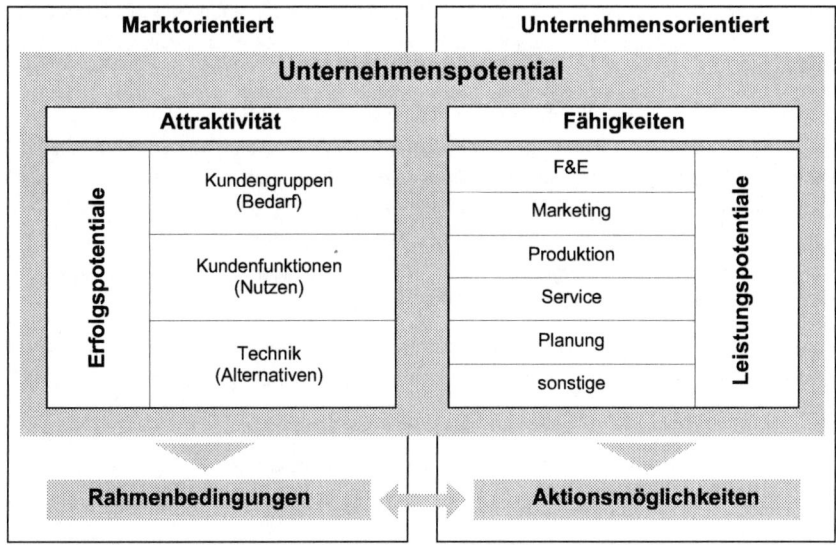

Bild 2-2: Erfolgs- und Leistungspotential nach EWALD

Die Erfolgspotentiale bestimmen die in die Zukunft reichenden Erfolgsmöglichkeiten des Unternehmens, wie sie z. B. durch Kundengruppen (Bedarf), Kundenfunktionen (Nutzen) oder Technik (Alternativen) umrissen werden. Diese Erfolgspotentiale werden von der Umwelt geprägt [BULL94].

Das (Leistungs-)Potential charakterisiert die Summe aller potentiellen Aktionsmöglichkeiten des Unternehmens [EWAL89, S. 13]. Es wird gegliedert in materielle und immaterielle Potentialarten und Potentialbereiche im Sinne funktional oder institutional abgrenzbarer Einheiten [ULRI78; EVER95][2].

Damit kann festgehalten werden, daß potentielle Anwendungsalternativen des Unternehmens, die auf Technologien, bestehend aus technologischen Fähigkeiten und Ressourcen, basieren, im Zentrum der vorliegenden Arbeit stehen. Mit deren Identifikation, Bewertung und Anwendungsplanung können Erfolgspotentialen in attraktiven Märkten erschlossen werden. Dabei erwachsen technologische Potentiale nach dem verwendeten Begriffsverständnis aus Technologien und werden im folgenden in diesem Sinne synonym verwendet.

---

[2] BLEICHER unterscheidet zwischen technischen und humanen Leistungspotentialen [BLEI79, S. 57].

2.1.2 Prozeßbezogene Abgrenzung

Nach der Abgrenzung des Untersuchungsobjektes werden im folgenden die für die vorliegende Arbeit relevanten Phasen im Rahmen des Führungsprozesses[3] vorgestellt. Dazu werden zunächst der Begriff *Planung* präzisiert, anschließend Merkmale der Planung dargestellt und abschließend die Phasen des Planungsprozesses beschrieben.

In der Literatur existieren zahlreiche Definitionen des Begriffs *Planung,* denen gemeinsam ist, daß man Planung als ein systematisches, zukunftsbezogenes Durchdenken und Festlegen von Zielen, Maßnahmen, Mitteln und Wegen zur zukünftigen Zielerreichung ansieht [WILD71, S. 13; HORV91, S. 159]. Planung ist für die Erhaltung des Unternehmens ein unentbehrliches Instrument [vgl. HÄUS70], da es u. a. die Funktionen Effizienzsteigerung, Risikoreduzierung sowie Komplexitätsreduktion erfüllt und Synergieeffekte schafft [WILD74, S. 18].

Planung ist somit ein Koordinationsinstrument zur Steuerung von Unternehmensprozessen und wird u.a. durch folgende Merkmale charakterisiert [vgl. HORV91, S. 160]:

1. Planung vollzieht sich als Informationsverarbeitungsprozeß.
2. Planung dient der Anpassung an Umweltveränderungen.
3. Planung ist Instrument der Koordination und bedarf selbst der Koordination.
4. Planung vollzieht sich in einer Abfolge von Planungsphasen.

Schwerpunkt dieser Arbeit ist der Prozeß zur Identifikation, Bewertung und Anwendungsplanung technologischer Potentiale. Diesem Planungsprozeß wird der allgemeine Entscheidungsprozeß nach HAHN zugrunde gelegt [vgl. HAHN85, S. 30], dessen Phasenmodell im folgenden dargestellt wird[4].

Der Entscheidungsprozeß besteht aus den drei Hauptphasen *Planung, Steuerung* und *Kontrolle*[5] (**Bild 2-3**). Mit der Planung im engeren Sinne wird die Vorbereitung für das systematische Fällen von Führungsentscheidungen bezeichnet [vgl. MANZ93, S. 6ff]. Dazu sind die folgenden vier Phasen zu durchlaufen.

Jede unternehmerische Maßnahme oder Aktivität ist auf Ziele ausgerichtet, die aus den Unternehmenszielen abgeleitet sind [WILD71, S. 53]. Damit erfolgt die *Zielbildung* im Rahmen eines vom Unternehmen gesetzten Zielsystems und muß u.a. An-

---

[3] Zum Führungsprozeß vgl. Literaturübersicht bei BEYER [BEYE70] und STAEHLE [STAE90].

[4] Vgl. hierzu TÖPFER [TÖPF76, S. 81], WILD [WILD73, S. 35], HESSE [HESS89, S. 23], HORVATH [HORV91, S. 107].

[5] In der Literatur werden die Steuerungs- und die Kontrollphase teilweise unter dem Begriff *Willensdurchsetzung* zusammengefaßt. Die Planungsphase wird dann mit *Willensbildung* bezeichnet [vgl. HAHN71, S. 22].

forderungen wie Operationalität, Konsistenz, Aktualität, Durchsetzbarkeit, Transparenz und Überprüfbarkeit genügen [WILD82, S. 55ff.; SCHI98, S. 75ff.].

Die systematische Strukturierung des Problems und die Analyse der Bestandteile erfolgen in der *Problemstellungsphase*. Teilschritte dieser Phase sind die Lageanalyse zur Feststellung des Ist-Zustands, die Prognose der wichtigsten Faktoren der Lageanalyse (Lageprognose), die Problembestimmung, die Auflösung der Problemelemente (Problemfeldanalyse) und die Ordnung der Prioritäten (Problemstrukturierung) [WILD71, S. 124].

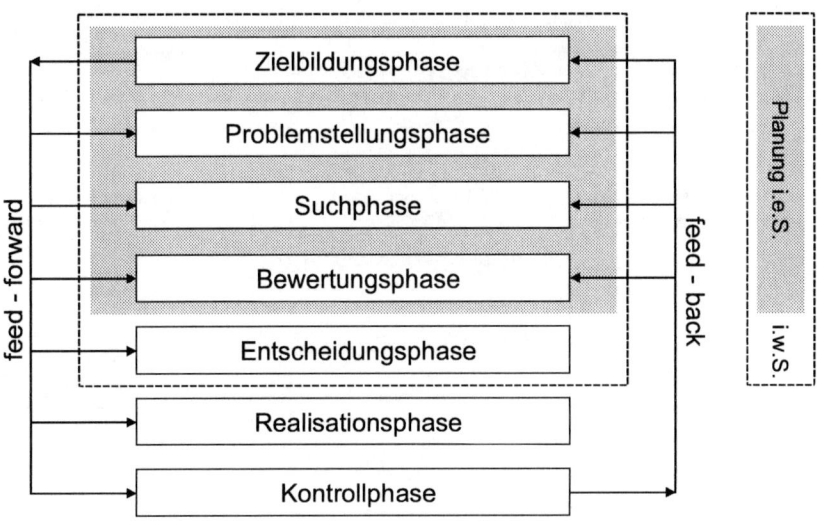

Bild 2-3: Der allgemeine Entscheidungsprozeß nach HAHN

Der Problemanalyse genetisch nachgelagert ist die *(Alternativen-)Suche*, in der es darum geht, solche Handlungsalternativen zu finden und inhaltlich zu konkretisieren, die geeignet sind, das erkannte Problem zu lösen [SCHI98, S. 84]. Die Handlungsalternativen werden in der letzen Phase des Planungsprozesses, der *Bewertung*, auf ihre Zielwirksamkeit hin verglichen. Dazu werden schrittweise die zugrunde liegenden Ziele in Bewertungskriterien umgesetzt, deren relative Bedeutung zueinander festgelegt, die Skalen zur Messung der Zielwirksamkeitsunterschiede ausgewählt und schließlich die Bewertung selbst durchgeführt [SCHI98, S. 86].

Der Planung folgt mit der *Entscheidung* die endgültige Auswahl der Problemlösungsvorschläge. Die *Realisation* umfaßt die detaillierte Festlegung und das Veranlassen der Durchführung der ausgewählten Handlungsalternative [HAHN85, S. 30]. Der Soll/Ist-Vergleich zwischen Entscheidungs- und Durchführungsresultaten sowie die Abweichungsanalyse erfolgen im letzten Entscheidungsprozeß, der *Kontrolle* [SCHI98, S. 87].

2.1.3 MANAGEMENTBEZOGENE ABGRENZUNG

Planungs- und Entscheidungsprozesse können sich in ihrer unternehmensweiten Bedeutung und Wirkung fundamental unterscheiden [SCHM96, S. 15]. Die Aktivitäten der vorliegende Arbeit werden daher in das St. Galler Management Konzept eingeordnet.

Das St. Galler Management Konzept (**Bild 2-4**) stellt einen ganzheitlichen Bezugsrahmen für das integrierte Management dar. Es wird zwischen normativen, strategischen und operativen Dimensionen unterschieden, die im Hinblick auf Aktivitäten durch Strukturen und Verhalten zu integrieren sind [BLEI92, S. 56ff.].

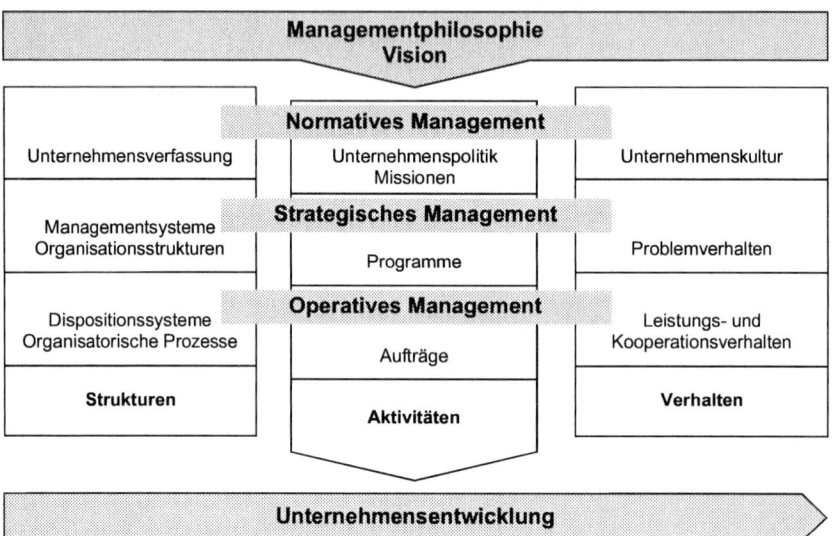

Bild 2-4: Das St. Galler Management Konzept [BLEI92]

Das *normative Management* richtet sich auf die Nutzenstiftung für Bezugsgruppen. Es definiert Ziele des Unternehmens im Umfeld der Gesellschaft und Wirtschaft und vermittelt den Mitgliedern des sozialen Systems Sinn und Identität im Inneren und Äusseren. Das normative Management wirkt in seiner konstitutiven Rolle begründend für alle Handlungen der Unternehmung [BLEI95, S. 70].

Das *strategische Management* ist auf den Aufbau, die Pflege und die Ausbeutung von Erfolgspotentialen gerichtet, für die Ressourcen eingesetzt werden müssen. Im Mittelpunkt strategischer Überlegungen steht neben Programmen die grundsätzliche Auslegung von Strukturen und Systemen des Managements sowie das Problemlösungsverhalten ihrer Träger [BLEI95, S. 71].

Die Funktion des *operativen Managements* besteht im Vollzug der normativen und strategischen Vorgaben durch deren prozeßhafte Umsetzung in Operationen. Im

Mittelpunkt der Aktivitäten steht die wirtschaftliche Effizienz während das Führungshandeln auf Effektivität fokussiert ist [vgl. EVER97b, S. 13].

Die Funktion des normativen und strategischen Managements ist vorrangig die Gestaltung von Rahmenbedingungen. Demgegenüber ist es Aufgabe des operativen Managements, lenkend in die Unternehmensentwicklung einzugreifen und die Tagesgeschäfte konzeptbegleitet zu vollziehen [BULL93, S. 54]. Der Schwerpunkt der vorliegenden Untersuchung ist mit der Identifikation, Bewertung und Anwendungsplanung technologischer Potentiale überwiegend auf strategischer Ebene. Im Rahmen der Operationalisierung der Methodikanwendung werden jedoch auch operative Aspekte behandelt.

2.1.4 Planungssichtebezogene Abgrenzung

Ziel des strategischen Managementes sind die Identifikation, der Aufbau und die Verteidigung von dauerhaften Wettbewerbsvorteilen [DYCK97]. Hierfür wurden seit der Übertragung des Strategiebegriffs aus dem militärischen Bereich auf die Unternehmensplanung verschiedene Managementphilosophien entwickelt [vgl. CLAU80, S. 178; STAE91, S. 563].

Die wissenschaftlichen Arbeiten und Konzepte können zwei Strömungen zugeordnet werden, die sich in ihrer initialen Sichtweise fundamental unterscheiden. Einerseits die marktorientierten Ansätze, bei denen postuliert wird, daß die Wettbewerbsvorteile eines Unternehmens exogen vorgegeben und somit von der richtigen Positionierung des Unternehmens im Markt[6] determiniert sind [vgl. BAIN56, PORT92]. Andererseits die ressourcenorientierte Sicht, die auf dem Grundsatz basiert, daß die Quellen dauerhafter Wettbewerbsfähigkeit in den unternehmensspezifischen Ressourcen begründet sind [vgl. PENR59; WERN84].

Nach dem marktorientierten Ansatz werden Wettbewerbsvorteile durch Produkt-Markt-Kombinationen generiert, die auf der Antizipation von Marktentwicklungen und daraus resultierenden Anpassungen der Unternehmensressourcen basieren. Voraussetzung für die Gültigkeit dieser Ansätze ist, daß die Anpassungsgeschwindigkeit der Unternehmensressourcen höher ist als die Änderungsgeschwindigkeit der Branche oder des Marktes. Diese Voraussetzung ist auch die Begründung, warum es nach diesem Managementansatz keiner vom Markt losgelösten Entwicklung der Unternehmensressourcen bedarf.

Bei den ressourcenbasierten Managementansätzen wird von einer Marktdynamik ausgegangen, die höher als die Anpassungsgeschwindigkeit der Unternehmensres-

---

[6] Zu Beginn der strategischen Planung steht die Auswahl eines attraktiven Marktes bzw. einer attraktiven Branche. Ausschlaggebend für die Attraktivität eines Marktes sind Volumen und Wachstum [SCHR84, S. 52].

sourcen ist [EDGE95, S. 196]. Damit bekommen die im Unternehmen vorhandenen Ressourcen und deren zielgerichtete Kombination einen für die Erzeugung von Wettbewerbsvorteilen entscheidenden Einfluß [vgl. PENR59; COLL95]. Besonders in Märkten, die durch den Einsatz wettbewerbsfähiger Technologien bestimmt werden, ist eine vom aktuellen Programmplan losgelöste Technologieentwicklung und -beobachtung entscheidend.

Da sich die marktorientierten Ansätze (Produkt-/Marktperspektive) eindeutig durchgesetzt haben, wird derzeit sowohl die Literatur als auch die Planungspraxis von dieser Sichtweise dominiert [vgl. TOMC95]. Kritiker dieser Managementphilosophie behaupten, daß die Produkt-/Marktperspektive der Grund für die verstärkt zu erkennende Gleichschaltung konkurrierender Angebote ist [BOUT98, S. 17]. Diese Behauptung wird durch die Feststellung von CLELAND und BURSICK bestätigt, daß Market Pull (Produkt-/Marktperspektive) selten zu einer Innovation im Sinne eines gänzlich neuen Produktes, sondern in den meisten Fällen nur zu einer Verbesserung oder Weiterentwicklung existierender Produkte führt (continuous innovation). Gänzlich neue Produkte, wie seinerzeit das Radio und der Microcomputer, basieren auf unternehmensspezifischen Fähigkeiten, deren Nutzen der Kunde nicht kennt und aus der Ressoucen-Perspektive entwickelt wurden (discontinuous innovation) [CLEL91].

Um die Vorteile beider Managementansätze zu verbinden und sowohl unternehmensinterne Potentiale als auch externe Umfeldbedingungen zu berücksichtigen, wurden potentialbasierte Managementansätze entwickelt (z. B. GÄLWEILER [GÄLW87], PÜMPIN [PÜMP89], PRAHALAD/HAMEL [PRAH90], BLEICHER [BLEI92], EDGE [EDGE95], BINDER/KANTOWSKY [BIND96], JÜRGENS [JUER98]). EWALD stellte hierfür einen Zusammenhang zwischen unternehmensinternen Leistungspotentialen und -externen Erfolgspotentialen als Grundlage für einen langfristigen Unternehmenserfolg her und verwendete dazu den Begriff des *Unternehmenspotentials* (vgl. Kap. 2.1.1). Unternehmenspotentiale sind damit als Vorsteuergrößen des Unternehmenserfolges aufzufassen [GÄLW87, S. 26ff.].

Die Zielsetzung der vorliegenden Arbeit folgt mit der Identifizierung und Bewertung von Leistungspotentialen zur Unterstützung der zukünftigen Leistungsgestaltung der Sichtweise der potentialbasierten Managementansätze.

2.2 ANALYSE UND KRITISCHE WÜRDIGUNG RELEVANTER ANSÄTZE

Seit Mitte der 80er Jahre beschäftigen sich schwerpunktmäßig ingenieur- und wirtschaftswissenschaftliche Arbeiten mit dem Technologiemanagement [vgl. SCHM96, S. 20]. Dabei behandeln wirtschaftswissenschaftliche Ansätze vornehmlich langfristige Überlegungen hinsichtlich Marktwachstum und Umsatzentwicklung für die einzelnen Geschäftsfelder und ingenieurwissenschaftliche Methoden die Systematisierung des Planungsablaufs nach Festlegung definierter Ziele aus der Unternehmensplanung. Des weiteren wurden Konzepte auf Basis der strategischen Unternehmensplanung entwickelt, die in der Praxis eine breite Anwendung fanden.

2.2.1 BEITRÄGE IM UNTERSUCHUNGSBEREICH

Aufgrund der hohen Anzahl und der Interdisziplinarität der Ansätze ist im ersten Schritt eine Grobeinordnung zweckmäßig. Die angrenzenden Arbeiten werden in der in **Bild 2-5** dargestellten Übersicht hinsichtlich der in der Praxis genutzten Konzepte und Modelle sowie der theoretisch-wissenschaftlichen Ansätzen differenziert. Die Beurteilung der Beiträge erfolgt erstens entsprechend der relevanten *Planungsdimension* [vgl. BLEI92]. Das zweite Kriterium betrifft das der Planung zu Grunde liegende *Planungsobjekt*. Drittens werden die Arbeiten nach der initial dominierenden *Planungsichtweise* untersucht (markt-, ressourcen- oder potentialorientiert) [vgl. RASC94, S. 501ff.]. Die Einordnung der angrenzenden Arbeiten erfolgt abschließend unter dem Gesichtspunkt, ob die Bewertung der Leistungspotentiale produktabhängig oder produktunabhängig erfolgt (*Planungsprozeß*).

Die dargestellte Übersicht soll als Ausschnitt für den Stand der Forschung im Bereich der Technologieplanung zur Unterstützung der Produktfindung verstanden werden. Anspruch auf Vollständigkeit kann bei der Vielzahl der Beiträge nicht erhoben werden[7]. Für die Themenstellung der vorliegenden Arbeit kann jedoch festgehalten werden, daß neben den im folgenden angeführten Ansätzen keine weitere wirtschaftswissenschaftliche und ingenieurwissenschaftliche Literatur mit gleicher Zielsetzung existiert.

Aus wissenschaftstheoretischer Sicht werden die relevanten Ansätze untersucht, um zwei Ziele zu verfolgen [vgl. ULRI76, S. 304ff.]. Erstens ist eine kritische Würdigung der Ansätze im Anwendungszusammenhang vorzunehmen. Zweitens sind bestehende Instrumente und Erkenntnisse der angrenzenden Arbeiten hinsichtlich der Adaptierbarkeit für die zu entwickelnde Methodik zu untersuchen. Dabei handelt es sich sowohl um allgemeines Methodenwissen als auch um spezielle Kenntnisse. Vor diesem Hintergrund werden gemäß der Beurteilung in der Übersicht die folgenden Ansätze diskutiert:

- Ansatz nach Eßmann,
- Ansatz nach Jürgens,
- Ansatz nach Zehnder,

---

[7] Weitere existierende Ansätze leisten für die Problemstellung der vorliegenden Arbeit keinen zusätzlichen Beitrag. Zu diesen zählen u.a. die sogenannten "Performance Measurement Systems" der amerikanischen Management Schools [vgl. hierzu: VICK91; GROT92; KAPL92; NOOR95; AZZO96; RANG96].

- Ansatz nach Edge et al.,
- SWOT-Konzepte und Stärken/Schwächen-Checklisten,
- Lebenszyklen - Konzepte und
- Portfolio - Konzepte.

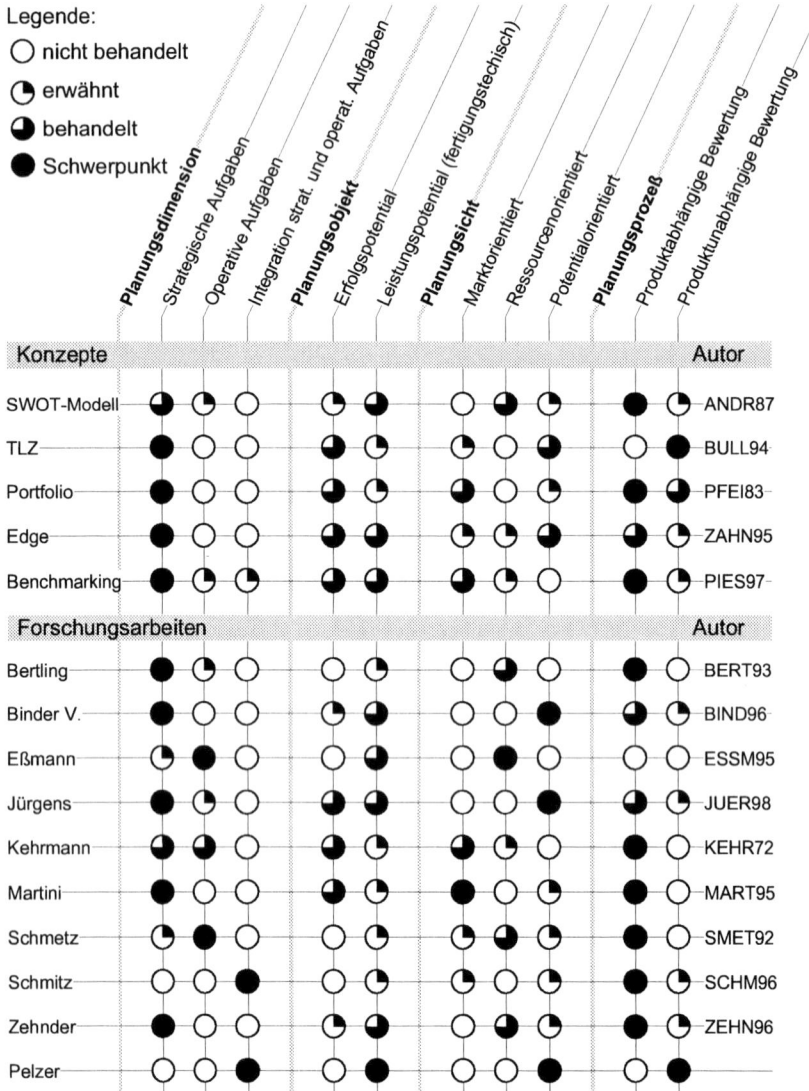

Bild 2-5: Einordnung der untersuchten Ansätze und Konzepte

2.2.2 Ansatz nach Eßmann

EßMANN hat zur Unterstützung der Planung neuer und investitionsarmer Produkte ein Phasenmodell zur Produktkonversion entwickelt. Hierbei wird eine strikte Trennung zwischen einer potentialorientierten und marktorientierten Vorgehensweise zur Produktfindung vollzogen.

Der eigentliche potentialorientierte Planungsweg erfolgt in sechs Stufen (**Bild 2-6**). Im Rahmen *der Vorstudie* werden zunächst die Situationsanalyse und die Zielplanung durchgeführt sowie anschließend das Projektmanagement konstituiert. Mit der Situationsanalyse werden dabei sowohl interne und externe Randbedingungen als auch Einflußfaktoren durch eine Umwelt- und Unternehmensanalyse erfaßt. Der Autor führt hierfür die Kennzahl Konversionsressource K_R zur Bewertung der Betriebsmittel hinsichtlich der "Konversionseignung" ein. Die Konversionseignung ist dabei proportional zur Konversionsressource K_R und ist ein Maß für die Dringlichkeit, Produkte für die Auslastung eines Sachmittels zu ermitteln [ESSM95, S. 61ff.]

$$K_R = M_K * T_R * (1 - S_{Ist}/S_{Soll})$$

K_R: Konversionsressource
M_K: Fixkosten des Betriebsmittels
T_R: Restnutzungsdauer
S_{Ist}: Ist-Betriebsstunden pro Jahr
S_{Soll}: Soll-Betriebsstunden pro Jahr

Die zweite Phase, *die Potentialanalyse*, umfaßt die unternehmensspezifische Gliederung des Unternehmenspotentials, die Analyse der vorhandenen Unterlagen sowie die Verdichtung der Ergebnisse für die nachfolgenden Planungsschritte. EßMANN beschränkt sich dabei ausschließlich auf das Sachmittel- bzw. Betriebsmittelpotential. Die Gliederung der Betriebsmittel selbst nimmt er anhand der DIN 8580 vor. Informationsbasis für die Analyse stellen hauptsächlich Herstellerangaben, Abnahmeprotokolle und Maschinenkarten dar.

Der Potentialanalyse folgt die *Suchfeldbestimmung*, ohne eine Bewertung des Potentials hinsichtlich wettbewerbsrelevanter Kriterien durchzuführen. Die Suchfelder werden anhand von Produktmerkmalen gebildet. Produktmerkmale stellen in diesem Zusammenhang nicht Funktionen oder Arbeitsprinzipien wie z. B. bei der Produktplanung nach BRANKAMP dar, sondern sind direkte Beschreibungsgrößen wie z. B. Abmessungen, Gewicht und Genauigkeit, die sich aus den Leistungsdaten der Maschinen ableiten lassen.

Im vierten *Planungsschritt* erfolgt *die Ideenfindung*. Die Produktideen werden hierbei auf Basis der Suchfelder nach der Auswahl geeigneter Kreativitätstechniken erzeugt und im anschließenden fünften Schritt, der *Ausarbeitung*, hinsichtlich Funktionsstrukturen und Produktparameter konkretisiert.

Abschließend erfolgt die *Produktbewertung*, bei der die Ideen sowohl des potentialorientierten als auch des marktorientierten Planungswegs zusammengeführt und hinsichtlich der Potential- und Markteignung bewertet werden.

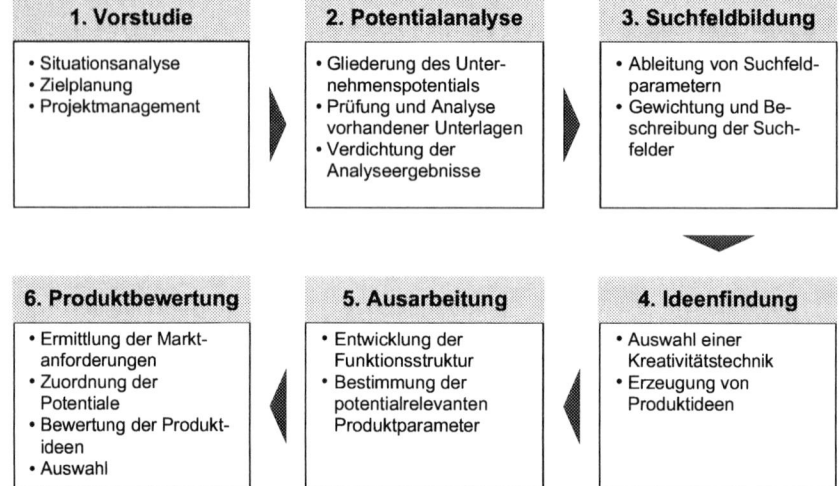

Bild 2-6: Das Phasenmodell zur Produktkonversion nach EßMANN

Die von EßMANN entwickelte Methode baut im wesentlichen auf den Vorgehensweisen nach BRANKAMP [BRAN71] und KEHRMANN [KEHR72] auf. Dabei grenzt der Autor jedoch das Analysefeld ausschließlich auf Ressourcen ein. Des weiteren führt der Autor weder eine Bewertung zur unternehmensspezifischen Technologiebeherrschung noch zur Wettbewerbspositionierung durch. Damit besteht bei der folgenden Produktbewertung nicht die Möglichkeit, die Produktideen vor dem Hintergrund der dauerhaften Wettbewerbswirksamkeit der eingesetzten Ressourcen zu untersuchen. Eine Bewertung dahingehend, ob die Ressourcen, auf denen die Produktidee aufbaut, eine Kernkompetenz des Unternehmens darstellt, ist nicht vorgesehen.

Zusammenfassend kann festgehalten werden, daß der Ansatz nach EßMANN nicht geeignet ist, technologische Potentiale zu identifizieren und zu bewerten, da weder Fähigkeiten berücksichtigt, noch Ressourcen bewertet werden. Dennoch kann die Konversionsressource in Teilaspekten Anwendung im Rahmen der Bewertung von Produktideen finden.

2.2.3 Ansatz nach Jürgens

JÜRGENS verfolgt mit ihrem Ansatz die Zielsetzung, neue Produkte anhand eines Gegenstromverfahrens aus Produkt-/Marktsicht und Ressourcensicht abzuleiten und diese auf der Grundlage schwer imitierbarer sowie begrenzt handelbarer Ressourcenpotentiale zu planen [JUER98, S. 6]. Hierfür entwickelt sie einen ganzheitlichen, integrierten Ansatz für die strategische Leistungsgestaltung unter Einbeziehung des ressourcenorientierten Ansatzes, der Prozeßorientierung und der marktorientierten Betrachtung.

Dabei geht JÜRGENS davon aus, daß zwischen altem und neuem Geschäft ähnliche Kombinationen zwischen Erfolgsfaktoren und Schlüsselressourcen bestehen. Die Vorgehensweise zur ganzheitlichen strategischen Leistungsgestaltung erfolgt in Anlehnung an den Strategieformulierungsprozeß nach ANDREWS [ANDR71, S. 48] und setzt sich aus dem "Strategieplanspiel" und der "dynamischen integrierten Lebenszyklusbetrachtung" zusammen. Die entwickelte Vorgehensweise enthält zwölf Methodenbausteine (**Bild 2-7**).

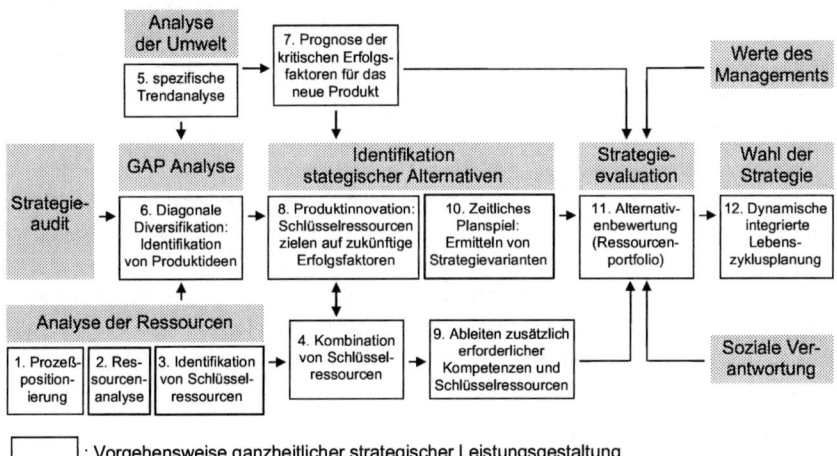

Bild 2-7: Ganzheitliche strategische Leistungsgestaltung nach JÜRGENS

Die Methodendurchführung beginnt mit einer Prozeßpositionierung (1), bei der die Hauptprozesse aufgelistet und in einem Prozeßportfolio positioniert werden. Es folgt die eigentliche Ressourcenanalyse (2), bei der auf Basis der Beschreibung der Erfolgsfaktoren des aktuellen Geschäftes ein Ressourcenprofil erstellt wird. Über das Sammeln von Schlüsselressourcenkandidaten, deren Bewertung und Einordnung in Ressourcenklassen, werden dann die Schlüsselressourcen identifiziert (3) und kombiniert (4). Die Kombination wird dabei durch das Sammeln der Suchfeldparameter der alten Produkte eingeleitet, vor deren Hintergrund ein Bezug zwischen den Schlüsselressourcen und den Erfolgsfaktoren des aktuellen Geschäftes hergestellt wird. Anschließend werden Produktideen generiert und für diese ein erster Bezug zu den Schlüsselressourcen und den Erfolgsfaktoren des zukünftigen Geschäfts hergestellt.

Zur Analyse der Umwelt wird eine spezifische Trendanalyse durchgeführt (5) und daran folgend die Auswahl aussichtsreicher Produktideen zur Fokussierung der "Diagonalen Diversifikation" (6) vorgenommen. Für das neue Produkt erfolgt darauf die Prognose und Auswahl der zu besetzenden Erfolgsfaktoren (7), an die sich die eigentliche Produktinnovation (8) mit dem Herstellen des Bezugs zwischen aktuellen Schlüsselressourcen und zukünftigen Erfolgsfaktoren anschließt. Darauf aufbauend erfolgt die Ableitung der zusätzlich erforderlichen Kompetenzen und Schlüsselressourcen (9). Um die Risiken bei der Entscheidung für ein neues Geschäft durch einen schrittweisen Ressourcenaufbau zu mindern, führt die Autorin ein zeitliches Planspiel zur Ermittlung von Strategievarianten durch (10), bei dem ähnliche, zukünftige Ressourcen erkannt werden müssen. Die Alternativenbewertung (11) wird dann durch die Bewertung der Ressourcenattraktivität und Ressourcenstärke über eine Nutzwertanalyse durchgeführt, bei der das Ergebnis in einem Ressourcenportfolio dargestellt wird. Den letzten Schritt der Vorgehensweise bildet die dynamische integrierte Lebenszyklusplanung (12).

Die Ziele des Lebenszykluskonzepts bestehen aus der Bereitstellung eines problembezogenen Ordnungsrahmens und eines Vorgehensmusters zur integrativen Konzipierung der Leistungs- und Prozeßgestaltung. Im Rahmen der Methodendurchführung werden Perspektivenwechsel durchgeführt. Dabei wird vom Fokus "Unternehmensstrategie" auf einen "Produkt-/Prozeß-/Ressourcenfokus" und einen "Produkt-/Markt-/Umweltfokus" gewechselt und von diesen wieder auf Methodenbausteine aus dem Fokus "Unternehmensstrategie" zurück gesprungen. Dieser rekursive Prozeß wird vollzogen, um z. B. mit Erkenntnissen aus externer und interner Sicht eine abgestimmte Unternehmensstrategie abzuleiten.

Das entwickelte Instrumentarium stellt einen Fortschritt zur Operationalisierung des Konzeptes der Kernkompetenzen dar. JUERGENS bezeichnet dabei selbst den von ihr entwickelten Ansatz nicht als hinreichend, sondern als ein übergeordnetes Konzept, das insbesondere hinsichtlich des Ressourcenmanagementes für die Prozeßgestaltung weiterer Ausgestaltungen bedarf [JUER98, S. 221].

Des weiteren ist kritisch anzumerken, daß der Identifikations- und der Bewertungsprozeß der Schlüsselressourcen intransparent erfolgen und nicht instrumentell unterstützt werden. Die Bildung der Suchfelder erfolgt auf Basis der Analyse bestehender Produkte. Damit wird die Suchfelderstellung, speziell vor dem Hintergrund der bestehenden Ressourcen, nicht hinreichend unterstützt.

Der Ansatz von JUERGENS stellt für das potentialorientierte Technologiemanagement einen geeigneten Bezugsrahmen für einen Strategieformulierungsprozeß dar, in den die in dieser Arbeit zu entwickelnde Methode integriert werden kann. Hinsichtlich der Zielsetzung der vorliegenden Arbeit sind die von JÜRGENS entwickelten Instrumente für eine handlungsorientierte Unterstützung zu grob.

2.2.4 ANSATZ NACH ZEHNDER

Das Ziel des Ansatzes nach ZEHNDER [ZEHN97] ist die Entwicklung einer Methode zur Analyse und Bewertung der technologischen Fähigkeiten eines Unternehmens unter Verwendung determinierter Brutto-Cash-Flows. Der Autor entwickelt dazu ein Unternehmensmodell, das sich aus vier Elementen zusammensetzt.

Die Randbedingungen für die Kompetenzbewertung werden aus dem ersten Element, der Ausrichtung und den Vorgaben des technologiebasierten Wettbewerbs, abgeleitet. Die Anforderung zur Bestimmung von Kernkompetenzen erfolgt dabei gemäß PRAHALAD und HAMEL [PRAH91]. Ausgehend von der Wertkette nach PORTER [PORT92] werden im Rahmen des zweiten Elements die technologischen Ressourcen und Fähigkeiten ermittelt. Dabei zeichnet sich eine technologische Fähigkeit durch Humanressourcen, technischen Anlagen und organisatorischen Voraussetzungen aus. Mit der Betrachtung der Produktstrukturen werden im Rahmen des dritten Elements Kompetenzen aus identifizierten Kernbaugruppen abgeleitet. Abschließend wird mit Hilfe eines Technologie-Fähigkeitsstruktur-Modells ein Zusammenhang zwischen Kompetenzen als oberster Aggregationsstufe und Ressourcen als unterster Ebene hergestellt.

Die eigentliche Bewertung der unternehmensspezifischen Fähigkeiten basiert auf vier Kriterien (**Bild 2-8**):

- dem Rekombinationspotential,
- der Nachhaltigkeit,
- den Anwendungsfeldern und
- der Einzigartigkeit der Fähigkeitsallokationen.

ZEHNDER führt mit der optionsbasierten Bewertung eine monetäre Bestimmung des Fähigkeitswertes ein, die jedoch eine Abgrenzung der bisherigen und zukünftigen Fähigkeitsverwendungen und die Ermittlung deren Einflusses auf den Brutto-Cash-Flow erfordert. Wie diese Daten ermittelt werden, wird nicht dargestellt.

Der Ansatz von ZEHNDER ist dahingehend zu kritisieren, daß die eigentliche Problematik der Fähigkeitenidentifikation und -bewertung nur unzureichend gelöst wird. Zwar lassen sich aus dem Unternehmensmodell Ansatzpunkte zur Identifikation der Ressourcen und Fähigkeiten ableiten, diese werden jedoch nicht operationalisiert. Das entwickelte Strategiemodell unterstützt lediglich eine systematische Formulierung der Technologiestrategie durch Einordnung hinsichtlich vier Bezugspunkten. Eine systematische Kernkompetenzbestimmung wird dadurch nicht unterstützt.

Die Analyse der Produktstruktur sowie der technologischen Kernprozesse soll der Ableitung von Kompetenzen dienen. Unterstützt wird jedoch lediglich die Auswahl aktuell erfolgsrelevanter Baugruppen. Daran ist zu kritisieren, daß weder der Übergang von Kernbaugruppen zu Kompetenzen durch einen systematischen Abstraktionsprozeß unterstützt, noch ein strategischer Betrachtungshorizont aufgebaut wird. Das Technologie-Fähigkeitsstrukturmodell stellt eine sinnvolle Darstellungsform dar, die jedoch auf das Wertkettenmodell nach PORTER verweist. Dieses unterstützt nicht die Identifikation von Fähigkeiten, sondern liefert allenfalls Suchfelder. Im Fallbeispiel wird daher dieser Prozeßschritt auch nicht ausgeführt. Die identifizierten Fähigkeiten werden aus den Kernbaugruppen und den Organisationsstrukturen abgeleitet.

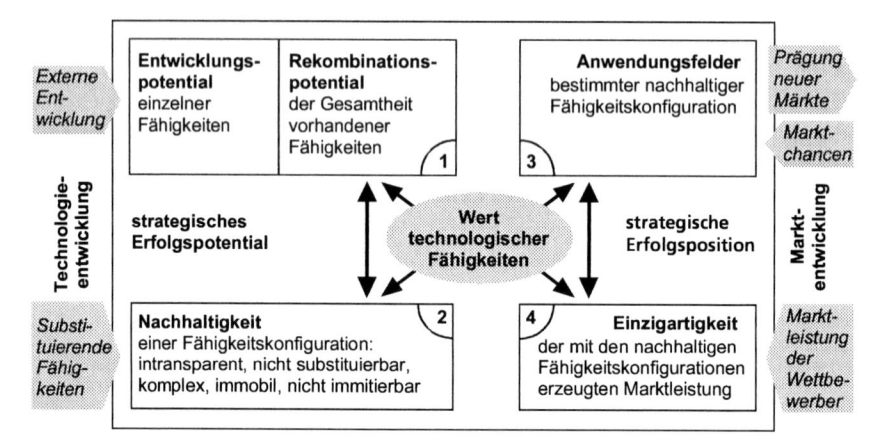

Bild 2-8: Der Wert von Fähigkeiten nach ZEHNDER

Die optionsbasierte, monetäre Fähigkeitsbewertung stellt zwar einen interessanten neuen Gedankengang dar, ist jedoch für die Bewertung von Fähigkeiten nur bedingt geeignet. Die Notwendigkeit der Determinierung zukünftiger Brutto-Cash-Flows und der Bestimmung zukünftiger Einsatzpotentiale steht im Gegensatz zu den Fähigkeiten inherenten Unsicherheiten, die aus der strategischen Perspektive resultiert. Zusammenfassend ist daher festzuhalten, daß der Ansatz nach ZEHNDER die Zielsetzung der vorliegenden Arbeit nicht unterstützen kann.

2.2.5 Ansatz nach Edge et al. (Toolkit)

Das Toolkit - Konzept wird in dem Ansatz von KLEIN/HISCOCKS beschrieben und zielt darauf ab, neue Anwendungs-, Produkt- oder Marktmöglichkeiten für ein Unternehmen zu identifizieren [EDGE95]. Der Toolkit besteht aus den fünf Tools:

1. Skill[8]-Mapping

2. Opportunitiy Matrix

3. Skill-Basis Simulation

---

[8] Das Verständnis des Begriffs Skill entspricht in der vorliegenden Arbeit dem Begriff Fähigkeiten.

4. Skill-Cluster Analysis und
5. Critical Skill Analysis.

Das Skill-Mapping behandelt die Evaluierung der Skill-Basis einer Organisation und die Identifizierung von Key-Skills. Mit der Opportunity-Matrix werden Möglichkeiten zur Verwendung der in einer Organisation vorhandenen Skills ermittelt. Mit der Skill-Basis Simulation werden einerseits Produkte gesucht, die das Unternehmen "beinahe" herstellen könnte und andererseits Skill-Defizite ermittelt, die bei Adressierung einer bestimmten Produktgruppe auftreten. Im Rahmen der Skill-Cluster-Analysis erfolgt die Identifizierung der Kernkompetenzen auf Basis der vorhandenen Key-Skills und in der Critical-Skill-Analysis wird eine Priorisierung der Maßnahmen (Zeit/Kosten) zum Skill-Aufbau durchgeführt [EDGE95, S. 185ff.].

Vor dem Hintergrund der in dieser Arbeit behandelten Thematik sind die Schritte 1, 2 und 4 relevant und werden im folgenden detaillierter beschrieben.

Das *Skill-Mapping* erfolgt in drei Stufen [vgl. EDGE95, S. 201ff.]. Auf der ersten werden die individuellen Skills einer Organisation identifiziert, auf der zweiten Stufe wird das Ausmaß ihrer Beherrschung bewertet und auf der letzten Stufe wird untersucht, welche Skills Schlüsselfaktoren für Wettbewerbsvorteile sind.

Zunächst wird eine Analyse der im Unternehmen vorhandenen Skills durchgeführt. Genutzt werden dazu sowohl interne (z.B. Mitarbeiterinterviews) als auch externe Informationsquellen (z.B. Kundenaussagen). Anschließend wird im Rahmen von Mitarbeiterinterviews die Bewertung der Skills anhand einer fünfstelligen Skala durchgeführt (Skill Capacity Level). Die Positionierung erfolgt hierbei relativ zum Wettbewerber. Zur Identifizierung der Key-Skills werden Schlüsselfaktoren für Wettbewerbsvorteile ermittelt und den entsprechenden Skill Capacity Level aus der zweiten Stufe gegenübergestellt. Key-Skills stellen diejenigen Skills dar, die einen Schlüsselfaktor für Wettbewerbsvorteile bilden und gleichzeitig mit einem hohen Skill Capacity Level beurteilt wurden.

Auf Basis der *Opportunity Matrix* werden neue Anwendungs-, Produkt- oder Marktmöglichkeiten mittels eines Datenbank-Modellierungs-Prinzips gesucht. Die Datenbank vergleicht hierfür die in dem Unternehmen vorhandenen Skills mit den Skills, die für die bestimmte Anwendung benötigt werden. Daraus ergibt sich dann eine Aufstellung potentieller Handlungsalternativen für das Unternehmen [EDGE95, S. 211ff.].

Die Bestimmung der Kernkompetenzen erfolgt mit der *Skill-Cluster-Analysis*. Dabei werden den Produkten des Unternehmens die identifizierten Skills gegenüber gestellt und ermittelt, in welchem Ausmaß jeder Skill benötigt wird. Wenn zur Erzeugung eines Produkts verschiedene Key-Skills mit hohem Niveau benötigt werden, läßt dies auf eine Kernkompetenz schließen. Beurteilt wird dies über den Skill-Cluster-Index I_{ij}.

Dieser gibt den Prozentsatz jener Produkte an, für die sowohl Skill i als auch Skill j verwendet werden (**Bild 2-9**).

Skill-Tabelle					Skill-Cluster-Matrix			
Skills	P_1	P_2	...	P_3		S_1	S_2	...	S_x
S_1	2	4	...	1	S_1	-	4%	5%	10%
S_2	4	2	...	5	S_2	I_{12}	-	60%	75%
⋮	⋮	⋮	⋱	⋮	⋮	$I_{1...}$	$I_{2...}$	-	45%
S_x	1	3	...	2	S_x	I_{1x}	I_{2x}	$I_{...x}$	-

S - Skill   P - Produkt I_{ij} - Skill-Cluster-Index   ▓ - Key-Skills

Bild 2-9: Die Skill-Cluster-Analyse nach EDGE

Der Ansatz nach KLEIN/HISCOCKS, speziell das Skill-Mapping und die Opportunity-Matrix, gehören zu den wenigen ressourcenorientierten Konzepten, die eine Generierung neuer Produktideen auf Basis vorhandener Kernkompetenzen operationell unterstützen. Eine Bewertung der Kernkompetenzen losgelöst vom aktuellen Produktprogramm erfolgt jedoch nicht.

Die Defizite des Konzeptes bestehen einerseits in der rudimentären und unsystematischen Bewertungsgrundlage der Skills [ZEHN96] und andererseits in der eingeschränkten Analysegrundlage. Es wird lediglich untersucht, inwieweit Produktcharakteristika die wettbewerbsbestimmenden Faktoren für das Produktprogramm liefern. Damit basiert die Opportunity Matrix auf Skills, die für vorhandene Produkte wettbewerbsrelevant sind. Die Nutzungsmöglichkeiten vorhandener Skills werden jedoch nicht vom bestehenden Produktprogramm losgelöst analysiert und bewertet.

2.2.6 SWOT-MODELL UND STÄRKEN/SCHWÄCHEN-CHECKLISTEN

Mit dem Strength-Weakness-Opportunities-Threats-Modell (SWOT) werden kombinierte Unternehmens- und Umweltanalysen durchgeführt, um darauf aufbauend eine Strategie abzuleiten [ANDR87, S. 50ff]. Die Analyse weist eine externe und eine interne Sicht auf. Mit der externen Sicht werden Chancen und Risiken aus der Unternehmensumwelt betrachtet und daraus mögliche Erfolgsfaktoren abgeleitet (Chancen-Risiken-Profil). Die interne Sicht hat die Stärken und Schwächen des Unternehmens selbst im Fokus der Analyse. Aus dem Stärken-Schwächen-Profil werden Kompetenzen des Unternehmens ausgewählt (**Bild 2-10**). Die ausgewählten Kompetenzen und die antizipierte Umweltentwicklung mit den identifizierten Erfolgsfaktoren bilden die Basis für die Formulierung, Bewertung und abschließende Implementierung der Unternehmensstrategie [vgl. MINT90, S. 171ff.].

Die Bewertung der Chancen und Risiken (externe Sicht) erfolgt auf Basis von Kriterien zur Technologiefrüherkennung. Bei der Ermittlung der Stärken und Schwächen (interne Sicht) werden vor allem Checklisten eingesetzt [vgl. WOLF91, S. 181]. Eine Anwendung zur Identifikation von Technologiekompetenzen mit dem SWOT-Modell hat bereits FROHMANN [FROH85, 50ff.] vorgenommen. Die Bewertung erfolgt auch hier anhand von Rating-Skalen, die eine linguistische Bewertung der Einzelaspekte ermöglichen [vgl. DYCK]. Die Ergebnisse visualisiert der Autor anhand von Stärken-Schwächen-Profilen, die auch die Profile der Wettbewerber enthalten [WOLF93, S. 205].

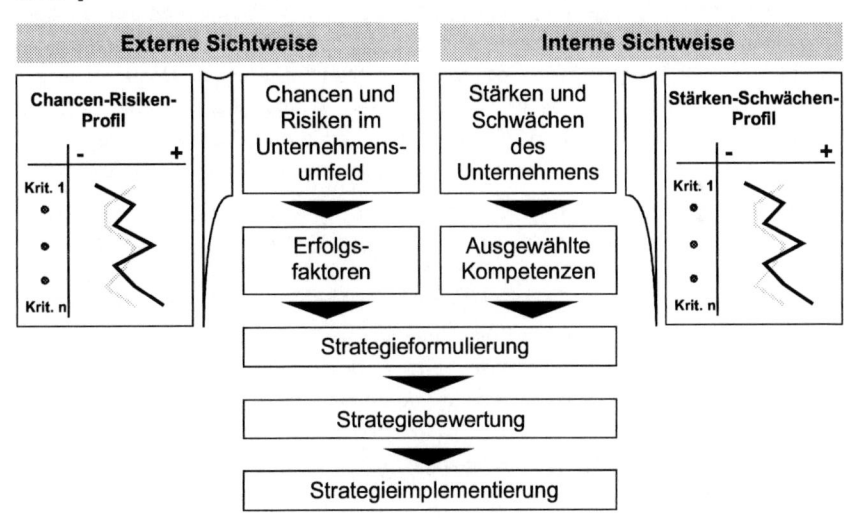

Bild 2-10: Das Strength-Weakness-Opportunities-Threats-Modell (SWOT)

Im Rahmen des MOTION-Projektes [MOTI96] wurde das SWOT-Modell zur Bewertung von Prozessen angewendet und weiterentwickelt [EVER98a, S. 78]. Hierbei wird, nach der Auswahl und Gewichtung unternehmensspezifischer Bewertungskriterien, mit denen quantitativ oder qualitativ die Bedeutung der Prozesse gemessen werden kann, die Prozeßbewertung durchgeführt. Eine Weiterentwicklung stellt dabei die Aggregation und Darstellung der Ergebnisse dar. Diese werden für jeden Prozeß als interne und externe Bedeutung in einem Prozeß-Portfolio eingetragen, aus dem die Kernprozesse abgelesen werden können [MOTI96].

Das SWOT-Modell und speziell dessen Weiterentwicklung im Rahmen des MOTION-Projektes verdeutlichen die Determinanten technologiebasierter Erfolgspotentiale durch die Bewertung unternehmensspezifischer Ressourcen und Fähigleiten im Vergleich mit Wettbewerbern. Kritisch anzumerken ist die Ermittlung der Bewertungskriterien, die nicht anhand von strategischen Leitlinien erfolgen muß. Somit bleibt die Analyse und die Ausgestaltung der gesamten Bewertung dem Planer überlassen.

Abschließend kann damit festgehalten werden, daß aufgrund der unzureichenden Bewertungsinstrumentarien die Operationalisierung der Identifikation und Bewertung technologischer Potentiale durch das SWOT-Modell nur eingeschränkt unterstützt wird. Die Aggregation und Darstellung der Ergebnisse, die aus der Weiterentwicklung im MOTION-Projekt resultiert, stellen gleichwohl eine transparente Entscheidungsunterstützung dar und können in die Methodikentwicklung integriert werden.

2.2.7 LEBENSZYKLEN - KONZEPTE

Lebenszyklus-Konzepte gehen in Analogie zu allgemein beobachtbaren biologischen Vorgängen von einer begrenzten Lebensdauer des betrachteten Objektes aus [BULL94, S. 108]. Entsprechend sind Modelle für Markt-, Branchen-, Unternehmens-, Produkt- und Technologielebenszyklen entwickelt worden [vgl. LEVI65; PFEI83; SERV85; MICH87; KREI89, PÜMP92; BULL94]. Für die Aufgabenstellung der vorliegenden Arbeit sind ausschließlich Technologien als Untersuchungsobjekte relevant.

Die Technologielebenszyklen (TLZ) beschreiben eine idealtypische Entwicklung [WOLF91, S. 97] und sind durch einen s-förmigen Verlauf der Ausschöpfung des Wettbewerbspotentials gekennzeichnet (**Bild 2-11**). Die einzelnen Lebenszyklen werden nach dem Modell von A. D. LITTLE [LITT81] überwiegend in die vier Phasen[9] *Entstehung, Wachstum, Reife* und *Alter* unterschieden, die entsprechend den Klassen Schrittmacher-, Schlüssel-, Basis- und verdrängte Technologien zugeordnet werden. Für die Zuordnung einer Technologie zu einer Phase sind diverse Indikatoren entwickelt worden [MICH87, S. 67] (vgl. Bild 2-11), anhand derer Handlungsempfehlungen für eine mögliche Technologienutzung abgeleitet werden können [vgl. LITT81].

Bei der Erstellung von Technologielebenszyklen besteht das generelle Problem, daß die Diffusion von Technologien in verschiedenen Branchen versetzt beginnt und mit unterschiedlicher Geschwindigkeit erfolgt. Des weiteren können sich im Laufe der Entwicklung weitere attraktive Anwendungsbereiche erschließen, die das Wettbewerbspotential einer Technologie nochmals stark verbessern können [BURG97] und dazu führen, daß in der Praxis die tatsächliche Gestalt erheblich vom idealtypischen Verlauf abweicht [vgl. BULL94].

Ein TLZ kann daher immer nur für eine Industrie durch die Aggregation der Diffusionsverläufe in den verschiedenen Branchen anhand aller in Frage kommender Anwendungsmöglichkeiten ermittelt werden [vgl. KREI89, BULL94].

---

[9] FORD und RYAN [FORD, S. 81] teilen den TLZ in sechs Phasen ein.

Kennzeichnung der derzeitigen Situation

Technologie	Schrittmacher	Schlüssel	Basis	verdrängte

[Diagramm: Grad der Ausschöpfung der Wettbewerbspotentials]

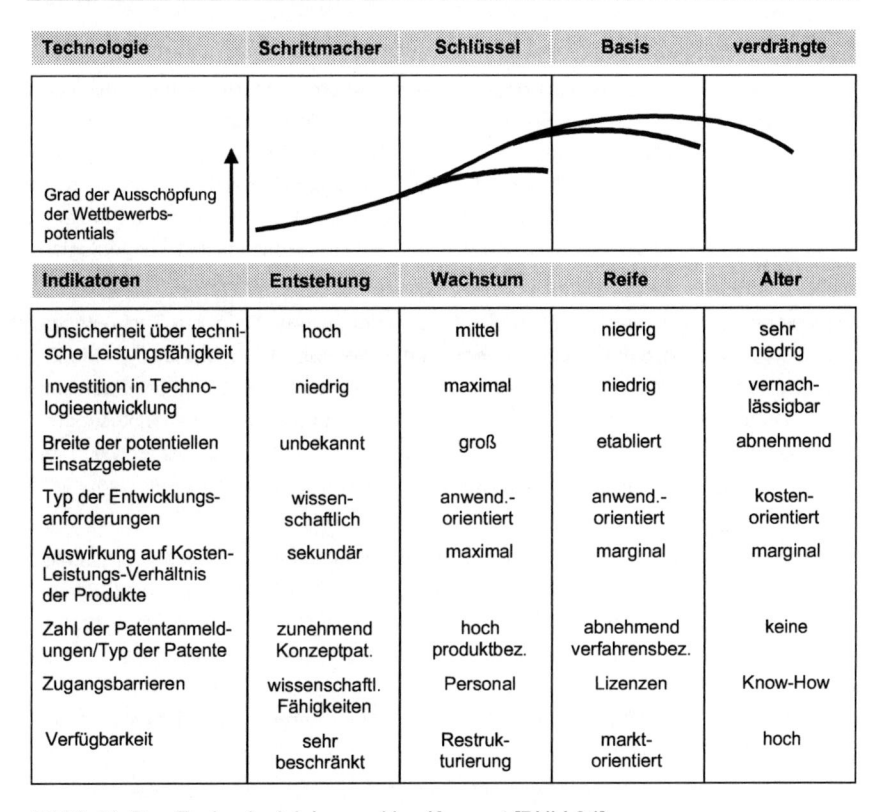

Indikatoren	Entstehung	Wachstum	Reife	Alter
Unsicherheit über technische Leistungsfähigkeit	hoch	mittel	niedrig	sehr niedrig
Investition in Technologieentwicklung	niedrig	maximal	niedrig	vernachlässigbar
Breite der potentiellen Einsatzgebiete	unbekannt	groß	etabliert	abnehmend
Typ der Entwicklungsanforderungen	wissenschaftlich	anwend.-orientiert	anwend.-orientiert	kostenorientiert
Auswirkung auf Kosten-Leistungs-Verhältnis der Produkte	sekundär	maximal	marginal	marginal
Zahl der Patentanmeldungen/Typ der Patente	zunehmend Konzeptpat.	hoch produktbez.	abnehmend verfahrensbez.	keine
Zugangsbarrieren	wissenschaftl. Fähigkeiten	Personal	Lizenzen	Know-How
Verfügbarkeit	sehr beschränkt	Restrukturierung	marktorientiert	hoch

Bild 2-11: Das Technologielebenszyklus-Konzept [BULL94]

Das S-Kurven-Konzept nach McKinsey stellt eine Weiterentwicklung des TLZ-Konzeptes dar. Der Grundgedanke besteht darin, daß Technologien im Zuge ihrer ständigen Weiterentwicklung an natürliche Grenzen stoßen [WOLF91, S. 107]. Daher wird die F&E-Produktivität als Verhältnis von F&E-Input zu F&E-Output bezogen auf ein technisches Leistungskriterium aufgezeichnet [vgl. FOST86, S. 36], und somit ein Maß für die Aufwand-/Nutzenrelation gebildet.

Zusammenfassend kann festgehalten werden, daß trotz der Unsicherheiten, die mit der Einordnung der Technologien in den TLZ anhand der Indikatoren verbunden sind, ein Vergleich konkurrierender Technologien hinsichtlich ihres zukünftigen Wettbewerbspotentials unterstützt wird. Damit kann das TLZ-Konzept in Teilaspekten hinsichtlich der Bewertung der Zukunftsträchtigkeit von Technologien Anwendung finden.

2.2.8 Portfolio Konzepte

Die Portfolio-Konzepte stellen integrierte Analyseinstrumente für unternehmensinterne und -externe Faktoren dar. Sie zählen zu den wichtigsten und in der Praxis am häufigsten angewandten Methoden der strategischen Planung [BULL94, S. 144]. Das Konzept entstammt aus der Übertragung der Wertpapier-Portefeuille-Analyse [vgl. MARK59] auf die Geschäftsfelder eines Unternehmens. Das Konzept wurde in zahlreichen Varianten auf andere Bereiche wie z.b. Märkte, Produkte und Technologien angewendet [vgl. z.B. KRUB83, S. 30ff.; SERV85, S. 112ff.; KRAM86, S. 133].

Technologieportfolios wurden als Analyseinstrument zur Ableitung von Technologiestrategien entwickelt (**Bild 2-12**). Sie entstanden vor dem Hintergrund, daß Marktportfolios lediglich eine Momentaufnahme der technologischen Situation darstellen und von einer prinzipiell linearen Entwicklung von Produkt- und Produktionstechnologie ausgehen [WOLF93, S. 222]. Sie zeigen somit infolge verkürzter Marktzyklen lediglich Defizite der aktuellen Technologiestrategie auf, ohne jedoch eine proaktive Strategieableitung zu unterstützen.

Technologieportfolios werden durch ein zweidimensionales Diagramm dargestellt. Eine Dimension bildet externe (Chancen und Risiken), die andere interne (Stärken und Schwächen) Faktoren ab. Die Position in dem Portfolio resultiert durch Aggregation von Bewertungskriterien meist mit Hilfe von Punktbewertungsverfahren.[10] Wesentlich bei der Erstellung eines Portfolios ist die strikte Trennung in durch das Unternehmen beeinflußbare (interne) und nicht beeinflußbare (externe) Faktoren zur Ableitung von Normstrategien.

In bezug auf die Zielsetzung der vorliegenden Arbeit und der charakteristischen Merkmale der einzelnen Konzepte (Bild 2-12) ist vor allem der Ansatz nach PFEIFFER relevant[11].

Das Technologieportfolio nach PFEIFFER [vgl. PFEI83; PFEI95, S. 674; PFEI97, S. 412ff.] wird durch die Dimensionen *Technologieattraktivität* als unternehmensexterne und *Ressourcenstärke* als vom Unternehmen beeinflußbare Größe aufgespannt. Die Technologieattraktivität umschreibt die wirtschaftlichen und technischen Vorteile, die durch Weiterentwicklung der Technologie erschlossen werden können. Als Indikatoren für die Technologieattraktivität nennen PFEIFFER und DÖGL das Wei-

---

[10] Detaillierte Angaben zu Aufbau und Erstellung von Portfolios beschreibt NEUBAUER [NEUB89]. Speziell für Technologieportfolios vgl. hierzu auch [PFEI83, WOLF92]

[11] Das Technologieportfolio nach A.D. LITTLE ist ein Markt-Technologieportfolio, das auf bestehende SGF fokussiert und von einer festen Zuordnung von Technologien zu SGF ausgeht. Dies gilt auch für den Ansatz nach MCKINSEY. Damit sind diese Ansätze für die Zielsetzung dieser Arbeit nicht verwendbar, da sie eine geschäftsfeldübergreifende Anwendung von Technologien nicht berücksichtigen. Mit dem Ansatz nach MICHEL wird eine Identifikation von relevanten Technologien nicht unterstützt.

terentwicklungspotential, die Anwendungsbreite und die Kompatibilität[12] der Technologie. Die Ressourcenstärke spiegelt die technische und wirtschaftliche Beherrschung des Technologiegebietes im Vergleich zur Konkurrenz wider. Zur Bewertung werden hier der technisch-wirtschaftliche Beherrschungsgrad, die finanziellen, sachlichen, humanen und rechtlichen Potentiale sowie die (Re-)Aktionsgeschwindigkeit des Unternehmens als Indikatoren herangezogen [vgl. PFEI97, S. 413].

Autoren	Dimensionen	Merkmale
McKinsey [KRUB82]	- relative Technologieposition - Technologieattraktivität	- Integriertes Markt-Technologieportfolio - Fokussierung auf Produkttechnologien - Basiert auf S-Kurven-Modell
Pfeiffer/Dögl [PFEI97]	- Ressourcenstärke - Technologieattraktivität	- Reines Technologieportfolio - Produkt- und Verfahrenstechnologien - keine Integration in Gesamtplanung
A. D. Little [SERV85]	- relative Technologieposition - Stellung im Technologielebenszyklus	- Integriertes Markt-Technologieportfolio - Basiert auf Technologielebenszyklus - Strategie abhängig von PLZ- & TLZ-Phase
Booz, Allen & Hamilton [PAPP84]	- relative Technologieposition - Bedeutung der Technologie	- Isolierte Technologiebetrachtung - keine Abstimmung mit der Marktplanung - Kriterien der Technologiebedeutung unklar
Michel [MICH87]	- relative Innovationsstärke - Innovationsattraktivität	- Planungsobjekt: Innovationsfelder - SGF- und technologiespezifische Portfolios - hohe Komplexität in der Anwendung
Wildemann [WILD86]	- Technologieprioritäten - Marktprioritäten	- Technologieportfolio - Anlehnung an [KRUB92] - Orientierung an der aktuellen Marktlage
SFB 361 [PORT97]	- Unternehmensnutzen - Technologieattraktivität	- Reines Produktionstechnologie-Portfolio - fuzzybasierte Bewertungsmethode - keine Trennung interne/externe Größen
Möhrle [MÖHR88]	- Technologiedruck - Marktsog	- FuE-Programmportfolio - keine Berücksichtigung unternehmensexterner Technologieentwicklungen

Bild 2-12: Übersicht der Technologieportfolio-Konzepte [vgl. WOLF92]

Zusammenfassend für die Technologieportfolio-Ansätze bleibt festzuhalten, daß diese sinnvolle und in der Praxis bewährte Instrumente zur Unterstützung der strategischen Planung darstellen. Für die Qualität der Ergebnisse sind jedoch die Ableitung eines Indikatorensystems zur Desaggregation der Portfoliodimensionen und die Entwicklung eines sinnvollen Bewertungsverfahrens zur Aggregation der Kriterienbewertungen von entscheidender Bedeutung.

---

[12] Mit der Kompatibilität wird die Auswirkung auf andere, im Unternehmen angewendete, Technologien beschrieben.

Die Vorteile sind in der Trennung von unternehmensinterner- und externer Faktoren, im systematischen Vorgehen und in der Transparenz der Ergebnisdarstellung zu sehen. Damit kann der Portfolio-Ansatz bei der Analyse und Bewertung der technologischen Potentiale angewendet werden.

2.3 FAZIT UND FORSCHUNGSBEDARF

Kürzere Produktlebensdauer und steigende Komplexität der Produktionssysteme erzeugen ein Spannungsfeld zwischen Marktdynamik und Kapitalbindung, das es bei der strategischen Technologieplanung zu berücksichtigen gilt. In der neueren Literatur wird daher verstärkt die Meinung vertreten, daß Methoden entwickelt werden müssen, die die Extrempositionen der marktorientierten und ressourcenorientierten Managementansätze symbiotisch nutzen, um Produkte zukünftig erfolgreicher zu entwickeln und der unternehmerischen Wirklichkeit gerecht zu werden.

Thematischer Schwerpunkt der vorliegenden Arbeit ist die strategische Technologieplanung bei produzierenden Unternehmen. Im Mittelpunkt stehen die Prozesse IDENTIFIKATION, BEWERTUNG und ANWENDUNGSPLANUNG der technologischen Potentiale sowie die BEWERTUNG zukünftiger Anwendungsalternativen. Die Planungssicht folgt dabei dem Verständnis des potentialorientierten Managementansatzes mit einem Schwergewicht auf der strategischen Ebene.

Zu diesem Untersuchungsbereich existieren eine Vielzahl von Ansätzen und Modellen aus der Ingenieur- und der Wirtschaftswissenschaft. Die wirtschaftswissenschaftlichen Ansätze berücksichtigen das aktuelle technologisch Potential in der Regel nicht. Eine Ausnahme bilden die kernkompetenz- bzw. potentialorientierten Ansätze, die durch die systemtheoretische Betrachtung überzeugen. Die Analyse der konkreten Methodenentwicklung zeigt jedoch den geringen Operationalisierungsgrad hinsichtlich der Identifikation[13] der technologischen Potentiale auf.

Im Rahmen der ingenieurwissenschaftlichen Ansätze existieren einerseits die klassischen Ansätze der Technologiebewertung, andererseits methodische Ansätze und Instrumentarien zur systematischen Produktplanung. Vor dem Hintergrund der Aufgabenstellung der vorliegenden Arbeit können Teilaspekte der Modelle zur Technologiebewertung adaptiert werden, die Arbeiten zur systematischen Produktplanung verfolgen eine andere Zielsetzung.

Zusammenfassend kann aus der Analyse existierender Ansätze damit festgehalten werden, daß nur Teilaspekte des Untersuchungsbereiches tangiert werden und Defizite hinsichtlich folgender Aspekte bestehen:

- Dem Planungsobjekt Technologie wird nicht ausreichend Rechnung getragen.

---

[13] Die Identifizierung umfaßt hierbei implizit auch eine Bewertung [vgl. hierzu auch CEN95, S. 30].

- Die Prozesse zur Identifikation der technologischen Leistungspotentiale werden nicht operationalisiert.
- Der Bewertungsprozeß der Technologien erfolgt nicht produktunabhängig.
- Die Aspekte Unternehmensziele, Wettbewerbsstrategie und technologisches Potential werden bei der Bewertung der generierten Produktideen nicht integrativ berücksichtigt.

Eine durchgängige, operationalisierte Planungsmethode zur Identifikation und Bewertung technologischer Potentiale und deren Nutzung durch die systematischen Produktfindung auf Basis dieser Potentiale existiert nicht. Der Forschungsbedarf für die Entwicklung einer solchen Methode ist somit aufgezeigt.

Für die Entwicklung der Planungsmethode können einerseits Elemente bestehender Ansätze in Teilaspekten adaptiert und integriert werden, andererseits bedarf es der Entwicklung neuer Modelle. Zu integrierende Konzepte stellen die Portfolio- und Lebenszyklus-Konzepte dar. Neu entwickelt werden müssen ein produktunabhängiges Bewertungssystem für Technologien, eine Suchfeldstruktur zur Abbildung der technologischen Potentiale und ein System zur Bewertung von Produktideen sowohl aus Markt- als auch aus Unternehmenssicht.

In diesem Kapitel wurden eine Abgrenzung des Untersuchungsbereiches durchgeführt und relevante Ansätze hinsichtlich der Adaptierbarkeit existierender Elemente analysiert. Im folgenden Kapitel werden die Anforderungen an die zu entwickelnde Planungsmethodik abgeleitet und ein Makrozyklus entwickelt.

3 KONZEPTION DER PLANUNGSMETHODIK

Zielsetzung dieses Kapitels ist es, eine Planungsmethodik zur Identifikation und Anwendungsplanung technologischer Potentiale auf grober Detaillierungsstufe zu entwickeln. Dazu werden zunächst die Anforderungen an eine solche Methodik analysiert und in einem Anforderungsprofil zusammengefaßt. Anschließend erfolgt die Auswahl einer geeigneten Modellierungssprache bevor abschließend die Planungsmethodik konzipiert wird.

3.1 ANFORDERUNGEN AN DIE PLANUNGSMETHODIK

Die Konzeption der Planungsmethodik erfolgt anhand forschungsleitender Konzeptanforderungen. Vor dem Hintergrund der Zielsetzung der vorliegenden Arbeit sind neben allgemeinen Anforderungen an eine Methodik vor allem inhaltliche Anforderungen einzubeziehen, die der Problematik der Identifizierung technologischer Potentiale und der Bewertung der Anwendungsalternativen (Produktideen) Rechnung tragen. Daraus folgt eine Zweiteilung in allgemeine sowie inhaltliche Anforderungen.

3.1.1 ALLGEMEINE ANFORDERUNGEN AN DIE METHODIK

Jeder Identifizierungsvorgang umfaßt implizit auch eine Bewertung [CEN95, S. 30]. Die Probleme bei der Bewertung von Technologien resultieren aus der mangelhaften Berücksichtigung von Verfügbarkeit, Relevanz und Sicherheit der notwendigen Planungsinformationen [MART95, S. 42]. Daraus folgen für eine Methode zur Technologieplanung die Anforderungen nach:

- Intersubjektiver Nachprüfbarkeit und
- praktischer Anwendbarkeit

der Planungsmethode (**Bild 3-1**) [vgl. CEN95, S. 34].

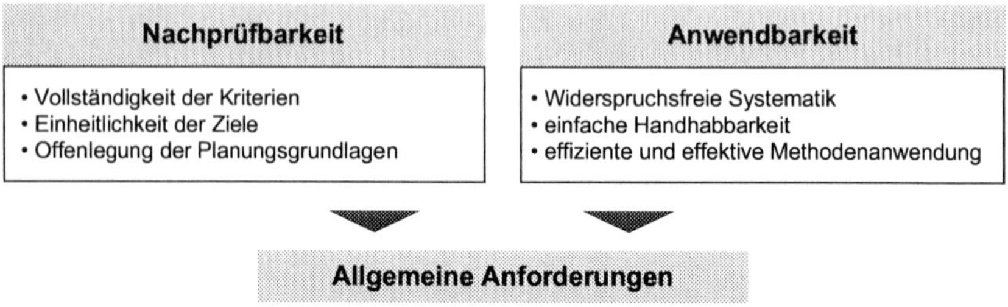

Nachprüfbarkeit	Anwendbarkeit
• Vollständigkeit der Kriterien • Einheitlichkeit der Ziele • Offenlegung der Planungsgrundlagen	• Widerspruchsfreie Systematik • einfache Handhabbarkeit • effiziente und effektive Methodenanwendung

Allgemeine Anforderungen

Bild 3-1: Allgemeine Anforderungen an die Planungsmethodik

Das Prinzip der intersubjektiven Nachprüfbarkeit zielt auf möglichst hohe Objektivität ab und beruht auf der Überlegung, daß auf Basis gleicher Ziele, Bewertungskriterien und Wirkungsprognosen verschiedene Methodenanwender zum selben Ergebnis gelangen sollen. Zwingende Voraussetzung für eine intersubjektive Nachprüfbarkeit ist jedoch die Vollständigkeit, die Einheitlichkeit sowie die Offenlegung der Planungsgrundlagen [vgl. WILD81, S. 109].

Vollständigkeit der Planungsgrundlagen heißt, daß möglichst alle relevanten Ziele, Planungsobjekte und Kriterien mit in die Planung eingehen müssen. Unter Einheitlichkeit wird verstanden, daß für alle Planungsobjekte die gleichen Ziele, Kriterien und Skalen zur Anwendung kommen [vgl. WILD81, S. 116]. Die Erfüllung der Forderungen nach Vollständigkeit und Einheitlichkeit wird durch die Forderung nach gleichzeitiger Offenlegung der Planungsgrundlagen nachprüfbar [BRAU90,□S. 324].

Die zu konzipierende Methode soll ein in der Praxis anwendbares und möglichst einfach handhabbares Instrumentarium zur Planung technologischer Potentiale sein. Die Anwendbarkeit impliziert eine klare, überschneidungs- und widerspruchsfreie Systematik sowie Allgemeinverständlichkeit, die durch eine klare, einfache Formulierung, wenn möglich ohne Voraussetzung von Spezialwissen, erreicht werden soll [CEN95, S. 32]. Die Handhabbarkeit der Methodik resultiert aus einem überschaubaren, effektiven Methodenablauf und einer hohen Planungseffizienz.

3.1.2 INHALTLICHE ANFORDERUNGEN AN DIE METHODIK

Die inhaltlichen Anforderungen an die zu entwickelnde Planungsmethodik folgen aus der Zielsetzung (vgl. Kapitel 1), dem Planungsobjekt und der Planungspraxis [vgl. HÖLT89, S. 30ff.; SARE93, S. 29ff, SENG95, S. 27; SCHM96, S. 36].

Die Planungspraxis der Produktentwicklung ist durch den Market-Pull Ansatz gekennzeichnet (**Bild 3-2**, links). Dem zufolge wird die Produktentwicklung als Reaktion auf Marktsignale initiiert. Bei den Unternehmen dominiert entsprechend eine Outside-In-Sichtweise, die den technologischen Ressourcen und Fähigkeiten nicht gerecht wird (vgl. Kapitel 2.1.4).

Diese *market driven* Unternehmen sind des weiteren Gefahren ausgesetzt, die sich aus der Unternehmensumwelt ergeben: Bricht ein bestehender Markt ein oder trifft das erwartete Marktvolumen nicht zu, fehlen den Unternehmen häufig Technologien, die sie befähigen, neue Märkte zu erschließen. Eine weitere externe Gefahr stellen konkurrierende Unternehmen dar, die durch den Einsatz neuer Technologien für die gleichen Produkte wettbewerbsfähiger werden [vgl. HIMM92] und somit den gleichen Effekt hinsichtlich der Umsatzentwicklung bewirken.

Die Gründe für die Dominanz der Outside-In-Sichtweise resultieren u.a. aus den Rahmenbedingungen der Planungspraxis. Zum einen existiert eine hohe Anzahl an Instrumentarien zur systematischen Ermittlung der Kundenanforderungen an existierende Produkte[1]. Daraus resultieren in den meisten Fällen verbesserte und weiterentwickelte Produkte [vgl. CLEL91] und die Gefahr ein Produkt "am Markt vorbei" zu entwickeln ist vergleichsweise gering. Zum anderen fehlt dem Planer in der Regel eine breite Übersicht über den aktuellen Stand der Technik [EVER96a] und das Wissen um die technologischen Fähigkeiten der Wettbewerber. Die Durchführung eines Benchmarkings[2] zur Positionierung der eigenen technologischen Leistungsfähigkeit erfolgt daher in der Regel nicht.

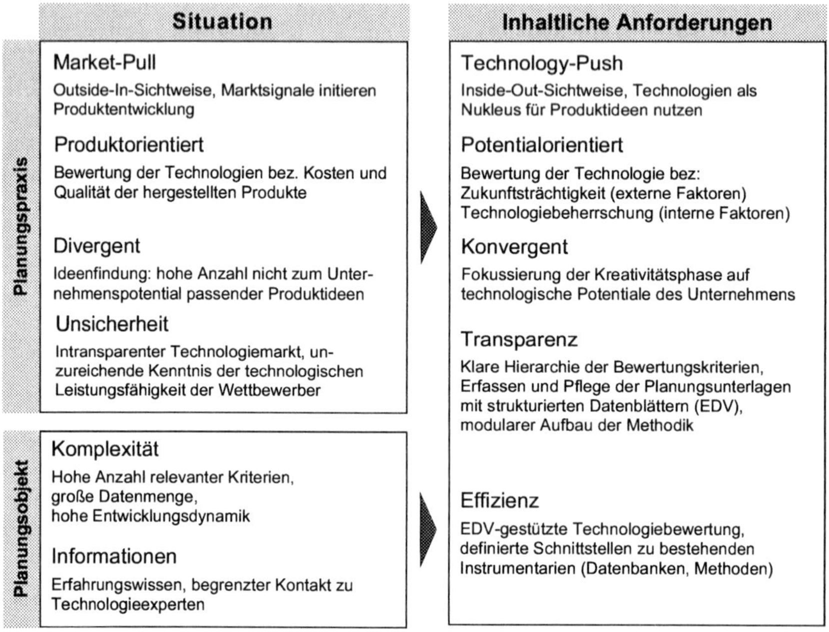

	Situation	Inhaltliche Anforderungen
Planungspraxis	**Market-Pull** Outside-In-Sichtweise, Marktsignale initiieren Produktentwicklung	**Technology-Push** Inside-Out-Sichtweise, Technologien als Nukleus für Produktideen nutzen
	Produktorientiert Bewertung der Technologien bez. Kosten und Qualität der hergestellten Produkte	**Potentialorientiert** Bewertung der Technologie bez: Zukunftsträchtigkeit (externe Faktoren) Technologiebeherrschung (interne Faktoren)
	Divergent Ideenfindung: hohe Anzahl nicht zum Unternehmenspotential passender Produktideen	**Konvergent** Fokussierung der Kreativitätsphase auf technologische Potentiale des Unternehmens
	Unsicherheit Intransparenter Technologiemarkt, unzureichende Kenntnis der technologischen Leistungsfähigkeit der Wettbewerber	**Transparenz** Klare Hierarchie der Bewertungskriterien, Erfassen und Pflege der Planungsunterlagen mit strukturierten Datenblättern (EDV), modularer Aufbau der Methodik
Planungsobjekt	**Komplexität** Hohe Anzahl relevanter Kriterien, große Datenmenge, hohe Entwicklungsdynamik	**Effizienz** EDV-gestützte Technologiebewertung, definierte Schnittstellen zu bestehenden Instrumentarien (Datenbanken, Methoden)
	Informationen Erfahrungswissen, begrenzter Kontakt zu Technologieexperten	

Bild 3-2: Inhaltliche Anforderungen an die Planungsmethodik

Das Planungsobjektes selbst weist mit der hohen Anzahl relevanter Kriterien und der technologieinhärenten hohen Entwicklungsdynamik eine hohe Planungskomplexität auf. Das damit entstehende Risiko, eigene technologische Leistungspotentiale durch das nicht beachten relevanter Einflußfaktoren oder das nicht zutreffende einschätzen technologischer Entwicklungen falsch zu bewerten, schreckt den Planer zudem ab

---

[1] Eine Aufstellung und Beschreibung der in der Praxis angewandten Methoden zur Ermittlung der Kundenanforderungen finden sich bei CLAUSING [CLAU94].

[2] Eine detaillierte Beschreibung der einzelnen Phasen eines systematischen Benchmarkings beschreibt CAMP [CAMP94]. Die spezielle Anwendung der Methodik zur integrativen Produkte und Produktentwicklungsprozesse beschreiben SABISCH und TITELNOT [SABI97].

[SCHM96, S. 34]. Die Akquisition der hierfür notwendigen Informationen wird überdies durch ein auf die eigene Anwendung begrenztes Erfahrungswissen, einen eingeschränkten Kontakt zu externen Technologiegebern und einen intransparenten Technologiemarkt weiter erschwert [EVER96a].

Das Ergebnis dieser Planungspraxis ist das verstärkte angleichen der Produkte, das speziell in Hochlohnländern aufgrund der geringeren Differenzierungsmöglichkeiten zu einem Verlust der Wettbewerbsfähigkeit führt [vgl. CLEL91].

Aus der aktuellen Situation der Planungspraxis und dem Planungsobjekt folgen die Anforderungen an die zu konzipierende Methodik (Bild 3-2, rechts): Die wesentlichste Anforderung bezieht sich auf eine Umkehr der initial zugrunde liegenden Sichtweise bei der Planung. Eine Generierung neuer Produktideen auf Basis technologischer Potentiale (Technology-Push) kann nur durch eine Inside-Out-Sichtweise erfolgen und ist somit die Voraussetzung, um technologische Potentiale als Nukleus für neue Produktideen oder Anwendungsfelder zu nutzen.

Daraus folgt hinsichtlich des Planungsobjektes die Forderung einer getrennten Betrachtung von Technologie und Produkt. Diese ist erforderlich, um den Kreativitätsprozeß der Generierung neuer Wachstumsfelder nicht vorab einzugrenzen, sondern technologische Potentiale als Quelle neuer Produktideen zu nutzen. Im Gegensatz zu den üblichen Bewertungsmethoden, die Technologien hinsichtlich der Kriterien Kosten und Qualität mittels der zu produzierenden Produkte bewerten, ist ein direkter Zusammenhang zwischen technologischem Potential und Unternehmenserfolg herzustellen.

Daher ist in der Methodik die Quantifizierbarkeit der Technologiebeherrschung und damit die Vergleichbarkeit mit anderen Unternehmen sicherzustellen. Ein strategischer Betrachtungshorizont ist durch Berücksichtigung der Fähigkeiten des Unternehmens zur Optimierung und Weiterentwicklung des Technologiepotentials zu erschließen.

Neben der Technologiebeherrschung wird ein technologisches Potential durch die Zukunftsträchtigkeit konstituiert. Im Gegensatz zur Technologiebeherrschung wird dabei keine unternehmensspezifische, sondern eine unternehmensneutrale, technologiespezifische Bewertung durchgeführt. Gegenstand der Bewertung ist die Vorteilhaftigkeit der Technologieanwendung in der Zukunft gegenüber alternativ anwendbaren Technologien.

Produktideen entstehen überwiegend durch Ideen einzelner Personen und unterliegen primär dem Zufall und der Eigeninitiative. Dies belegen sowohl Untersuchungen zum Rahmenkonzept Produktion 2000 [GAUS98, S. 6] als auch eigene Projekterfahrungen. Die Ergebnisse gebräulicher Methoden zur Ideenfindung führen dabei meist zu einer Vielzahl marktattraktiver Produktideen. Diese sind jedoch nur in geringem Umfang kongruent zu den spezifischen Unternehmenszielen und Wettbewerbsstrategien [EVER98]. Hier bedarf es einer Strukturierung des Suchfeldes und einer Fokussierung des Kreativitätsprozesses auf die technologischen Potentiale, um einen konvergenten Kreativitätsprozeß zu gestalten.

Aus dieser Anforderung an die Methodik folgt direkt, daß die Bewertung der Produktideen hinsichtlich der Konformität zu unternehmensinternen Faktoren (technologisches Potential, Ziele und Wettbewerbsstrategie) und externen Faktoren (Markteignung) erfolgen soll.

Wesentlich ist für die Arbeit nicht zuletzt eine hohe Operationalisierbarkeit, die sich in Instrumenten zur Umsetzung der Leitideen manifestiert und in einem Anwendungsbeispiel überprüft wird.

Der Umfang der Planungsaktivitäten ist entsprechend den spezifischen Unternehmensrandbedingungen anzupassen. Daher ist eine fallspezifische Modifikation des idealtypischen Modells durch einen modularen Aufbau der Methodik anzustreben.

Für eine effiziente Methodikanwendung bedarf es bei der hohen Anzahl zu verarbeitender Daten und Informationen des Einsatzes eines EDV-Hilfsmittels. Darüber hinaus ist die Datenstrukturierung derart zu unterstützen, daß die Transparenz und Nachvollziehbarkeit der Ergebnisse erhöht wird. Daher sollte die Analysephase durch eine einheitliche Beschreibung und strukturierte Erfassung der Technologien unterstützt und externe Technologiequellen systematisch integriert werden.

Die Reduzierung des Planungsaufwandes und die Steigerung der Planungseffektivität erfolgt durch eine frühe Einschränkung des Lösungsraumes auf wettbewerbsrelevante Technologien. Die hierzu erforderliche Bewertung der Technologien sollte aufgrund der zu verarbeitenden Datenvolumina und der Nachvollziehbarkeit der Ergebnisse durch ein EDV-Hilfsmittel unterstützt werden.

Nachdem die allgemeinen und inhaltlichen Anforderungen an die Methodik abgeleitet wurden, folgt die Auswahl einer geeigneten Modellierungssprache mit dem Ziel, die Methodikanwendung zu unterstützen.

3.2 Auswahl einer Modellierungssprache

In der Wissenschaft werden Modelle aus den unterschiedlichsten Gründen zur Orginalrepräsentation herangezogen. Als Demonstrationsmodelle werden sie zur Veranschaulichung von Zusammenhängen benutzt, als Experimentalmodelle dienen sie der Ermittlung oder Überprüfung von Hypothesen, als theoretische Modelle vermitteln sie in logisch schlüssiger Form Erkenntnisse über Sachverhalte, und als operative Modelle möglicher Zielaußenwelten stellen sie ihren Benutzern Entscheidungs- und Planungshilfen zur Verfügung [STAC73, S. 138].

Die Einteilung der Modelle erfolgt in der Literatur nach der Art der Aussage in deskriptive, explikative und Entscheidungsmodelle oder nach der Art der Annahmen in deterministische, stochastische und spieltheoretische Modelle [WÖHE96, S. 37ff]. Mit Hilfe von Beschreibungsmodellen werden empirische Erscheinungen abgebildet, ohne daß sie dabei analysiert und erklärt werden. Mit Erklärungsmodellen werden Hypothesen über Gesetzmäßigkeiten aufgestellt und Entscheidungsmodelle haben die Aufgabe, die Bestimmung optimaler Handlungsmöglichkeiten zu erleichtern [TIET69, S. 684ff.].

In deterministischen Modellen wird unterstellt, daß ein Ergebnis mit völliger Sicherheit eintritt. Die Ergebnisse der einzelnen Handlungsalternativen werden als bekannt vorausgesetzt. Bei stochastischen Modellen besteht eine Risikosituation. Die Variablen der Modelle können verschiedene Werte annehmen deren Wahrscheinlichkeitsmaße jedoch bekannt sind. Somit wird von der Annahme ausgegangen, daß bei Entscheidungen unter Risiko die Eintrittswahrscheinlichkeit der möglichen Ereignisse berechenbar ist.

Spieltheoretische Modelle werden entwickelt, wenn für die Variablen eines Modells keine Wahrscheinlichkeiten angegeben werden können. Hier liegt folglich eine Entscheidung bei Unsicherheit vor, über die weder Wahrscheinlichkeiten, noch sonstige andere Erkenntnisse vorhanden sind [WÖHE96, S. 41].

Die im Rahmen der vorliegenden Arbeit zu entwickelnde Planungsmethodik soll die Identifizierung wettbewerbsrelevanter technologischer Potentiale und die Ermittlung und Auswahl von Produktideen unterstützen. Es handelt sich somit entsprechend der vorstehenden Einteilung um ein Entscheidungsmodell.

Bei der Modellierung einer Planungsmethodik steht die Darstellung der Systemfunktionen als Folgeverknüpfung der Planungsschritte im Vordergrund [vgl. BRUN91, S. 41]. Als Darstellungsweise derartiger Ablaufsysteme stehen unterschiedliche Modellierungssprachen zur Verfügung, die historisch auf die Planung und Einführung von Informationsverarbeitungssystemen zurückzuführen sind [vgl. WENG95, S. 59].

Zu diesen Modellen[3] gehört z.B. PROPLAN zur Analyse und Gestaltung der technischen Auftragsabwicklung. Es besteht aus vierzehn normierten Prozeßelementen, die in direkte (wertschöpfende Tätigkeiten) und indirekte Unternehmensprozesse (wertverzehrende Tätigkeiten) unterteilt werden [vgl. TRÄN90]. Das Modell zeichnet sich durch die Möglichkeit aus, daß es eine detaillierte Analyse der indirekten Unternehmensprozesse erlaubt [EVER92b, S. 67].

---

[3] Eine detaillierte Beschreibung weiterer Modelle führt ERKES durch (SSADM [SMIT86], SDRT [BONN85], IDA [BODA84], CASCADE [RISC77] und EPOS [LAUB84]) [ERKE88, 28ff.].

Das IMMS (Integrated Manufacturing Modelling System) wurde zur Unterstützung der Planung der Materialflüsse und der Fertigungsprozesse bei komplexen Fertigungssystemen im Rahmen des Planungssystems MOSYS entwickelt [vgl. SÜSS91, S. 47ff]. Des weiteren zu nennen ist die GRAI-Methode [vgl. BREU84], die eine ausschließlich auf die Entscheidungsfindung im Unternehmen abgestimmte Analyse- und Entwurfsmethode zur Abbildung entscheidungstreffender Funktionen bei zyklisch zu überprüfenden und neu zu treffenden Entscheidungen ist [vgl. ERKE88, S. 31].

Zur Analyse und Darstellung von Aktivitäten, Teilaktivitäten und der zeitlichen Verarbeitung von Informationen sind vor allem Modellierungssprachen geeignet, die funktionsorientiert sind und den Aspekt des Informationsflusses betonen [vgl. SCHM96, S. 38]. Zu den bekanntesten Modellierungssprachen gehören IDEFØ, IDEF1, IDEF2, PETRI-Netze und die SADT (Strucured Analysis and Design Technique).

IDEFØ/IDEF1

Ende der siebziger Jahre wurde in den USA das ICAM Programm mit dem Ziel entwickelt, die Produktivität im Bereich der Fertigung durch den systematischen Einsatz von Computer-Technologien zu erhöhen. Ergebnis des Programms waren u.a. die Entwicklung der Strukturierungs- und Planungsmethoden IDEF [ERKE88, 29].

Mit IDEFØ wird ein Funktionsmodell erzeugt, das die Funktionen einer Fertigung und ihrer Umgebung sowie die zwischen den Funktionsblöcken ausgetauschten Informationen und Objekte darstellt. Zur Unterstützung des mit IDEFØ erstellten Funktionsmodells wird mit IDEF1 ein Informationsmodell zur Darstellung der Struktur der Informationen erzeugt. Das dynamische Verhalten der Funktionen (IDEFØ), Informationen und Hilfsmittel (IDEF1) wird mit dem durch IDEF2 erzeugten dynamischen Modell beschrieben [ERKE88, S. 29].

PETRI-Netze

Die Theorie der Petri-Netze wurde Anfang der sechziger Jahre von C.A. Petri [PETR62] entwickelt. Ziel war die Entwicklung einer verständlichen mathematischen Spezifikation, mit deren Hilfe grundlegende Eigenschaften und das Verhalten informationsverarbeitender, diskreter Systeme abgebildet werden können [ABEL90]. Petri-Netze beschreiben ein System anhand seiner statischen Struktur und seines dynamischen Verhaltens. Die statische Struktur der Petri-Netze wird durch aktive Knoten (dargestellt als Quadrate), passive Knoten (Kreise) und gerichtete Kanten (Pfeile) abgebildet [EVER97, 17-43].

Petri-Netze eignen sich zur Modellierung beliebiger dynamischer Zusammenhänge, sofern sie sich durch eine definierte Folge von Zuständen und Ereignissen darstellen lassen [ERKE88, S. 32]. Dabei können jedoch weder eine Hierarchisierung der Systemebenen abgebildet noch Rekursionen durch das Modell unterstützt durchgeführt werden [vgl. WENG95, S. 60].

SADT

Anfang der siebzieger Jahre wurde SADT (Structured Analysis and Design Technique) von D.T. Ross entwickelt. Die Methode eignet sich sowohl für die Analyse komplexer Systeme (SA) als auch für deren graphische Abbildung (DT) [vgl. LASC94].

Die Methode basiert auf einer hierarchischen Dekomposition des Betrachtungssystems. Ausgehend von seiner höchsten Abstraktionsebene wird es sukzessive detailliert, wobei jeder Verfeinerungsschritt maximal sechs Untersysteme erzeugen darf. Jedes Teilsystem wird durch einen Kasten dargestellt; zur Verknüpfung mit anderen Teilsystemen dienen Pfeile (**Bild 3-3**). Es wird unterschieden zwischen Steuerungseingängen, Eingängen, Instrumenten und Ausgängen [ERKE88, S. 28].

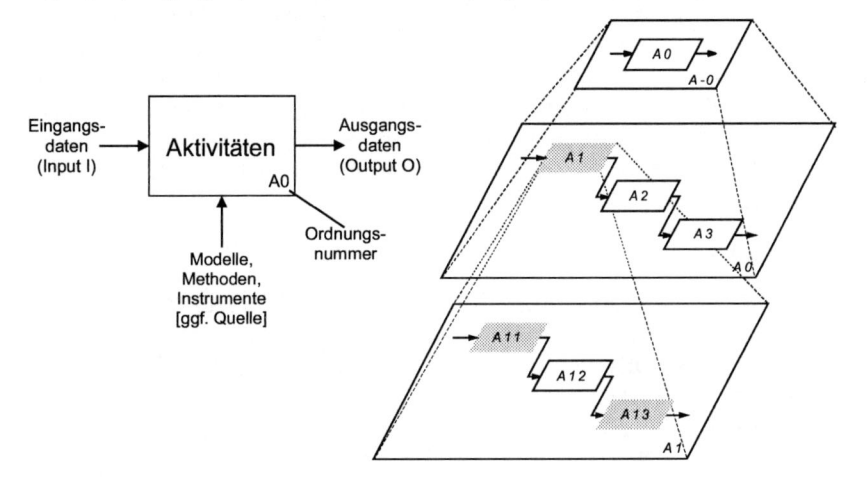

Bild 3-3: Die SADT-Methode

Speziell für die Darstellung von Funktionen und den zwischen den Funktionsblöcken ausgetauschten Informationen wurde die SADT und die IDEFØ-Methode entwickelt. Beide Systeme entsprechen sich auch in der Art der Zergliederung und der graphischen Darstellung. Die Vorgehensweise für die Anwendung von IDEFØ ist jedoch strikter determiniert. Des weiteren wird der Datenaspekt nicht bei IDEFØ berücksichtigt, der ausschließlich mittels IDEF1 erfolgt [vgl. ERKE88, S. 28ff., SÜSS91, S. 49ff].

Aufgrund der übersichtlichen und verständlichen Darstellungsform, dem geeigneten Detaillierungsgrad und der Möglichkeit planungsunterstützende Instrumente zu integrieren wird die SADT-Methode als Modellierungssprache ausgewählt.[4]

---

[4] Zur Bewertung ausgewählter Modellierungssprachen vgl. u.a. ERKES [ERKE88, 28ff.], WENGLER [WENG95, 60] und BÖHLKE [BÖHL94, 45].

3.3 KONZEPTION DES MAKROZYKLUS

In der Unternehmenspraxis werden die Möglichkeiten der Technologien durch die gefertigten Produkte nur in einem geringen Maß genutzt. Mit der in dieser Arbeit zu entwickelnden Methodik sollen Anwendungsalternativen für die technologischen Potentiale systematisch generiert werden. Dazu wird in einer ersten Planungsstufe das unternehmensspezifische technologische Potential erfaßt und bewertet. Hiermit wird die zweite Planungsstufe auf Technologien mit komperativen Wettbewerbsvorteilen fokussiert. Aspekte der Unternehmensumwelt, die Einfluß auf die Generierung und Auswahl von Entwicklungsvorschlägen (Produktideen) haben, finden ebenfalls in der zweiten Planungsstufe Eingang in die Methodik.

Die beiden Planungsstufen bilden den Makrozyklus der zu entwickelnden Methodik (**Bild 3-4**). Jede Planungsstufe wird in drei Planungsphasen gegliedert, die jeweils voneinander abgeschlossene und abgrenzbare Einheiten bilden. Die im Rahmen der Planungsphasen durchzuführenden Aktivitäten können ausgeführt werden, wenn die notwendigen Eingangsinformationen vorliegen. Die Planungsphasen werden somit nicht streng sequentiell, sondern einzelne Aktivitäten teilparallel durchlaufen. Dadurch ergeben sich bei konsequenter Anwendung zeitoptimale Planungszyklen [EVER95b].

1. Planungsstufe   **2. Planungsstufe**

Kap. 4.1	Situationsanalyse		Suchfeldbildung	Kap. 4.4
Kap. 4.2	Potentialanalyse	Fokussierung	Ideengenerierung	Kap. 4.5
Kap. 4.3	Potentialbewertung		Ideenbewertung	Kap. 4.6
	Potentialportfolio		Entwicklungsvorschläge	

▨ - Planungsphase   ▨ - Planungsergebnis

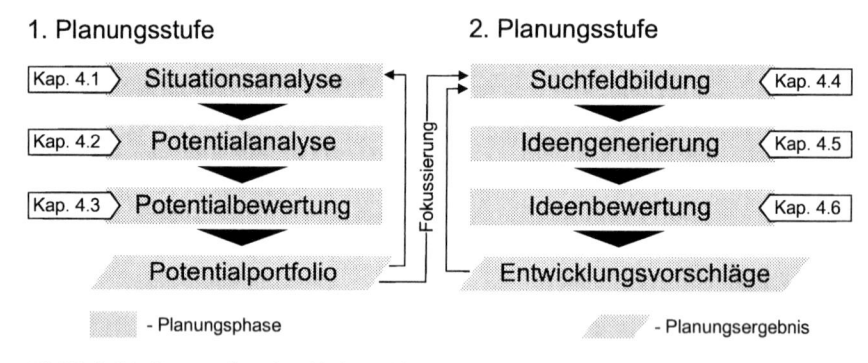

Bild 3-4: Die Konzeption des Makrozyklus

Der Informationsfluß ist durch Feed forward/Feed back Informationen gekennzeichnet (vgl. Bild 2-3). Dadurch werden, wie für Managementzyklen charakteristisch, einerseits Rückläufe im Phasenschema unvermeidlich, andererseits können auch einzelne Phasen im Sinne einer Vorkopplung übersprungen werden [vgl. SCHI98, S. 84].

Die einzelnen Planungsphasen des Makrozyklus berücksichtigen die in Kapitel 3.2 abgeleiteten inhaltlichen und allgemeinen Anforderung und werden wie im folgenden angeführt unterschieden:

Situationsanalyse:

Ziel der Situationsanalyse ist es, die planungsrelevanten Ziele abzuleiten und die Bereiche mit den technologischen Potentialen zu ermitteln, in denen neue Anwendungsalternativen den größten Beitrag zur Erreichung der Unternehmensziele bewirken. Die Zielerreichung kann sich dabei z.B. auf rein monetäre Verbesserung der Unternehmenssituation oder auch auf den Ausbau strategisch relevanter Technologien beziehen.

Eingangsinformationen für die Situationsanalyse sind neben Unternehmenszielen, Wettbewerbsstrategien und Marktforschungsdaten auch Unternehmensdaten wie Produkt- und Produktionsprogramme, bei deren Analyse Instrumentarien wie z.B. Pareto-Analysen und Produktlebenszyklus-Modelle zum Einsatz kommen.

Potentialanalyse:

Im Rahmen der Potentialanalyse wird eine umfassende, strukturierte Informationserfassung und -aufbereitung durchgeführt. Ziel ist es, die Planungsbasis für die nachfolgenden Aktivitäten zu bilden. Die erfaßten Daten beziehen sich dabei nicht nur auf die Aktivitäten der nächsten Planungsphase (Potentialbewertung), sondern bilden auch die Eingangsinformationen für spätere Planungsphasen (Suchfeldbildung und Ideenbewertung).

Unterstützt wird diese Planungsphase durch den Einsatz zu entwickelnder systematischer Erfassungsbögen für Ressourcen und Fähigkeiten.

Potentialbewertung:

In der letzten Phase der ersten Planungsstufe werden die Technologien hinsichtlich der unternehmensspezifischen Technologiebeherrschung und der unternehmensneutralen zukünftigen Relevanz bewertet. Die Ergebnisse werden in Form eines Potentialportfolios[5] dargestellt. Dieses Portfolio stellt einerseits eine Entscheidungsgrundlage für strategische Technologieprogramme dar und ermöglicht andererseits die Fokussierung der nachfolgenden Planungsphasen auf Technologien mit der höchsten Relevanz und Beherrschung.

Realisiert werden die notwendigen Aktivitäten u.a. durch die Anwendung der Portfolio-Technik, Prognoseverfahren zur Technikentwicklung und der Fuzzy-Set-Theory. Unterstützt wird die Planungsphase durch standardisierte Bewertungsdatenblätter und eine EDV-technische Umsetzung des Bewertungsalgorithmus.

Aufgrund der hohen Technologiedynamik ist die erste Planungsstufe für das Initiieren strategischer Technologieprogramme in einem Abstand von drei bis fünf Jahren zu wiederholen.

---

[5] Das Potentialportfolio stellt die technologischen Potentiale in einem Portfolio dar. Es wird in Kapitel 4.3 detailliert beschrieben.

Suchfeldbildung:

Mit der Suchfeldbildung erfolgt die Fokussierung der Kreativität auf die identifizierten technologischen Potentiale bei der Ideengenerierung. Hierfür werden die Eigenschaften der Technologien anhand von bereits entwickelten Beschreibungsmerkmalen systematisch in einem Suchfeld abgebildet.

Die zu konzipierende Suchfeldstruktur ermöglicht des weiteren die Integration der Rahmenbedingungen für die Ideengenerierung die aus Unternehmenszielen und Wettbewerbsstrategien sowie aus Marktforschungsdaten erwachsen.

Während der Aufbau der Suchfeldstruktur planungsunabhängig gleich bleibt, muß das Suchfeld, als Hilfsmittel für die Ideengenerierung, planungsspezifisch erstellt werden.

Ideengenerierung:

Bei der Ideengenerierung handelt es sich um einen kreativen Prozeß. Hierbei werden Ideen für alternative Technologieanwendungen gebildet. Die Suchrichtung wird dabei durch das Suchfeld fokussiert.

Die Ideengenerierung wird neben dem Suchfeld durch Kreativitätstechniken unterstützt, die anhand der planungsspezifischen Randbedingungen ausgewählt werden. Anschließend erfolgt die eigentliche Ideengenrierung durch Kombination verschiedener Technologien aus dem Suchfeld zu Teil-Suchfeldern oder Suchfeldern 2. Ordnung. Die Technologiemerkmale und -eigenschaften der Suchfelder bilden dabei den Nukleus für die Produktideen.

Ideenbewertung:

Letzter Schritt der zweiten Planungsstufe und somit der Planungsmethodik ist die Ideenbewertung. Ziel dieser Phase ist die Priorisierung der Produktideen zur Bildung von Entwicklungsvorschlägen.

Bei der Bewertung werden sowohl die externe Markt- wie auch die interne Unternehmenssicht berücksichtigt. Die Markteignung einer Produktidee wird dabei über die Amortisationszeit aller mit dieser Ideen verbundenen Kosten berechnet. Aus unternehmensinterner Sicht werden die zusätzliche Nutzung vorhandener Ressourcen und Fähigkeiten sowie die Konformität zur unternehmensspezifischen Wettbewerbsstrategie bewertet. Die Darstellung der Ergebnisse erfolgt in einem Diagramm, das durch die oben angeführten Perspektiven aufgespannt wird.

Im Rahmen der Aktivitäten zur Ideenbewertung werden bestehende Instrumentarien verwendet und neue entwickelt. Zur Berechnung der Markteignung wird die Plankostenrechnung angepaßt. Mit zu entwickelnden Bewertungsdatenblättern wird die Strategie- und Fähigkeitskonformität systematische ermittelt, zur Berechnung der Ressourcennutzung wird die Konformitätskennzahl nach EßMANN eingebunden und die Aggregation der Ergebnisse erfolgt mit einer Nutzwertanalyse.

Die Wiederholung der zweiten Planungsstufe kann erfolgen, wenn keine geeigneten Ideen generiert wurden oder andere Technologien im Suchfeld berücksichtigt werden sollen. Dabei kann diese Planungsstufe solange unabhängig von der ersten erfolgen, wie das Potentialportfolio eine ausreichende Aktualität aufweist

3.4 ZWISCHENFAZIT

Im Rahmen dieses Kapitels wurde die Grobkonzeption der Planungsmethodik durchgeführt. Hierfür wurde zunächst vor dem Hintergrund der Defizite bestehender Ansätze, der aktuellen Planungspraxis und dem Planungsobjekt ein Anforderungsprofil an die zu entwickelnde Methodik formuliert. Anschließend wurde anhand der Modellart, dem Detaillierungsgrad und der Möglichkeit zur Integration planungsunterstützender Instrumente eine geeignete Modellierungssprache ausgewählt. Abschließend erfolgte die Konzeption des Makrozyklus der zu entwickelnden Methodik. Dieser besteht aus zwei Planungsstufen, die jeweils drei Planungsphasen enthalten. Ergebnis der ersten Planungsstufe ist ein Potentialportfolio, das einerseits die Basis für Technologie-Entwicklungsprogramme bilden kann und andererseits die Fokussierung der folgenden Planungsphase auf wettbewerbsrelevante Technologien unterstützt. Ergebnis der zweiten Planungsstufe sind Entwicklungsvorschläge in Form von bewerteten Produktideen, die auf Basis des technologischen Potentials generiert wurden.

Gegenstand des folgenden Kapitels ist es, die Planungsphasen hinsichtlich der Informationsbeziehungen zu detaillieren und ausgewählte Modelle und Instrumentarien zu entwickeln oder zu integrieren.

4 Detaillierung der Planungsmethodik

Nachdem der Forschungsbedarf für die Entwicklung einer Methodik zur Identifizierung und Nutzung technologischer Leistungspotentiale aufgezeigt (Kapitel 2) und ein sechsphasiger Makrozyklus entwickelt (Kapitel 3.3) wurde, ist die Detaillierung der einzelnen Phasen Gegenstand dieses Kapitels. Hierfür werden die durchzuführenden Planungsaktivitäten beschrieben und deren Informationsbeziehungen zueinander aufgezeigt. Zur Operationalisierung der Methodikanwendung wird auf existierende Modelle und Hilfsmittel verwiesen. Bedarf es zur Unterstützung einer Planungsaktivität eines neuen Instrumentariums, wird dessen Entwicklung dem entsprechenden Kapitel vorangestellt und im folgenden auf dieses entsprechend Bezug genommen.

Simultan zu der Ausgestaltung der einzelnen Planungsphasen wird sukzessive die Methodik mit der ausgewählten Modellierungssprache SADT (Kapitel 3.2) modelliert. Zur besseren Gesamtübersicht ist das Knotenverzeichnis der Methodik in **Bild 4-1** dargestellt. Das komplette, detaillierte SADT-Aktivitätenmodell ist im **Anhang A** abgebildet.

Die Kapitelüberschriften korrespondieren mit den Benennungen der einzelnen Planungsphasen und entsprechen der ersten Gliederungsebene der Knotenhierarchie des SADT-Modells. Somit wird die Methodikdetaillierung transparent und eine Zuordnung der beschriebenen Aktivitäten erleichtert. Wird im Text auf einzelne Aktivitäten der Methodik verwiesen, so werden diese durch geschweifte Klammern gekennzeichnet (z.B. {A 2.1}).

4.1 Situationsanalyse {A1}

Bei einer Planung handelt es sich um ein zukunftsbezogenes Durchdenken und Festlegen von Maßnahmen, Mitteln und Wegen zur Zielerreichung (Kapitel 2.1.2). Entsprechend werden mit der ersten Phase der Methodik die zu verfolgenden Ziele und Strategien für die Planung abgeleitet {A1.1}. Dabei ist zu berücksichtigen, daß sowohl Ziele als auch Zielsysteme[1] unternehmensspezifisch sind.

---

[1] Ein Zielsystem ist die formale Abbildung der Gesamtheit geordneter Ziele und deren Relationen zueinander. Die Erstellung und Struktur von Zielsystemen beschreiben u.a. BIRCHER [BIRC76] und SCHEIBLER [SCHE74].

{A0} Strategische Technologieplanung
- {A1} Situationsanalyse
  - {A11} Ziele ableiten
  - {A12} Analysebereich eingrenzen
  - {A13} Relevante Technologien ermitteln
- {A2} Potentialanalyse
  - {A21} Technologiebeherrschung analysieren
  - {A22} Substitutionstechnologien ermitteln
- {A3} Potentialbewertung
  - {A31} Technologiebeherrschung bewerten
    - {A311} Sachmittelpotential bewerten
    - {A312} Anwendungsperformance bewerten
    - {A313} Weiterentwicklungs-Know-how bewerten
  - {A32} Zukunftsträchtigkeit bewerten
    - {A321} Kostenführerschaftspotential bewerten
    - {A322} Differenzierungspotential bewerten
    - {A323} Weiterentwicklungspotential bewerten
    - {A324} Imagepotential bewerten
- {A4} Suchfeldbildung
  - {A41} Suchfeld konzipieren
  - {A42} Produktmerkmale ableiten
- {A5} Ideengenerierung
  - {A51} Kreativitätstechnik auswählen
  - {A52} Produktideen generieren
- {A6} Ideenbewertung
  - {A61} Markteignung bewerten
    - {A611} Deckungsbeitrag I berechnen
    - {A612} Deckungsbeitrag II berechnen
    - {A613} Deckungsbeitrag III berechnen
    - {A614} Deckungsbeitrag III diskontieren
  - {A62} Strategie- und Potentialkonformität bewerten
    - {A621} Strategiekonformität S bewerten
    - {A622} Potentialkonformität P bewerten
      - {A6221} Fähigkeitenkonformität F bewerten
      - {A6222} Ressourcenkonformität R bewerten
      - {A6223} Konformitätswerte F und R aggregieren
    - {A623} Konformitätswerte S und P aggregieren
  - {A63} Ideen priorisieren

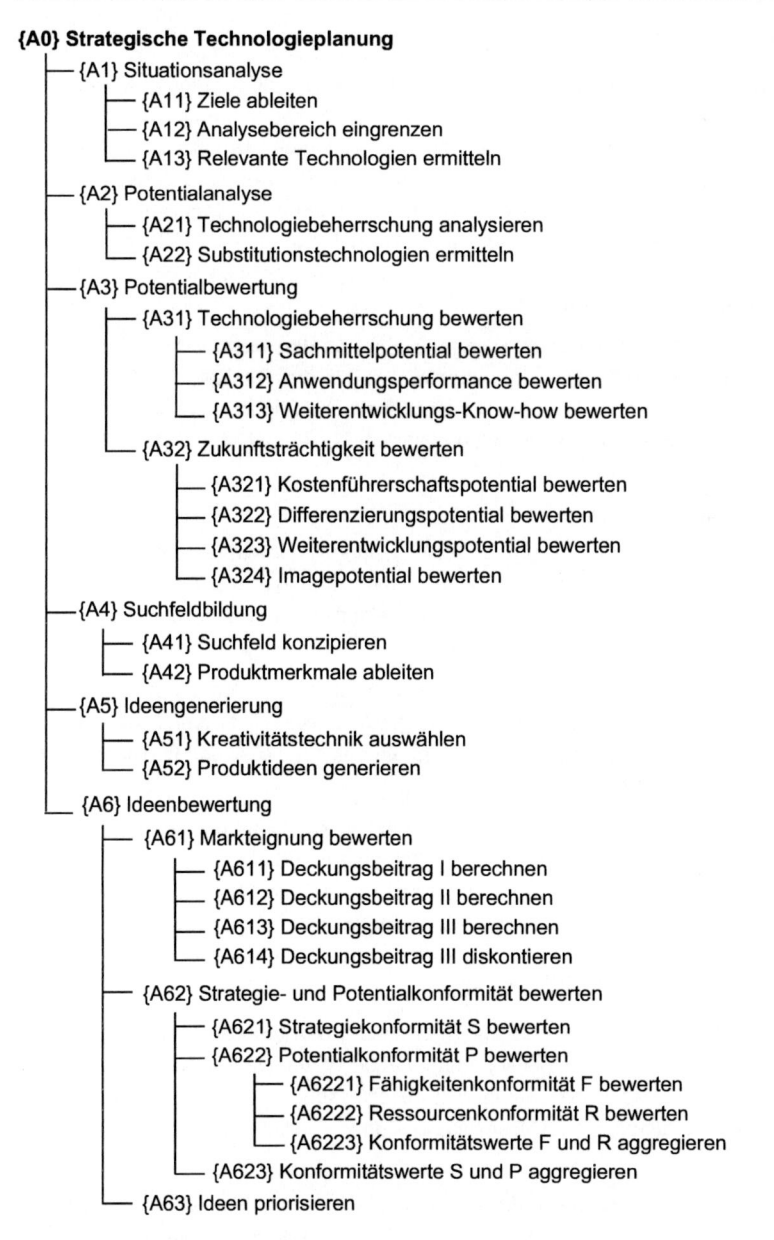

Bild 4-1: Modellierung der Methodik als SADT-Aktivitätenmodell

Um der an die Methodikanwendung geforderten Effizienz zu genügen, bedarf es einer Eingrenzung des Analysebereiches (Kapitel 2.1.1). Entsprechend ist zunächst eine Fokussierung auf diejenigen Potentialbereiche und -arten durchzuführen, denen die technologischen Leistungspotentiale zugeordnet werden {A1.2}. Aus diesen Bereichen erfolgt mit der abschließenden Teilaktivität der Situationsanalyse die Auswahl derjenigen Analyseobjekte, für die die Methodikanwendung vor dem Hintergrund der unternehmensspezifischen Zielsetzung am geeignetsten ist {A1.3}. Dabei kann es sich sowohl um materielle Ressourcen als auch um spezifische, mit einer Technologie verbundene Fähigkeiten handeln.

Am Beispiel des heißisostatischen Pressens (HIP) sei dies exemplarisch dargestellt: Das technologische Potential wird einerseits durch die Qualität des Sachmittels (Ressource) sowie dessen Anwendungs-Know-how und andererseits durch das Wissen, z.B. über die Entwicklung von agglomeriertem Pulver, gebildet (Fähigkeit).

4.1.1 ABLEITUNG DER ZIELE

Unternehmensziele stellen in erster Linie die Randbedingungen dar, unter denen die Planung erfolgen soll. Dazu gibt die Unternehmensstrategie, die der Verwirklichung der Ziele dient, eine Entwicklungsrichtung als Leitfaden vor und flankiert diese durch entsprechende Restriktionen [vgl. SCHI98].

Die Liquidität, die Rentabilität und, bedingt, das Wachstum stellen die Existenzbedingungen für ein Unternehmen dar [vgl. SCHI98]. Vor diesem Hintergrund werden Ziele als Stellgrößen für die Aktivitäten des Unternehmens abgeleitet und in einem Zielsystem vernetzt [vgl. SCHM96, S. 49].

Unternehmensziele werden nach ihrem Inhalt in wirtschaftliche und gesellschaftliche Ziele unterteilt (**Bild 4-2**). WIRTSCHAFTLICHE ZIELE werden durch Erfolgs-, Finanz- und Leistungsziele, GESELLSCHAFTLICHE ZIELE durch soziale und ökologische Ziele gebildet [vgl. SCHI98, S. 62; VOEG97, S. 20]. Leistungsziele, gegliedert in Markt-, Produkt-, Produktions- und technologische Ziele, stellen dabei die konkreten Vorgaben für die Planung dar [vgl. HAMM95, S. 48].

Die mittelfristigen Lösungsansätze zur Realisierung der gesteckten Unternehmensziele werden aus einer zu den Zielen kongruenten Wettbewerbsstrategie abgeleitet. Nach PORTER werden dabei drei in sich geschlossene Strategietypen unterschieden: Kostenführerschaft, Differenzierung und Konzentration auf Nischen [PORT92, S. 62].

Die Umsetzung der wettbewerbsstrategischen Optionen manifestiert sich in der Gestalt der Produkte und der Produktion [vgl. SENG95, S. 68]. So wird die Strategie der Kostenführerschaft durch eine kostenorientierte Produktion, z. B. durch einen hohen Automatisierungsgrad, unterstützt, die Differenzierungsstrategie spiegelt sich in der Herstellung einzigartiger Produktmerkmale wider. Vor diesem Hintergrund lassen sich Ziele als bedingende Größen für Produktmerkmale bezeichnen. Zur Bestimmung der Ziele selbst werden Checklisten[2] eingesetzt.

Existenzbedingungen	Unternehmensziele	
• Liquidität • Rentabilität • Wachstum [vgl. SCHI98]	Wirtschaftliche Ziele • Erfolgsziele • Finanzziele • Leistungsziele	Gesellschaftliche Ziele • Soziale Ziele • Ökologische Ziele [vgl. VOEG97]

Fundamentalziele / Wettbewerbsstrategien	
Fundamentale Ziele: • Kosten • Zeit • Qualität [vgl. SCHM96]	Wettbewerbsstrategien: • Kostenführerschaft • Differenzierung • Konzentration auf Nischen [vgl. PORT92]

Bild 4-2: Unternehmensziele und Wettbewerbsstrategien

Abschließend bleibt festzuhalten, daß die abgeleiteten Ziele und Strategien für die erste Planungsstufe {A1-A3} wesentlich für die Auswahl und Bewertung der zu untersuchenden technologischen Potentiale sind und für die zweite Planungsstufe {A4-A6} die Rahmenbedingungen für die Suchfeldbildung und Ideenbewertung bilden. Die Operationalisierung der Ziele erfolgt dabei in den jeweiligen Bewertungsphasen der beiden Planungsstufen.

4.1.2 EINGRENZUNG DES ANALYSEBEREICHES

Die Unternehmensfunktionen können hinsichtlich ihrer Aufgaben im Transformationsprozeß[3] für neue Produkte in Realisierungsfunktionen einerseits sowie Beschaffungs- und Verwaltungsfunktionen andererseits eingeteilt werden. Mit der Eingrenzung des Analysebereiches erfolgt zunächst eine Fokussierung auf die Unternehmensbereiche, deren Potentiale unmittelbar an der Entstehung neuer Produkte beteiligt sind. Diese Bereiche sind die FORSCHUNG & ENTWICKLUNG, die PRODUKTION und der VERTRIEB [KEHR72, S. 19].

---

[2] Speziell für die Technologieplanung haben SENG [SENG95] und SCHMITZ [SCHM96] entsprechende empirisch-induktiv erstellte Checklisten zur Auswahl von Zielen vorgestellt.

[3] Ein produzierendes Unternehmen kann als Transformationssystem verstanden werden, welches aus Rohmaterialien und Zukaufteilen unter Nutzung der Unternehmenspotentiale Produkte herstellt [KEHR72, S. 8].

Im Rahmen dieser Arbeit stellt die Planungsbasis das technologische Potential des Unternehmens dar, das Bestandteil der Bereiche Forschung & Entwicklung sowie Produktion ist. Damit reduziert sich die Bilanzgrenze der Analysephase auf die eben genannten Bereiche. Auf den Vertrieb und dessen Funktionen wird im Rahmen der Suchfeldbildung und Ideenbewertung zurückgegriffen.

Nach der Fokussierung auf die planungsrelevanten Bereiche erfolgen als anschließende Teilaktivitäten dieser Phase die Erfassung, Kategorisierung und Auswahl der vorhandenen Technologien.

Die Ermittlung der produktiven Ressourcen stellt eine zeitpunktbezogene Unternehmensabbildung dar [AZZO96, S. 2520]. Aus diesem Grund ist eine Auflistung der vorhandenen Ressourcen eine geeignete Informationsquelle. Um die Vollständigkeit der Aufnahme sicherzustellen, kann ein Cross-Check mit Hilfe von Inventarlisten des Anlagevermögens des Unternehmens vorgenommen werden. Während die Inventarliste den Vorteil der Vollständigkeit besitzt - da alle Ressourcen, auch die bereits vollständig abgeschriebenen, aufgeführt sind - weist diese den Nachteil auf, daß sie keine Aussagen bezüglich der Wertschöpfung einer Maschine zuläßt. Eine Differenzierung zwischen vollautomatischer Bandschleifmaschine und Handschleifer für Hilfsoperationen ist anhand der Inventarliste kaum möglich. Daher bedarf es im folgenden der Ermittlung planungsrelevanter technologischer Potentiale.

Technologien setzen sich aus (materiellen) Ressourcen und (immateriellen) Fähigkeiten zusammen (Kapitel 2.1.1). Die Auswahl der planungsrelevanten Technologien wird durch die STRATEGISCHE VERFLECHTUNGSMATRIX[4] unterstützt (**Bild 4-3**). Dabei wird zunächst eine Übersicht hinsichtlich der aktuell besetzten strategischen Technologiefelder (STF) und strategischen Geschäftsfelder (SGF) geschaffen.

Die Auswahl der Ressourcen erfolgt dabei mittels quantifizierbarer Anlagenindikatoren wie Anlagevermögen, Anlagenauslastung und Restnutzungsdauer oder über eine TECHNOLOGY-PUSH-ANALYSE. Letztere erfolgt in der Strategischen Verflechtungsmatrix ausgehend vom STF in horizontaler Richtung. Es stehen dabei folgende Fragen im Fokus [vgl. BULL94, S. 95]:

- Wie hoch ist das eigenständige Erfolgspotential des STF?
- Kann das technologische Leistungspotential in weiteren SGF eingesetzt werden?

---

[4] Mit einer Strategischen Verflechtungsmatrix werden die Korrelationen der einzelnen Strategischen Geschäftsfelder (SGF) mit den Strategischen Technologiefeldern (STF) dargestellt. Ein STF ist ein Ausschnitt aus dem aktuellen technologischen Betätigungsfeld eines Unternehmens. SGF stellen aktuelle Aktivitäten eines Unternehmens dar und werden z.B. durch Kundengruppe oder Funktion beschrieben [vgl. SOMM83].

- Wo liegen SGF, die mit Hilfe des technologischen Leistungspotentials etabliert werden können?

Die Ermittlung der Fähigkeiten erfolgt entweder auf Grundlage qualitativer Bewertungen der Experten und verantwortlichen Entscheidungsträger oder durch eine TECHNOLOGIERELEVANZANALYSE.

SGF: Strategisches Geschäftsfeld STF: Strategisches Technologiefeld		SGF				
		SGF_1	SGF_2	SGF_3	$SGF_{...}$	SGF_x
S T F	STF_1	X				X
	STF_2	Technology-Push-Analyse				
	STF_3	X		Technologie-Relevanz-Analyse		X
	$STF_{...}$				X	
	STF_y	X	X			

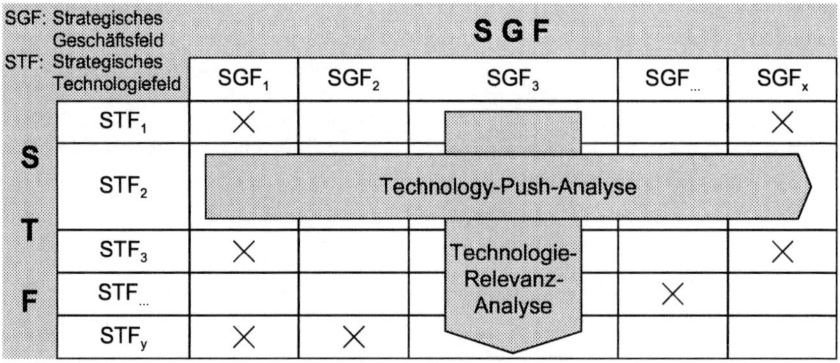

Bild 4-3: Strategische Verflechtungsmatrix nach BULLINGER

Die Technologierelevanzanalyse erfolgt ebenfalls mit Hilfe der Strategischen Verflechtungsmatrix, jedoch ausgehend vom SGF in vertikaler Richtung. Es werden die Fragen geklärt [vgl. BULL94, S. 96]:

- Welches technologische Potential kann zur Lösung der Bedarfsprobleme im SGF beitragen?
- Welches technologische Potential kann einen Beitrag zum Erfolgspotential eines SGF leisten?

Nach der Selektion der relevanten technologischen Potentiale müssen die zugehörigen Ressourcen aus zwei Gründen kategorisiert werden: Erstens wird der Planungsaufwand durch eine gruppenweise Analyse gesenkt, und zweitens sind nicht alle Technologien miteinander vergleichbar. So ist es unvereinbar, z. B 5-Achsen-Fräsen und Kleben anhand derselben Kriterien zu beschreiben, zu bewerten und dabei noch eine hohe Datenschärfe bei meßbaren Indikatoren sicherzustellen: Abstraktionsgrad und Datenschärfe korrelieren hier negativ.

Als Kategorisierungskriterium wird die Funktion der Technologie verwendet. Diese wird definiert durch den Throughput, d.h. die erzeugten Produktmerkmale als Differenz zwischen Input und Output. Technologien gehören dann einer gemeinsamen Kategorie an, wenn diese prinzipiell ähnliche Veränderungen des Inputs vornehmen können. Eine derartige Kategorisierung wird in DIN 8580 vorgenommen. Die darin vorgenommene Einteilung der Technologien in Hauptgruppen „basiert auf der Tatsache, daß diese entweder die Schaffung einer Ausgangsform (Urform) aus formlosem

Stoff, die Veränderung der Form oder die Veränderung der Stoffeigenschaften zum Ziel haben. Bei der Veränderung der Form wird der Zusammenhalt entweder beibehalten, vermindert oder vermehrt" [DIN8580, S. 2]. Daraus resultieren die Gruppen Urformen, Umformen, Trennen, Fügen, Beschichten und Stoffeigenschaft ändern.

Die Verwendung der DIN 8580 hat zudem den Vorteil, daß ein einheitliches Begriffsverständnis genutzt wird, welches den Vergleich mit anderen Technologieanwendern vereinfacht. Neben der Zuordnung zu den Kategorien wird daher nach Möglichkeit eine Zuordnung zu den Untergruppen und den dort verwendeten Bezeichnungen durchgeführt.

Auf Basis der ausgewählten und kategorisierten Technologien erfolgt in der folgenden Planungsphase deren Analyse.

4.2 POTENTIALANALYSE {A2}

Ziel der Potentialanalyse ist die Bildung der Informationsbasis für die Planungsphasen Potentialbewertung (Kapitel 4.3) und Suchfeldbildung (Kapitel 4.4). Obwohl entsprechend der unterschiedlichen Inhalte der beiden Planungsphasen abweichende Anforderungen an die Analyseschwerpunkte bestehen, ist eine umfassende Analyse durchzuführen, um zusätzliche Iterationsschleifen sowie eine redundante Datenerfassung zu vermeiden.

Einerseits muß erfaßt werden, welche grundsätzlichen Möglichkeiten die vorhandenen Ressourcen aufweisen sowie welche Fähigkeiten z.B. in der Entwicklung spezifischer Werkstoffe bestehen und bei der Suchfeldbildung genutzt werden können. Andererseits müssen die notwendigen Daten erhoben werden, um zu bewerten, in wie weit Technologien, als Synthese von Ressourcen und Fähigkeiten, beherrscht werden. Des weiteren bedarf es im Rahmen der Potentialanalyse der Erfassung möglicher Substitutionstechnologien. Dies ist notwendig, um der Anforderung nach einer Bewertung der zukünftigen Relevanz einer Technologie im Vergleich mit konkurrierenden Technologien zu genügen (Kapitel 3.1.2).

4.2.1 ANALYSE DER TECHNOLOGIEBEHERRSCHUNG

Entsprechend des in Kapitel 2 definierten Begriffsverständnisses setzen sich Technologien aus Ressourcen und Fähigkeiten zusammen.

Die zentralen Elemente der technologischen RESSOURCEN stellen die Produktionsmittel dar [vgl. KEHR73, S. 95]. Deren Analyse bildet den Schwerpunkt der Potentialanalyse, wobei zum einen die Anlage selbst und zum anderen der Umfang des auf dieser produzierbaren Produktspektrums Gegenstand der Analyse ist (**Bild 4-4**).

Zur Beschreibung der Anlage werden Kennwerte wie Alter, Art der Steuerung, Leistung, Flexibilität und Automatisierungsgrad bestimmt. Das mögliche Produktspektrum kann aus den Verfahrensmerkmalen Werkstück- und Losgrößenelastizität abgeleitet werden [KEHR72, S. 95]. Zur systematischen Dokumentation der Ressourceninformationen wird diese Aktivität {A21} durch das ERFASSUNGSDATENBLATT A unterstützt (**Anhang B**).

Die Werkstückelastizität gibt dabei an, welche Abmessungen, Formen, Werkstoffe, Oberflächen und Toleranzen herstellbar sind. Die Losgrößenelastizität ist ein Maß für das Stückzahlintervall, in dem Produkte wirtschaftlich hergestellt werden können [vgl. ULLM95, S. 60].

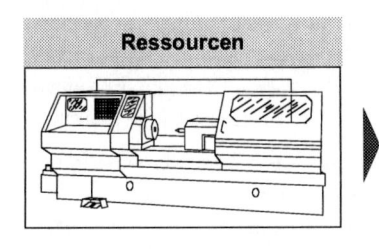

Ressourcen	Erfassungsdatenblatt A	
	• Alter	• Leistung
	• Arbeitsraum	• Werkstoffe
	• Steuerung	• Bauteilgestalt
	• Kostendaten	• Know-how
	• Automatisierung	• [Anhang B]

Bild 4-4: Analyse der Ressourcen

Die Darstellung der zu erfassenden Ressourcendaten für die Potentialbewertung würde diejenigen Begriffe vorweg nehmen, die im nachfolgenden Kapitel als Kriterien zur Bewertung der Technologiebeherrschung dienen. Da im Rahmen der Detaillierung der Potentialbewertung ausführlich auf die Bewertungskriterien eingegangen wird, erfolgt an dieser Stelle, um Redundanzen zu vermeiden, lediglich ein Verweis auf das entsprechende Kapitel 4.3.2.

Während sich Ressourcen vorwiegend im Bereich Produktion befinden, liegen technologische FÄHIGKEITEN überwiegend im Bereich Forschung und Entwicklung eines Unternehmens vor (vgl. Kapitel 4.1.1). Diese Fähigkeiten beziehen sich dabei entweder auf die Weiterentwicklung einer Technologie zur Herstellung der aktuellen Produkte - sie sind demnach Gegenstand der Technologiebeherrschung und werden wie oben angeführt im Rahmen der Potentialbewertung detailliert vorgestellt - oder auf die Produkte des Unternehmens selbst.

Fähigkeiten, die im Zusammenhang mit Produkten stehen, wirken sich direkt oder indirekt auf die Produktfunktion(en) oder die Werkstoffeigenschaft(en) aus. Die Analyse der Fähigkeiten hat überwiegend intangible Untersuchungsobjekte zum Gegenstand, weshalb eine detaillierte Disaggregation der Fähigkeiten vor dem Hintergrund der Suchfeldbildung eher contraproduktiv ist.

Um dennoch die Analyse zu unterstützen, werden die mit den bestehenden Fähigkeiten ermöglichten Funktionen in ihre Grundfunktionen zerlegt (**Bild 4-5**). Dies ermöglicht die spätere Trennung von der aktuellen Anwendung und unterstützt die

Analogiebildung. Ermittelt werden die Grundfunktionen mit einer Funktionsanalyse[5]. Diese stellt ein geeignetes Instrumentarium dar, um eine Zuordnung der Fähigkeiten zu Grundfunktionen durchzuführen. Die entsprechende Entscheidungslogik ist in **Anhang D** abgebildet.

Die Abbildung der Fähigkeiten, die sich auf Werkstoffe beziehen gestalten sich schwieriger, da im Gegensatz zu Technologien oder Funktionen, eine unbegrenzte Anzahl an Werkstoffen existiert.

Für die Werkstoffe sind in der Literatur unterschiedliche Klassifizierungen entwickelt worden, wobei die Einteilung in die vier Werkstoffgruppen organische, anorganische, metallische und Verbundwerkstoffe die gebräuchlichste ist [vgl. SCHL85]. Für diese Werkstoffgruppen existieren wiederum gruppenspezifische Klassifizierungssysteme.

In diesen Klassifizierungssystemen werden ausschließlich technische Eigenschaften wie Dichte, Festigkeit etc. angegeben. Damit kann jedoch die Zielsetzung, auf Basis der Fähigkeiten zu neuen Produktideen zu gelangen, nur eingeschränkt erreicht werden. Es bedarf daher einer einheitlichen Beschreibung der Werkstoffe, die gleichzeitig eine umfassende Darstellung ihrer Eigenschaften ermöglicht. Hierfür wird in der vorliegenden Arbeit der von KOPPELMANN vorgestellte Ansatz zur Abbildung von Werkstoffeigenschaften über WERKSTOFFLEISTUNGEN verwendet (Bild 4-5). Hierbei werden die Eigenschaften systematisiert durch vier LEISTUNGSASPEKTE beschrieben [KOPP97, S.347ff.].

Mit den TECHNISCH-NATURWISSENSCHAFTLICHEN LEISTUNGSASPEKTEN erfolgt die Abbildung der chemischen und physikalischen Eigenschaften des Werkstoffes. Es werden *Mechanische, Thermische, Elektrische* und *Optische Leistungen* sowie das *Verhalten des Werkstoffes gegenüber der Umwelt* unterschieden. Diese Gliederungsebenen werden durch weitere Kriterien noch detailliert und sind, wie auch die im folgenden beschriebenen Stoffleistungen, in **Anhang E** dargestellt.

Mit den WAHRNEHMUNGSLEISTUNGEN werden die *Haptischen, Olfaktorischen* und *Gustatorischen Leistungen* eines Werkstoffes beschrieben. Hiermit können das unterschiedliche Anfühlen, der Geruch oder der Geschmack spezifiziert werden. Als Beispiel für den signifikanten Einfluß der Wahrnehmungsleistungen können Saftflaschen genannt werden. Der Versuch der Fluggesellschaften, Glasflaschen durch Kunststoff-Flaschen zu substituieren scheiterte, trotz erheblicher Kostenvorteile. Der Grund hierfür war der subjektive Temperatureindruck, basierend auf der Wärmeleitfähigkeit des Kunststoffes, der den Eindruck entstehen ließ, daß die Getränke nicht ausreichend gekühlt seien, obwohl der Saft die gleiche Temperatur hatte wie zuvor in den Glasflaschen [KOPP97, S. 350].

---

[5] Zur Durchführung einer Funktionsanalyse siehe KUTTIG [KUTT93] oder KOLLER [KOLL85].

Mit den ÖKOLOGISCHEN LEISTUNGEN wird dem steigenden Umweltbewußtsein Rechnung getragen. Es werden der *Gewinnungsaspekt* (z.B. Aluminiumgewinnung ist sehr energiereich) und der *Wiederverwertungsaspekt* betrachtet.

Bereits im Jahr 1976 hat SCHMITZ-MAIBAUER nachgewiesen, daß Werkstoffe zur Befriedigung aller Anmutungsansprüche beitragen. Die Gliederung der ANMUTSLEISTUNGEN erfolgt mit den Werkstoffkombinationen *Natürlich/Künstlich, Rustikal/Fein, Modern/Altbewährt, Warm/Kalt* und *Leicht/Schwer*.

Fähigkeiten		Erfassungsdatenblatt B
Funktionen Art der physikalischen Größe → $A \neq E$ ↓ $A = E$ → $A < E$ → $A > E$ A - Ausgang E - Eingang [vgl. Anhang D]	**Werkstoffleistungen** ─Technische Leistungsaspekte ├Mechanische Leistungen┤ ├Thermische Leistungen ├Elektrische Leistungen──┤ └Optische Leistungen────┤ ─Wahrnehmungsleistungen └Haptische Leistungen───┤ [vgl. Anhang E]	**Grundfunktionen** • Speichern • Leiten • **Werkstoffleistungen** • Technische Leistungsaspekte • Wahrnehmungsleistungen • [vgl. Anhang C]

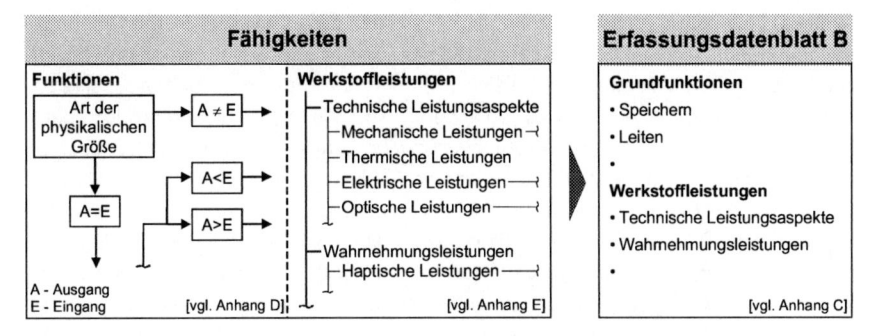

Bild 4-5: Analyse der Fähigkeiten

Bei den Werkstoffleistungen handelt es sich um Kann-Leistungen. Die Beschreibung eines Werkstoffs bedarf daher nicht der Nutzung aller Werkstoffleistungen. Es werden ausschließlich die signifikanten Leistungsaspekte gewählt.

Um vor dem Hintergrund der Informationsbreite eine gezielte Analyse sicherzustellen, ist ein Hilfsmittel für eine systematische Datenerfassung notwendig. Dieses ist entsprechend der Analyseschwerpunkte RESSOURCEN und FÄHIGKEITEN zu strukturieren.

Existierende Analysehilfsmittel[6] berücksichtigen im wesentlichen nur Ressourcen. Daher bedarf es deren Ergänzung um Elemente zur Abbildung der Fähigkeiten. Hierfür wurde das ERFASSUNGSDATENBLATT B zur Dokumentation der Funktionen und Werkstoffleistungen konzipiert. Es ist in **Anhang C**[7] exemplarisch dargestellt.

---

[6] Eine detaillierte Analyse der Modelle und Instrumentarien zur Potentialanalyse hat EßMANN durchgeführt [ESSM96, S 47ff.]. Ohne genauer auf die Ergebnisse einzugehen sei hier angeführt, daß EßMANN die DIN 8580 und die o. g. Anlagendaten für die Potentialanalyse als geeignet beurteilt [ESSM96, S. 67ff.].

[7] Anhang D und Anhang E sind Hilfsmittel zur Detaillierung des in Anhang C dargestellten Erfassungsdatenblattes. Die Reihenfolge im Anhang erfolgt daher entsprechend der Abfolge bei der Methodikanwendung.

4.2.2 Ermittlung relevanter Substitutionstechnologien

Zur Identifikation überlegener technologischer Potentiale ist neben der Bewertung unternehmensinterner Größen zur Beherrschung einer Technologie auch deren zukünftige Relevanz als unternehmensunabhängige und -externe Größe zu bestimmen (vgl. Kapitel 3.1.2).

Während sich die Beherrschung einer Technologie als relative Überlegenheit der Leistungsfähigkeit des Unternehmens gegenüber anderen Technologieanwendern darstellt, bezeichnet eine hohe zukünftige Relevanz deren unternehmensunabhängige Überlegenheit gegenüber anderen Technologien. Den Vergleichsmaßstab bilden damit alternative Technologien. Bei klassischen Technologiebewertungen resultieren diese aus den Merkmalen des zu produzierenden Produktes. Da eine produktunabhängige Bewertung erfolgt, sind alle diejenigen Technologien als mögliche Substitutionstechnologien zu bezeichnen, die dieselbe Funktionalität besitzen. Daher werden im Rahmen der Potentialanalyse die Technologien bestimmt, die derselben Kategorie angehören (z. B. Fügen). Dabei sollten sowohl klassische als auch innovative Vergleichstechnologien gesucht werden. Auf die Ermittlung alternativer bzw. innovativer Technologien auf Basis gleicher Funktionalitäten ist bereits bei der Kategorisierung der Technologien eingegangen worden (vgl. Kapitel 4.1.2). Es sei an dieser Stelle daher lediglich auf weitere existierende Datenbanken, Methoden und Instrumente z.B. von EVERSHEIM [EVER94, S. 18ff.], SCHMITZ [SCHM96] und WILDEMANN [WILD87] verwiesen. Des weiteren steigt die Anzahl der Internet-Dienste, die ebenfalls die Identifikation von Substitutionstechnologien unterstützen. Eine Auswahl von Adressen entsprechender Online-Dienste ist in **Anhang F** aufgelistet.

4.3 Potentialbewertung {A3}

Ziel der Potentialbewertung ist die Positionierung der Technologien des Unternehmens relativ zu anderen Technologieanwendern und die Beurteilung der zukünftigen Relevanz der ausgewählten Technologien. Zur effizienten Methodikanwendung bedarf es geeigneter Instrumentarien. Die Potentialbewertung wird daher durch das im folgenden entwickelte Potentialportfolio unterstützt.

4.3.1 Entwicklung des Potentialportfolios als Bewertungsinstrument

Mit der Bewertung der technologischen Leistungspotentiale muß einerseits die unternehmensinterne Technologiebeherrschung und andererseits die Zukunftsträchtigkeit einer Technologie bestimmt werden (vgl. Kap. 2.1.2). Die Zukunftsträchtigkeit bezieht sich dabei auf die langfristigen Wettbewerbsvorteile, während die Technologiebeherrschung eine Aussage bezüglich der Überlegenheit des technologischen Leistungsvermögens liefert. Aufgrund der Anschaulichkeit der Begriffe werden diese auch als Bezeichnungen für die beiden Portfoliodimensionen genutzt (**Bild 4-6**).

Die TECHNOLOGIEBEHERRSCHUNG bezeichnet das Leistungsvermögen des Unternehmens hinsichtlich der Technologien relativ zum Marktniveau. Da einzelne Technologien und nicht durch Produkte definierte Prozeßketten Gegenstand der Analyse sind, dienen dabei nicht nur die bisherigen Wettbewerber, sondern Anwender der Technologie allgemein als Relativmaßstab.

Das aktuelle Leistungsvermögen des Unternehmens wird auf der ersten Detaillierungsstufe durch das Sachmittelpotential, die Anwendungsperformance sowie das Weiterentwicklungs-Know-How beschrieben. Während das SACHMITTELPOTENTIAL ausschließlich die maschinellen Ressourcen bewertet und damit die prinzipiellen Möglichkeiten des Unternehmens zum Gegenstand hat, dient die ANWENDUNGSPERFORMANCE zusätzlich als Maß für die zeitpunktbezogene Umsetzung der vorhandenen technologiespezifischen Fähigkeiten.

Zukunftsträchtigkeit	Potentialportfolio	Technologiebeherrschung
Unternehmensneutrale Bewertung des · Kostenpotentials · Differenzierungspotentials · Weiterentwicklungspotentials · Imagepotentials	[Portfolio-Matrix: Zukunftsträchtigkeit (niedrig/hoch) vs. Technologiebeherrschung (niedrig/hoch) mit Technologien T₁–T₉]	**Unternehmensspezifische** Bewertung · des Sachmittelpotentials · der Anwendungsperformance · des Weiterentwicklungs-Know-hows

☐ niedriges Potential   ☐ mittleres Potential   ▓ hohes Potential T_i: Technologie i

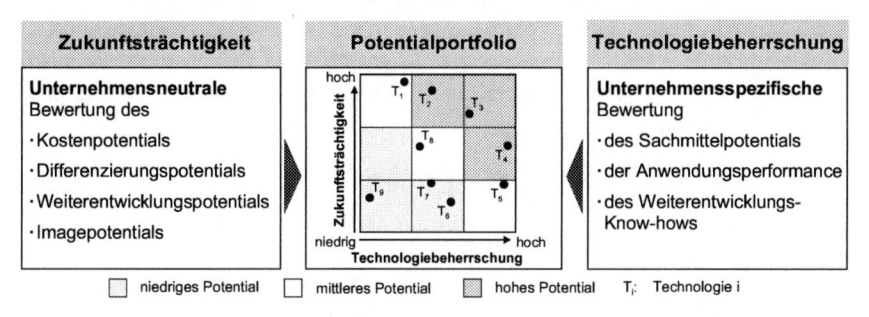

Bild 4-6: Die Dimensionen des Potentialportfolios

Um dem strategischen Aspekt technologischer Leistungspotentiale zu genügen, ist eine zeitpunktbezogene Bewertung nicht ausreichend. Zusätzlich ist zu bewerten, welchen Grad der Technologiebeherrschung das Unternehmen in Zukunft erreichen wird. Als Indikator dafür dient das aktuell im Unternehmen vorhandene KNOW-HOW ZUR WEITERENTWICKLUNG der Technologiebeherrschung.

Die ZUKUNFTSTRÄCHTIGKEIT einer Technologie beschreibt deren inerte Möglichkeit, Wettbewerbsvorteile zu generieren bzw. auf deren Erschließung und Sicherung Einfluß zu nehmen. Nach PORTER wirkt sich eine Technologie auf Wettbewerbsvorteile aus, „wenn sie für die relative Kostenposition oder Differenzierung eine wichtige Funktion übernimmt" [PORT93, S. 225]. Damit stellt PORTER einen potentiellen Beitrag zu den beiden Strategietypen KOSTENFÜHRERSCHAFT und DIFFERENZIERUNG heraus [vgl. PORT93, S. 225ff.].

Die beiden bisher angeführten Kriterien treffen lediglich Aussagen über den aktuellen Beitrag zu den Strategietypen. Eine dynamische Perspektive läßt sich durch eine zusätzliche Betrachtung des WEITERENTWICKLUNGSPOTENTIALS der Technologie erzeugen.

Ein durch Technologien negativ beeinflußtes Image, wie z. B. Herstellung von Farbe auf Basis von Lösungsmitteln, kann die Marktchancen reduzieren, während der positive Effekt eher als gering einzuschätzen ist. Dieser Aspekt findet Berücksichtigung durch das Kriterium des IMAGEPOTENTIALS.

4.3.2 ERMITTLUNG DER BEWERTUNGSKRITERIEN

Nach der Entwicklung des Potentialportfolios als Instrument zur Unterstützung der Potentialbewertung werden im folgenden die Bewertungskriterien für die Zukunftsträchtigkeit und die Technologiebeherrschung ermittelt.

4.3.2.1 Bewertungskriterien für die Zukunftsträchtigkeit

In Kapitel 4.3.1 wurden bei der Konzeption des Potentialportfolios als Kriterien für die ZUKUNFTSTRÄCHTIGKEIT einer Technologie deren Beiträge zur Verfolgung einer Kostenführerschafts- bzw. Differenzierungsstrategie sowie deren Weiterentwicklungs- und Imagepotential angegeben. Im folgenden werden diese Kriterien durch Subkriterien spezifiziert (**Bild 4-7**).

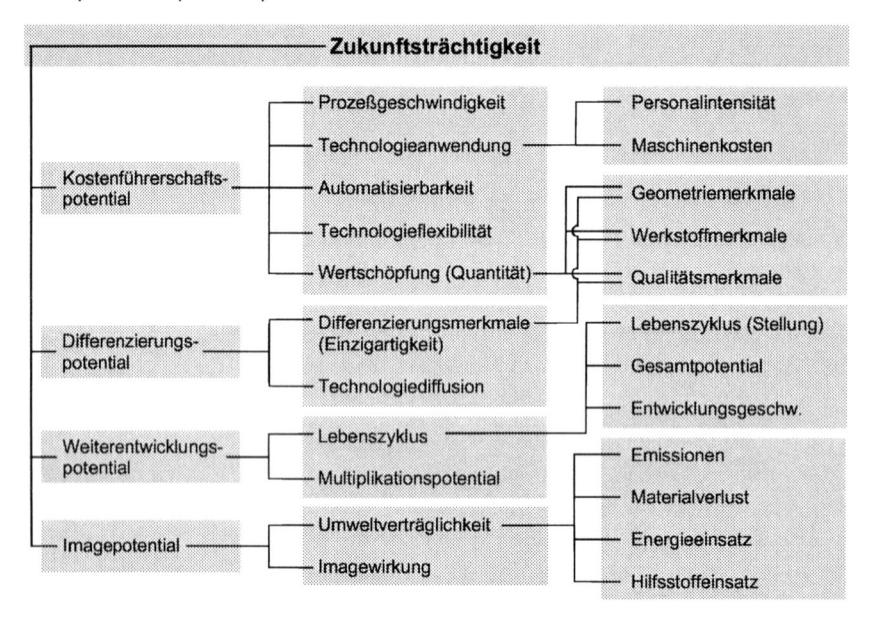

Zukunftsträchtigkeit

- Kostenführerschaftspotential
  - Prozeßgeschwindigkeit
    - Personalintensität
    - Maschinenkosten
  - Technologieanwendung
  - Automatisierbarkeit
    - Geometriemerkmale
    - Werkstoffmerkmale
  - Technologieflexibilität
  - Wertschöpfung (Quantität)
    - Qualitätsmerkmale
- Differenzierungspotential
  - Differenzierungsmerkmale (Einzigartigkeit)
    - Lebenszyklus (Stellung)
    - Gesamtpotential
  - Technologiediffusion
    - Entwicklungsgeschw.
- Weiterentwicklungspotential
  - Lebenszyklus
    - Emissionen
  - Multiplikationspotential
    - Materialverlust
- Imagepotential
  - Umweltverträglichkeit
    - Energieeinsatz
  - Imagewirkung
    - Hilfsstoffeinsatz

Bild 4-7: Bewertungskriterien für die Zukunftsträchtigkeit

Projekte zur strategischen Planung innovativer Technologien zeigen deren hohes Potential zur Kostensenkung auf [EVER93,S. 79]. Der Bewertung des KOSTENFÜHRERSCHAFTSPOTENTIALS liegt die Vorstellung zugrunde, daß eine Technologie dann niedrige Herstellkosten sicherstellen kann, wenn sie die Erzeugung von Produkten zu geringen Kosten ermöglicht. Bewertungsgrößen für das Kostenführerschaftspotential sind die Prozeßgeschwindigkeit, die Kosten der Technologieanwendung, die Automatisierbarkeit, die Technologieflexibilität und die Wertschöpfung.

Der unterschiedlichen Geschwindigkeit bei der Herstellung der Produktmerkmale wird durch das Kriterium PROZEßGESCHWINDIGKEIT Rechnung getragen.

Um die Kosten je geschaffenem Produktmerkmal beziffern zu können, sind zusätzlich die Kosten der TECHNOLOGIEANWENDUNG als Aggregat der Maschinenkosten und der Personalintensität zu berücksichtigen.

Das Kriterium der AUTOMATISIERBARKEIT trägt den steigenden Personalkosten und der zunehmenden Substitution manueller Tätigkeiten Rechnung. Automatisierte Prozesse können insbesondere bei Serienfertigung deutliche Kostensenkungen erzielen.

Mit dem Aspekt der TECHNOLOGIEFLEXIBILITÄT wird berücksichtigt, daß infolge zunehmenden produktseitigen Differenzierungszwangs die Flexibilität hinsichtlich der zu fertigenden Produktmerkmale einen wachsenden Einfluß auf die Herstellkosten hat, da dadurch Neuanschaffungen vermieden werden können. Auch wenn die Flexibilität maschinenabhängig ist, so können doch technologiespezifische Unterschiede festgestellt werden.

Die Anzahl der in einem Prozeßschritt herzustellenden Produktmerkmale ist je nach Technologie unterschiedlich. So können z.B. mit dem Feingießen in einem Prozeßschritt deutlich mehr Produktmerkmale erstellt werden als mit dem Schleifen. Dieser Aspekt wird mit der WERTSCHÖPFUNG berücksichtigt. Dabei wird mit diesem Kriterium nur die Quantität der Merkmale berücksichtigt. Die Einzigartigkeit der Produktmerkmale werden als Differenzierungsmerkmale erfaßt und bewertet. Als Produktmerkmale werden in dieser Arbeit GEOMETRIEMERKMALE, WERKSTOFFMERKMALE und QUALITÄTSMERKMALE nach Quantität und Einzigartigkeit unterschieden.

GEOMETRIEMERKMALE werden durch eine Änderung der Form des Bauteils definiert. Beispiele für typische Geometriemerkmale sind Bohrungen, Rundungen, Absätze, Flächen etc., auch die Veränderung der Oberflächengüte ist als Formänderung des Bauteils anzusehen.

WERKSTOFFMERKMALE werden bei Veränderung der chemischen Zusammensetzung oder der Struktur des Werkstoffs erzeugt. Dabei werden ausschließlich gezielte Veränderungen betrachtet. Dieser Merkmalstyp wird insbesondere durch die urformenden, die beschichtenden und die Stoffeigenschaften ändernden Technologien abgedeckt.

QUALITÄTSMERKMALE werden z. B. durch die Herstellung von unterschiedlichen Formen und Oberflächen bei Einhaltung besonders niedrige Toleranzen oder außergewöhnlich glatter oder strukturierter Oberflächen erzeugt.

Das DIFFERENZIERUNGSPOTENTIAL einer Technologie liegt immer dann vor, wenn durch die Technologie ein außergewöhnliches Produktmerkmal geschaffen wird. Es können hierbei zwar die oben eingeführten Produktmerkmalstypen verwendet werden, das jeweilige Kriterium drückt jedoch dabei, anders als bei der Wertschöpfung, die Einzigartigkeit des erzeugten Produktmerkmals aus. Es wird somit die Eindeutigkeit des Zielsystems gewährleistet. Ein Beispiel hierfür ist z. B. der geringe Durchmesser von Bohrungen, der mit dem Ultraschallschwingsenken in dickere sprödharte Werkstoffe wie Glas eingebracht werden kann.

Das Differenzierungspotential einer Technologie wird aber nicht nur durch die Außergewöhnlichkeit der generierbaren Produktmerkmale, sondern zusätzlich durch die Verbreitung der Technologie bestimmt. Eine Technologie, die außergewöhnliche Produktmerkmale ermöglicht, aber breite Anwendung gefunden hat, hat sicherlich ein geringeres Differenzierungspotential als eine mit geringer Verbreitung. Dieser Aspekt wird durch das Kriterium der TECHNOLOGIEDIFFUSION berücksichtigt. Da eine produkt- und damit auch branchenunabhängige Bewertung der Zukunftsträchtigkeit angestrebt wird, sind somit die Diffusionsgrade in unterschiedlichen Branchen aggregiert zu berücksichtigen. Die Projekterfahrung zeigte jedoch, daß die Abweichungen bei den Diffusionsgraden für die meisten Technologien gering sind.

Bisher ist die Zukunftsträchtigkeit einer Technologie anhand deren aktuellen Leistungsfähigkeit bewertet worden. Dies bedarf jedoch der Ergänzung durch Betrachtung des WEITERENTWICKLUNGSPOTENTIALS der Technologie und damit der zukünftigen Differenzierungs- und Kostenführerschaftspotentiale. Zur Einschätzung des Weiterentwicklungspotentials wird die Darstellung des Technologielebenszyklus-Konzeptes genutzt. Demnach läßt sich das Weiterentwicklungspotential durch die beiden Größen LEBENSZYKLUS und MULTIPLIKATIONSPOTENTIAL darstellen. Dabei werden unter dem Lebenszyklus das ERWARTETE GESAMTPOTENTIAL, die STELLUNG IM LEBENSZYKLUS und die GESCHWINDIGKEIT DER TECHNOLOGIEENTWICKLUNG subsummiert.

Auch wenn eine Technologie bereits weit im Lebenszyklus fortgeschritten ist, ist ihr ein Weiterentwicklungspotential zuzuschreiben, wenn sich ein physikalisches Wirkungsprinzip auf eine andere Technologie übertragen läßt und damit eine neue Technologie entwickelt werden kann. Als Beispiele seien die laser- oder ultraschallunterstützten Technologien angeführt. Dieses Potential wird als MULTIPLIKATIONSPOTENTIAL bezeichnet.

Der Einsatz von Technologien beeinflußt nicht nur die unternehmensinterne Wertschöpfung, sondern hat auch eine Außenwirkung im Sinne der Akzeptanz in der Öffentlichkeit.[8] Dieser Aspekt wird mit dem Kriterium IMAGEPOTENTIAL erfaßt, das sich

---

[8] Die Wirkung einer Technologieanwendung in der Öffentlichkeit wird in der VDI-Norm 7380 (Technikbewertung) beschrieben [VDI7380].

aus der Umweltverträglichkeit und der Imagewirkung der Technologie zusammensetzt. Die UMWELTVERTRÄGLICHKEIT einer Technologie resultiert aus der Höhe und Art der Emissionen, der Höhe des Materialverlustes, und der Höhe des Energieverbrauches. Mit steigendem gesellschaftlichem Umweltbewußtsein gewinnt dieser Aspekt bei der Beurteilung der Zukunftsträchtigkeit an Bedeutung. Während eine positive Einflußnahme auf die Zukunftsträchtigkeit gering ist (z. B. Verarbeitung von Naturfasern), wirkt sich eine extrem geringe Umweltverträglichkeit als K.O.-Kriterium aus (z. B. mit Chlor gebleichtes Papier). Ein positiver Einfluß auf die Zukunftsträchtigkeit besteht jedoch bei einer positiven IMAGEWIRKUNG der Technologie. Beispielsweise erzeugen laserunterstützte Technologien oder die Technologie des Wasserstrahlschneidens eine sehr hohe Aufmerksamkeit und können sich damit positiv auf das Erfolgspotential dieser Technologien auswirken.

4.3.2.2 Bewertungskriterien für die Technologiebeherrschung

Die Technologiebeherrschung eines Unternehmens wird durch die Subkriterien SACHMITTELPOTENTIAL, ANWENDUNGSPERFORMANCE und KNOW-HOW ZUR WEITERENTWICKLUNG DER TECHNOLOGIE bestimmt. Diese Kriterien stellen zum einen die zeitpunktbezogene Erfassung der Ressourcen und Fähigkeiten des Unternehmens sicher, zum anderen werden auch Aussagen bezüglich der zukünftigen Technologiebeherrschung ermöglicht (vgl. Kap. 4.3.1). Im folgenden sollen diese Kriterien mit Hilfe einer Kriterienhierarchie weiter differenziert werden (**Bild 4-8**), die deren systematische und umfassende Bewertung zuläßt.

Das SACHMITTELPOTENTIAL eines Unternehmens bezüglich einer einzelnen Technologie wird konstituiert durch die Quantität und Qualität der Anlagen. Während die Anzahl der Maschinen direkt ermittelbar ist, stellt deren LEISTUNGSPOTENTIAL eine Aggregation der Subkriterien FUNKTIONSUMFANG und ART DER STEUERUNG dar.

Als Formen der FLEXIBILITÄT eines Produktionssystems werden in der Literatur die Produktflexibilität, dargestellt durch die GEOMETRIE- und WERKSTOFFFLEXIBILITÄT, die MENGENFLEXIBILITÄT, die ERWEITERUNGSFLEXIBILITÄT und die FERTIGUNGSREDUNDANZ aufgeführt [vgl. DYCK97; MART95, S. 36f.]. Die Erweiterungsflexibilität wird jedoch in dieser Arbeit nicht bei der Potentialbewertung einer einzelnen Technologie berücksichtigt, da das aktuelle und nicht das zukünftig mögliche Potential im Fokus der Bewertung steht. Die Produktflexibilität bezeichnet die Möglichkeit, ein Werkstückspektrum in unterschiedlicher Reihenfolge zu fertigen und die Mengenflexibilität die Fähigkeit eines Systems, bei unterschiedlichen Auslastungsgraden wirtschaftlich zu arbeiten. Mit der Fertigungsredundanz wird bewertet, ob z.B. bei Störungen auf andere Maschinen ausgewichen oder auf starke Kapazitätsschwankungen reagiert werden kann.

Letztes Subkriterium des Sachmittelpotentials ist der AUTOMATISIERUNGSGRAD. Dabei sind sowohl der Automatisierungsgrad einzelner Maschinen als auch die automatische Verknüpfung der Maschinen innerhalb des Produktionssystems Gegenstand der Bewertung. Die MASCHINENLEISTUNG an sich stellt kein aussagekräftiges Kriterium dar und wird daher als Hilfsgröße erfaßt und bei der Berechnung des Leistungsbezogenen Maschinenstundensatzes verwendet.

```
                          Technologiebeherrschung
                    ┌── Leistungspotential ──┬── Funktionsumfang
                    │                        └── Art der Steuerung
── Sachmittelpotential ──┼── Flexibilität
                    ├── Automatisierungsgrad ──┬── Geometrieflexibilität
                    │                          ├── Werkstoffflexibilität
                    └── Maschinenleistung      │
                                               ├── Mengenflexibilität
── Anwendungsper-   ┌── Prozeßkosten ──────────┤
   formance         └── Prozeßqualität ────────┴── Fertigungsredundanz

                    ┌── Technologieerfahrung ──┬── Leistungsbez. MS
                    │                          └── Prozeßgeschwindigkeit
                    ├── Kontakte zu externen
── Weiterentwicklungs-  Technologieexperten    ── Prozeßfähigkeit
   Know-How         ├── Technologieexperten
                    │   (Anzahl)               ── Maschinenverfügbarkeit
                    └── Technologieexperten    ── Bedienerverfügbarkeit
                        (Know-How)
                                               ── Anwendungsdauer
MS: Maschinenstundensatz                       ── Produktvarianz
```

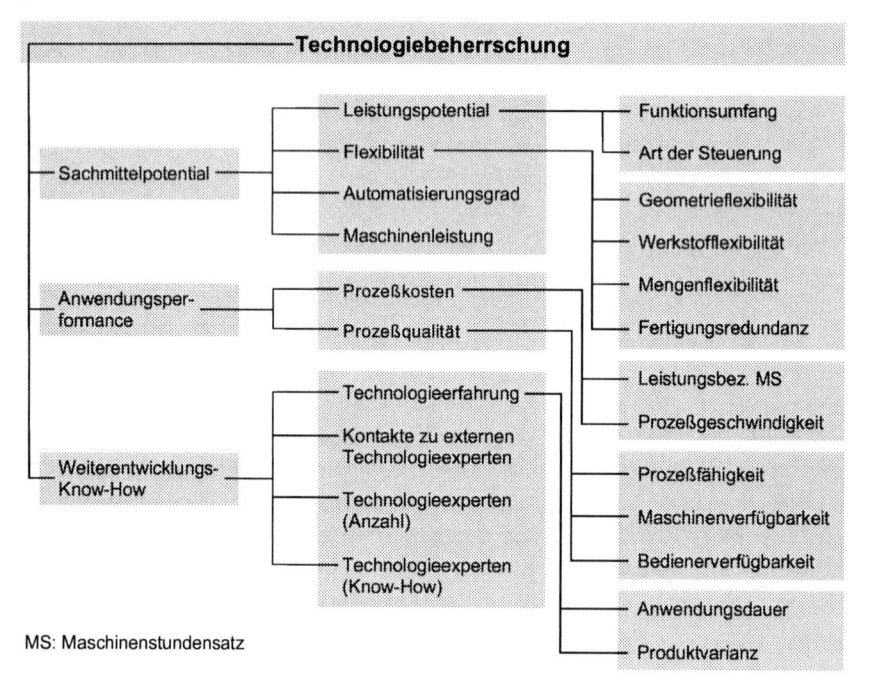

Bild 4-8: Bewertungskriterien für die Technologiebeherrschung

Die ANWENDUNGSPERFORMANCE im Vergleich zu anderen Technologieanwendern stellt das wichtigste Kriterium der Technologiebeherrschung dar. Als Zielgrößen eines Produktionssystems in seiner Gesamtheit werden allgemein Zeit-, Kosten- und Qualitätsgrößen aufgefaßt. Da Durchlaufzeit und Termintreue vor allem durch die mittelbaren Produktionsprozesse bestimmt werden, diese jedoch nur in geringem Maße durch die Anwendung einzelner Produktionstechnologien beeinflußt werden können, werden hier ausschließlich Qualitäts- und Kostendaten berücksichtigt. Als Subkriterien werden somit die Prozeßkosten und die Prozeßqualität verwendet.

Die PROZEßKOSTEN werden durch den LEISTUNGSBEZOGENEN MASCHINENSTUNDENSATZ und die technologiespezifischen Kriterien für die PROZEßGESCHWINDIGKEIT bestimmt. Da bei einer ausschließlichen Betrachtung der monetären Größe teure, aber leistungsstarke Maschinen benachteiligt werden, sind diese anhand der Maschinenleistung zu relativieren. Da die Prozeßgeschwindigkeit grundsätzlich eine produktspezifische Größe darstellt, müssen Indikatoren für die produktunabhängige Bewertung gefunden werden. Diese können jedoch nur technologiespezifisch bestimmt werden. Bei spanenden Fertigungsverfahren kann z.b. das zeitbezogene Spanvolumen als Proxy-Attribut dienen, bei Fügeverfahren Anzahl der Fügestellen pro Zeiteinheit und Größe der Fügestellen.

Als Bewertungskriterien der PROZEßQUALITÄT finden die PROZEßFÄHIGKEIT[9], die durchschnittliche MASCHINEN- sowie die BEDIENERVERFÜGBARKEIT Anwendung. Auch wenn die Prozeßfähigkeit nur anhand von Historiedaten gefertigter Produkte ermittelbar ist und von den Kundenanforderungen abhängen, so können diese doch als Indizien für die Prozeßqualität angesehen werden. Die Verfügbarkeit der Maschine macht einerseits eine Aussage über die Qualität der Maschine selbst, aber auch über die Instandhaltung und Wartung, die als Teilaspekte der technologiebezogenen Fähigkeiten der Mitarbeiter anzusehen sind. Die Bedienerverfügbarkeit wird aus der Anzahl qualifizierter Bediener, der benötigten Anzahl von Maschinenbedienern pro Schicht und der maximalen Schichtanzahl gebildet.

Das Kriterium WEITERENTWICKLUNGS-KNOW-HOW hat die Fähigkeiten der Mitarbeiter mit folgenden, teilweise intangiblen, Kriterien zum Betrachtungsgegenstand: Zur Bestimmung der TECHNOLOGIEERFAHRUNG werden die Subkriterien DAUER DER TECHNOLOGIEANWENDUNG und Varianz der hergestellten Produkte (PRODUKTVARIANZ) aggregiert. Die ANZAHL und das KNOW-HOW DER TECHNOLOGIEEXPERTEN sind weitere Kriterien für die Fähigkeit zur Weiterentwicklung einer Technologie. Das abschließende Indiz für internes Technologie-Know-How stellt der KONTAKT ZU EXTERNEN TECHNOLOGIEQUELLEN dar, der ein Zeichen für die Aktualität des Know-Hows ist.

Nachdem die Kriterienhierarchien mit entsprechenden Indikatoren für die Bestimmung der Größen TECHNOLOGIEBEHERRSCHUNG und ZUKUNFTSTRÄCHTIGKEIT aufgestellt worden sind, müssen im folgenden die Skalenniveaus der Indikatoren bestimmt werden, die jeweils die unterste Stufe der Hierarchie bilden.

4.3.2.3 Bestimmung der Skalenniveaus der Bewertungskriterien

In dieser Arbeit finden ordinale und kardinale Skalenniveaus Anwendung. Letztere sind gegeben, wenn eine Zuordnung der beobachteten Merkmalsausprägung zu einer reellen Zahl in der Art möglich ist, daß bei zwei Merkmalsausprägungen die Differenz der Zahlen die Unterschiede zwischen den Ausprägungen quantifiziert. Dies wird als MESSEN bezeichnet. Voraussetzung dafür ist das Vorliegen eines eindimensionalen Indikators. Wird diese Bedingung nicht erfüllt, ist eine BEURTEILUNG vorzunehmen.

---

[9] Mit der Prozeßfähigkeit wird die Übereinstimmung mit vorgegebenen Qualitätsforderungen beurteilt. Die Durchführung einer Prozeßfähigkeitsuntersuchung beschreibt z. B. MASING [MASI88, S. 467].

Die Beurteilung bezeichnet die Zuordnung eines verbalen Terms zu einer beobachteten Merkmalsausprägung durch eine Person [vgl. WERN93, S. 139]. Bei Beurteilungen wird im Gegensatz zum Messen ein ordinales Skalenniveau verwendet. Diese Form der Bewertung ist bei Indikatoren hoher Komplexität und hohem Aggregationsgrad geeigneter als die Reduzierung der zu bewertenden Aspekte auf meßbare Indikatoren. Insbesondere ermöglicht die Beurteilung die Berücksichtigung intangibler Faktoren bei der Bewertung [vgl. EISE94, S. 67].

Mit Hilfe der Verfahren des Messens und des Beurteilens kann eine Anpassung des Skalenniveaus an die Unschärfe der Daten für jedes in Kapitel 4.3.2 bestimmte Kriterium vorgenommen werden. Das Skalenniveau der Kriterien auf den höheren Stufen wird durch das der Subkriterien bestimmt.

Den kardinal skalierten Kriterien wurden auch linguistische Terme zugeordnet. Damit wurde vorweggenommen, daß die verbale Beschreibung von Merkmalsausprägungen auch bei kardinal skalierbaren, d.h. bei quantitativen und grundsätzlich präzise meßbaren Kriterien sinnvoll sein kann, wenn diese nur mit hoher Unschärfe zu ermitteln sind [vgl. WERN93, S. 139].

Für eine derartige Bewertung meßbarer Größen ist das von Zadeh [ZADE75] vorgestellte Konzept der linguistischen Variable nutzbar [WERN93, S. 140], das im folgenden näher untersucht werden soll:

> Eine linguistische Variable ist definiert als Quintupel (X,T,U,G,M), wobei X der Name der Variable, T der Wertebereich dieser Variable, auch Termmenge genannt, U der Definitionsbereich der Basisvariable, G die Syntax zur Konstruktion neuer Werte und M die Semantik ist.

Bei der Anwendung herkömmlicher Klassifizierungsverfahren wird der Definitionsbereich U in Intervalle unterteilt und diesen je ein Term t zugewiesen. Damit wird eine eindeutige Zuordnung u→t gegeben. Die scharfe Abgrenzung der Intervalle führt zu dem Problem, daß die Ausprägungen an den Intervallgrenzen, obwohl vom Wert fast gleich, zu unterschiedlichen Einstufungen führen und eventuell grundsätzlich andere Ergebnisse generieren. Falls z. B. ein Maschinenstundensatz u im Intervall T_3=[100;140[als "mittel" und im Intervall T_4=[140;180[als "hoch" beurteilt wird, so führen die Maschinenstundensätze u_1=139 und u_2=140, die sich kaum unterscheiden, zu signifikant unterschiedlichen Aussagen. Bei hoher Datenunschärfe und Nicht-Vorliegen einer allgemein akzeptierten Konvention bezüglich der Zuordnung ist damit eine herkömmliche Klassifizierung nicht geeignet. Diese Problematik löst die Fuzzy-Logik, die in den Grenzbereichen die systematische Zuordnung zu beiden Klassen ermöglicht. Daher wird die Fuzzy-Logik in dieser Arbeit angewendet und im folgenden die notwendigen Grundlagen der Fuzzy-Theorie erläutert.

4.3.3 GRUNDLAGEN DER FUZZY-LOGIK-BASIERTEN BEWERTUNG

Zentraler Begriff der Fuzzy-Logik ist die sogenannte Fuzzy-Menge. Während in klassischen Mengen über die Angabe der zur Menge gehörenden Elemente, der charakteristischen Eigenschaften oder einer Zugehörigkeitsfunktion die Elemente der Menge eindeutig bestimmt sind, können bei Fuzzy-Mengen über die Angabe des Grades der Zugehörigkeit Abstufungen der Zugehörigkeit vorgenommen werden [vgl. ZIMM91, S. 12ff.; STRI96, S. 5ff.]. Diese Eigenschaft verdeutlicht die Definition einer Fuzzy-Menge [WERN93, S. 130]:

> Es sei X eine Menge. Die Menge $A:=\{(x,\mu_A(x)); x \in X\}$ heißt unscharfe Menge (Fuzzy Set) A in X. $\mu_A(x)$ gibt den Grad der Zugehörigkeit eines Elementes x zur Menge A an. Die Funktion $\mu_A(x)$ wird als Zugehörigkeitsfunktion der Elemente von X zur Menge A bezeichnet.

Falls die Zugehörigkeitsfunktion den Wertebereich [0;1] besitzt, so wird von einer unscharfen Quantität gesprochen [vgl. DUBO88, S. 33]. Im folgenden sei diese Bedingung an jede unscharfe Menge gestellt.

Grundsätzlich kann eine Zugehörigkeitsfunktion jede Form annehmen, in Beurteilungssituationen werden aber vor allem sogenannte Fuzzy-Intervalle verwendet, die sich durch eine konvexe Zugehörigkeitsfunktion konstituieren [vgl. DUBO88, S. 33]. Um den Rechenaufwand gering zu halten und eine einfache Ermittelbarkeit der Zugehörigkeitsfunktion zu ermöglichen, wird in Anwendungen zumeist die einfache Darstellungsform des trapezförmigen Fuzzy-Intervalls (α,a,b,β) gewählt [vgl. ZIMM91, S. 58; STRI96, S. 10; KAHL95, S. 15].

Mit Hilfe der trapezförmigen Intervalle ist eine Zuordnung des Definitionsbereichs der Basisvariable zu den Termen der linguistischen Variable unter Berücksichtigung der Unschärfe möglich. Jedem Term wird dabei genau ein Fuzzy-Intervall zugeordnet. In den Grenzbereichen findet eine Zuordnung zu zwei Intervallen statt, wobei die Summe der Zugehörigkeiten immer 1 betragen muß, d.h. $\sum_h \mu_{Ah}(u) = 1$ für alle $u \in U$.

Die oben eingeführte linguistische Variable „Maschinenstundensatz" könnte somit durch fünf trapezförmige Fuzzy-Intervalle dargestellt werden (**Bild 4-9**).

Die linguistische Beschreibung von Merkmalen ermöglicht die Anwendung der sog. Fuzzy-Regelung [vgl. ZIMM91, S. 183; WERN93, S. 163ff., STRI96, S. 65ff.], die die Verwendung einfacher Wenn-Dann-Regeln zur Beschreibung komplexer Bewertungssituationen erlaubt.

Zur Anwendung der Regelbasis werden zunächst die Ausprägungen r_j der Kriterien j mit kardinalem Skalenniveau in eine linguistische Form überführt. Dazu werden die Zugehörigkeiten $\mu_j(r_j)$ zu den linguistischen Termen bestimmt. Z. B. liegen für einen Maschinenstundensatz $r_j = 139$ die Zugehörigkeiten $\mu_j(r_j)$ zur Menge „mittel" und $1-\mu_j(r_j)$ zur Menge „hoch" vor. Diese Phase wird als FUZZYFIZIERUNG bezeichnet.

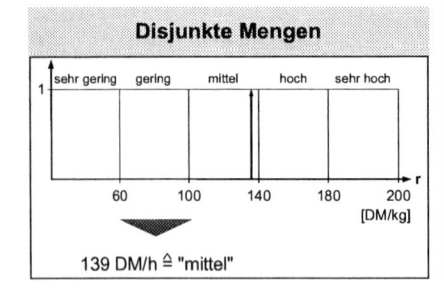

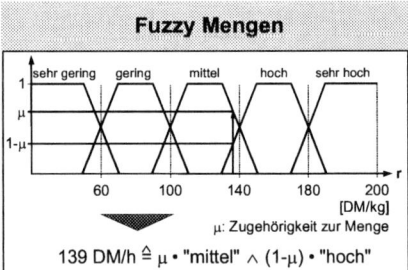

Disjunkte Mengen	Fuzzy Mengen
sehr gering, gering, mittel, hoch, sehr hoch 60 100 140 180 200 [DM/kg] 139 DM/h ≙ "mittel"	sehr gering, gering, mittel, hoch, sehr hoch 60 100 140 180 200 [DM/kg] µ: Zugehörigkeit zur Menge 139 DM/h ≙ µ • "mittel" ∧ (1-µ) • "hoch"

Bild 4-9: Darstellung linguistischer Variablen durch Fuzzy-Intervalle

Auf Basis der fuzzyfizierten Eingangswerte kann die Regelbasis angewendet werden. Das Gewinnen von Schlußfolgerungen in Form fuzzyfizierter Ausgangsdaten auf Basis fuzzyfizierter Eingangsdaten mit Hilfe einer Regelbasis wird als Fuzzy-Inferenz oder unscharfes Schließen bezeichnet und wird in drei Schritten durchgeführt [vgl. STRI96, S. 48ff.; TENC96, S. 71ff.]:

- Berechnung des Erfüllungsgrades des Bedingungsteils jeder Regel unter Berücksichtigung logischer Verknüpfungen (Aggregation),
- Berechnung des Erfüllungsgrades des Schlußfolgerungsteils jeder Regel (Implikation),
- Zusammenfassung der Schlußfolgerungen aus mehreren Regeln zur Ausgangs-Fuzzy-Menge (Akkumulation).

In komplexen Bewertungssituationen wie bei der Bestimmung der Technologiebeherrschung sind die Ausprägungen mehrerer Kriterien bei der Erarbeitung von Schlußfolgerungen zu berücksichtigen, so daß der Bedingungsteil eine logische Verknüpfung mehrerer linguistischer Variablen enthält. Daher ist zunächst der Erfüllungsgrad des Bedingungsteils mittels sogenannter AGGREGATIONSOPERATOREN zu bestimmen[10].

Mit der IMPLIKATION wird der Erfüllungsgrad des Schlußfolgerungsteils bestimmt. Da der Ausführungsteil nicht nur die Erfüllungsgrade 0 und 1 aufweisen kann, ist eine Vorschrift notwendig, die einem Erfüllungsgrad zwischen 0 und 1 einen entsprechenden Erfüllungsgrad des Schlußfolgerungsteils zuweist. Dieser Vorgang wird als „approximate Reasoning" bezeichnet, da einer unscharfen Erfüllung der Eingangsbedin-

---

[10] Für jede Fuzzy-Regelung ist ein geeigneter Aggregationsoperator auszuwählen. In zahlreichen axiomatischen Untersuchungen und praktischen Anwendungen wurde eine Vielzahl von Aggregationsoperatoren mit unterschiedlichen Eigenschaften bestimmt [vgl. WERN93, 166; ULLM95, S. 70].

gung eine unscharfe Erfüllung des Schlußfolgerungsteils zugeordnet wird [vgl. KAHL95, S. 31][11].

Im letzten Schritt ist die fuzzyfizierte Ausgangsbasis zu bestimmen. Dazu sind die Erfüllungsgrade der Schlußfolgerungsteile mehrerer Regeln zu akkumulieren[12]. Wenn z.B. im Bedingungsteil der Regelbasis drei linguistische Variablen verknüpft und zwei Merkmalsausprägungen durch jeweils zwei Terme repräsentiert werden, so sind vier Regeln und damit vier Erfüllungsgrade der Schlußfolgerungsteile zu berücksichtigen.

Als Ergebnis der Phase der Fuzzy-Inferenz liegt eine Fuzzy-Menge mit einer Zugehörigkeitsfunktion μ_R vor. In der dritten Phase der DEFUZZYFIZIERUNG wird aus dieser Fuzzy-Menge ein scharfer Ausgangswert, d.h. eine reelle Zahl, abgeleitet.

Damit wurden die für die Arbeit relevanten Grundlagen der Fuzzy-Logik dargestellt. Für eine weitergehende Vertiefung hinsichtlich der technischen Anwendungsmöglichkeiten der Fuzzy-Logik wird auf die Darstellungen von KAHLERT [KAHL95] und STRIETZEL [STRI96] verwiesen, für ein weitergehendes Verständnis der theoretischen Grundlagen auf die Publikationen von ZIMMERMANN [ZIMM91], DUBOIS und PRADE [DUBO80] oder BANDEMER und GOTTWALD [BAND86].

4.3.4 SYSTEMATIK ZUR MODELLIERUNG LINGUISTISCHER VARIABLEN

In den vorangegangenen Erläuterungen wurden linguistische Variablen als geeignet zur Kriterienbewertung im Rahmen dieser Arbeit dargestellt. Zur Modellierung der Terme wurden Fuzzy-Mengen mit trapezförmigen Zugehörigkeitsfunktionen gewählt, da diese eine vergleichsweise hohe Praktikabilität der Anwendung sicherstellen. Im folgenden wird die Modellierung der linguistischen Variablen detailliert.

4.3.4.1 Modellierung von Kriterien mit kardinalem Skalenniveau

Bei der Modellierung von Kriterien mit kardinalem Skalenniveau werden diese durch eine *Fuzzifizierung* in Variablen mit ordinalem Skalenniveau transformiert. Dazu sind die Wertebereiche der Variable, der Definitionsbereich der Basisvariable und die Zugehörigkeitsfunktionen als Bindeglied zwischen diesen beiden zu bestimmen.

Der ordinale Wertebereich der Variable kann durch Zusammenstellung der relevanten Menge linguistischer Terme und anschließende lineare Anordnung hinsichtlich der natürlichen Ordnungsstruktur bestimmt werden [vgl. FREK82]. Beispielsweise können für die Variable „Benetzungsfläche" bei Fügetechnologien die Terme "sehr

---

[11] Als Operatoren zur Bestimmung der Ausgangs-Fuzzy-Menge finden MAXIMUM- UND SUMMEN-OPERATOREN Anwendung [vgl. KAHL95, S. 50].

[12] KAHLERT beschreibt die Auswahl des Akkumulationsoperators [vgl. KAHL95, S. 41 ff].

gering", "gering", "mittel", "hoch", "sehr hoch" angeführt werden. Grundsätzlich ist bei der Zusammenstellung der Terme auf Eindeutigkeit der Begriffe, Abgrenzbarkeit, Existenz einer mittleren Ausprägung und ein natürliches, ordinales Skalenniveau zu achten. Die Anzahl der Terme ist dem angestrebten Differenzierungsvermögen der Bewertungsmethodik bezüglich des Kriteriums anzupassen.

Der Definitionsbereich der Basisvariablen resultiert bei meßbaren Größen unmittelbar aus deren natürlicher Struktur, beispielsweise der Definitionsbereich [0;100%] für die Benetzungsfläche bei einer Fügestelle oder [0; ∞[für die Prozeßkosten. Für die Bestimmung der Technologiebeherrschung relativ zu Wettbewerbern ist jedoch der relevante Wertebereich der Basisvariablen entscheidend. Z. B. liegt für die Variable „Benetzungsfläche" ein Definitionsbereich zwischen 0 und 100% vor, während u. U. nur ein Wertebereich zwischen 75 und 100% entscheidungsrelevant ist.

Der kardinale Wertebereich für eine Variable r stellt somit das Intervall dar, das durch die *schlechtesten* und *besten* Technologieanwender hinsichtlich dieser Variable gebildet wird. Falls vollständige Informationen über alle Technologieanwender vorlägen, so könnte eine Verteilungsfunktion f bezüglich der Variablen r herangezogen werden. Diese Funktion würde die Relationen zwischen dem Grad der Kriterienerfüllung und dem Absatz, vergleichbar einer Preisabsatzfunktion, darstellen.

Bei eingeschränkter Marktkenntnis, der Fall, der bei praktischen Anwendungen vorliegt, können die Grenzen des relevanten Wertbereichs durch statistische Angaben der Industrieverbände, Informationsdienste oder durch Unternehmensvergleiche bestimmt werden. Die Bestimmung der Verteilungsfunktion $f_{(r)}$ erfolgt dann auf Basis einer Dichtefunktion $h_{(r)}$ (**Bild 4-10**, Dichtefunktion). Dabei wird von den Annahmen ausgegangen, daß:

- die Variable im Intervall einer natürlichen Verteilung folgt (Gauß-Kurve),
- das Intervall durch den Mittelwert symmetrisch geteilt wird und
- 99,7 Prozent aller Merkmalsausprägungen im Intervall liegen.

Als Annäherung für die Verteilungsfunktion $f_{(r)}$ kann unter diesen Annahmen die Summenfunktion der Dichtefunktion $h_{(r)}$ einer Normalverteilung[13] herangezogen werden (Bild 4-10, Verteilungsfunktion).

---

[13] Die Normalverteilung ist die wichtigste Wahrscheinlichkeitsverteilung, da mit dieser vielerlei praktische Anwendungen zumindest näherungsweise berechnet werden können. Die Normalverteilung wird auch als GAUß-Verteilung nach C.F. Gauß (1777-1855) bezeichnet [BAMB91, S. 108].

Auf Basis der Verteilungsfunktion erfolgt die Transformation der kardinalen Skalenniveaus in ordinale. Für die Herleitung der Transformationssystematik werde ein Kriterium j mit Indikator R_j und kardinalem Skalenniveau angenommen. Für die Ausprägungen der Variable r_j lägen der Definitionsbereich $[a_j^0; b_j^0]$ und der relevante Wertebereich $[a_j; b_j]$ vor. Damit wird eine Dichtefunktion $h_{(r)}$ entsprechend

$$h_{(r)} = \frac{1}{\sqrt{2\pi}\sigma} e^{-\frac{(r-\mu)^2}{2\sigma^2}}$$

gebildet.

Dichtefunktion h(r)

$\sigma = \frac{b_j - a_j}{6}$ $m = \frac{b_j + a_j}{2} + a_j$

Verteilungsfunktion f(r)

Fuzzy-Menge

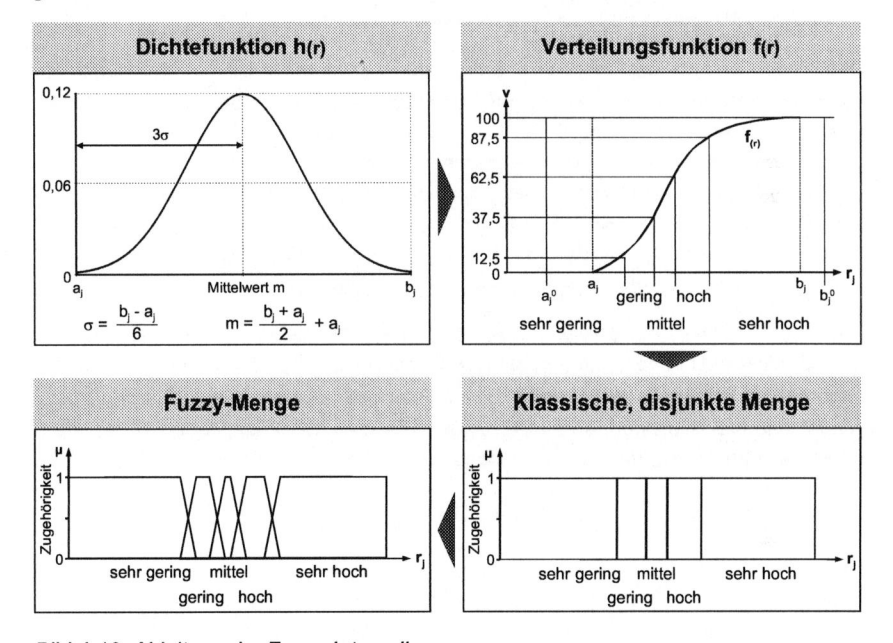

Klassische, disjunkte Menge

Bild 4-10: Ableitung der Fuzzy Intervalle

Daraus resultiert die Verteilungsfunktion $f_R(r_j): R \rightarrow R$, die die Eignung der Variablenausprägung zur Erzielung eines Wettbewerbsvorteils, d. h. den Einfluß auf die Technologiebeherrschung, darstellt. Diese bildet den relevanten Wertebereich $[a_j; b_j]$ der Variable r_j auf das Intervall [0; 100] der Variable v ab, wobei 100 eine maximale Eignung und 0 eine minimale Eignung bezeichnet (Bild 4-10, Verteilungsfunktion).

Es sei angenommen, daß H_j linguistische Ausprägungen r_{jh} vorliegen (z. B. H_j=5 für die Ausprägungen r_{j1}=sehr gering bis r_{j5}=sehr hoch). Das Intervall [0; 100] wird in H_j Intervalle $[a_{vh}; b_{vh}]$ unterteilt, wobei die Randintervalle nur die halbe Intervallbreite besitzen:

$$a_{vh} = \begin{cases} 0 & \text{für } h = 1 \\ \frac{100}{H_j - 1} \cdot \left(h - \frac{3}{2}\right) & \text{für } h \in [2,\ldots,H_j - 1] \end{cases} \quad ; \quad b_{vh} = \begin{cases} \frac{100}{H_j - 1} \cdot \left(h - \frac{1}{2}\right) & \text{für } h \in [1,\ldots,H_j - 1] \\ 100 & \text{für } h = H_j \end{cases}$$

Jedem dieser Intervalle entspricht ein linguistischer Term der Variable r_j. Mit der Umkehrfunktion $f_R^{-1}: R \to R$ werden den Intervallen $[a_{vh}; b_{vh}]$ die Intervalle $[a_{jh}; b_{jh}]$ der Basisvariablen r_j für die linguistischen Terme r_{jh} zugeordnet (Bild 4-9):

$$a_{jh} = \begin{cases} a_j^0 & \text{für } h = 1 \\ f_R^{-1}(a_{vh}) & \text{für } h \in [2,\ldots,H_j] \end{cases} \quad ; \quad b_{jh} = \begin{cases} f_R^{-1}(b_{vh}) & \text{für } h \in [1,\ldots,H_j - 1] \\ b_j^0 & \text{für } h = H_j \end{cases}$$

Damit wurde eine Klassifizierung des relevanten Wertebereichs der Basisvariablen vorgenommen, die deren Einfluß auf die Erzeugung und Sicherung von Wettbewerbsvorteilen berücksichtigt. Diese Klassen liegen bisher jedoch als disjunkte Mengen vor, d.h. jede Ausprägung r_j besitzt einen Zugehörigkeitsgrad $\mu_h(r_j)$ von 1 genau zu einer Klasse. Die Problematik einer solchen Zuordnung liegt vor allem in der Unstetigkeit der Schlußfolgerungen im Übergang zwischen den Klassen. Daher sind auf Basis dieser Klassen Fuzzy-Mengen $F_h = (\alpha_h, a_h, b_h, \beta_h)$ zu definieren, die eine Berücksichtigung der Unschärfe in den Randbereichen ermöglichen.

Dabei wird die gleiche absolute Unschärfe $u_h = \alpha_h + \beta_h$ für alle Fuzzy-Mengen, mit Ausnahme der Randintervalle, angestrebt [vgl. KAHL 95, S. 17]. Es wird von einer angestrebten Unschärfe U ($0 < U < 1$) des Gesamtintervalls ausgegangen. Aus der Überschneidung der Unschärfebereiche zweier benachbarter Fuzzy-Mengen resultiert eine Unschärfe je Fuzzy-Menge in Höhe von:

$$u_h^* = (b_j - a_j)/H_j \cdot 2U$$

Einschränkend ist zu beachten, daß die Unschärfe nicht größer sein darf als die Toleranz, d.h.

$$u_h \leq U(b_{jh} - a_{jh}) \text{ für } h \in [1;\ldots;H_j].$$

Daraus ergibt sich die Bestimmungsvorschrift für u_h zu:

$$u_h = \min\left(u_h^*; U \cdot (b_{jh} - a_{jh})\right).$$

Bei der Bestimmung der links- und rechtsseitigen Unschärfen α_h und β_h der Fuzzy-Menge ist zudem die Forderung zu erfüllen, daß die Summe aller Zugehörigkeitswerte für jede Ausprägung der Basisvariable 1 beträgt, d.h.

$$\sum_{h \in [1,\ldots,H_j]} \mu_h(r_j) = 1,$$

woraus sich für die links- und rechtsseitige Unschärfe ergibt:

$$\alpha_{h+1} = \beta_h = \min(u_h; u_{h+1}) \text{ für } h \in [1; ...; H_j - 1].$$

Damit kann der Übergang von einer scharfen Menge (Bild 4-10, disjunkte Menge)

$$A_h = \{(r_j; \mu_h(r_j)); r_j \in R\} \quad \text{mit } \mu_h(r_j) = \begin{cases} 1 & \text{für } r_j \in [a_{jh}; b_{jh}] \\ 0 & \text{sonst} \end{cases}$$

zu einer Fuzzy-Menge

$$F_h = \{(r_j; \mu_h(r_j)); r_j \in R\} \text{ mit } \mu_h(r_j) = \begin{cases} 0 & \text{für } r_j \in \left[a_j^0; a_{jh} - \frac{\alpha_h}{2}\right[\\ \frac{r_j - a_{jh}}{\alpha_\eta} + \frac{1}{2} & \text{für } r_j \in \left[a_{jh} - \frac{\alpha_h}{2}; a_{jh} + \frac{\alpha_h}{2}\right[\\ 1 & \text{für } r_j \in \left[a_{jh} + \frac{\alpha_h}{2}; b_{jh} - \frac{\beta_h}{2}\right[\\ \frac{b_{jh} - r_j}{\beta_\eta} + \frac{1}{2} & \text{für } r_j \in \left[b_{jh} - \frac{\beta_h}{2}; b_{jh} + \frac{\beta_h}{2}\right[\\ 0 & \text{für } r_j \in \left[b_{jh} + \frac{\alpha_h}{2}; b_j^0\right] \end{cases}$$

durchgeführt werden (Bild 4-10, Fuzzy-Menge).

Mit Hilfe dieser Systematik kann für eine Variable mit kardinalem Skalenniveau eine sinnvolle Modellierung als linguistische Variable erreicht werden. Falls die minimale Ausprägung des Merkmals optimal ist, so kann das Verfahren analog angewendet werden. Damit wurden die Voraussetzungen für die Bewertung von Kriterien mit kardinalem Skalenniveau geschaffen.

4.3.4.2 Modellierung von Kriterien mit ordinalem Skalenniveau

Im folgenden soll auf die direkte Bewertung mittels linguistischer Terme bei ordinal skalierten Indikatoren eingegangen werden. Dieses Skalenniveau liegt insbesondere dann vor, wenn zur Bewertung eines Indikators Mitarbeiter bzw. Technologieexperten herangezogen werden. Wie oben bereits dargestellt wurde, liegt dann eine Zuordung eines verbalen Terms zu einer beobachteten Merkmalsausprägung vor, die auch als BEURTEILUNG bezeichnet wird. Diese ist insbesondere bei mehrdimensionalen Kriterien sinnvoll, die aggregiert bewertet werden. Ansonsten müßte bei einem n-dimensionalen Kriterium eine Zugehörigkeitsfunktion $\mu_h(r_j)$: $R^n \to R$ definiert werden. Neben der Höhe des Aufwandes verhindert die Unsicherheit bezüglich der Anzahl der Dimensionen dieses Vorgehen.

In der praktischen Anwendung liegen nur unvollständige Informationen vor, die es dem Technologieexperten lediglich erlauben, eine grobe Beurteilung mittels linguistischer Terme vorzunehmen. Z.B. würde der Indikator „Kontakte zu externen Technologieexperten" unmittelbar mittels der Terme „regelmäßig", „manchmal", „selten" oder „nie" beurteilt. Diese linguistische Beurteilung ist zwar aufgrund der höheren Anschaulichkeit einer Punktebewertung vorzuziehen, besitzt jedoch keinen höheren Informationsgehalt; Unschärfe kann nicht berücksichtigt werden. Da die unscharfen Bereiche nie angesprochen werden, beträgt die Zugehörigkeit zu den Termen $\mu_h(r_j)$ immer 0 oder 1; damit reduzieren sich die Fuzzy-Mengen auf klassische Mengen (Bild 4-10).

Bei Anwendung der oben dargestellten Fuzzy-Bewertung führt dies dazu, daß die Regelbasis unmittelbar umgesetzt werden kann. Die Phasen der Fuzzyfizierung, Inferenz und Defuzzyfizierung entfallen.

4.3.4.3 Bestimmung der Operatoren der Fuzzy-Regelung

Zur Konzeption einer Fuzzy-Regelung sind die Operatoren für die Phase der Inferenz und der Defuzzyfizierung festzulegen.

Grundsätzlich lassen sich Konjunktion (T-Normen, vergleichbar dem logischen ODER), Disjunktion (S-Normen, vergleichbar dem logischen UND) und kompensatorische Aggregationsoperatoren unterscheiden. Die ersten beiden sind das Ergebnis axiomatischer Untersuchungen, letztere resultieren aus verschiedenen empirischen Anwendungen [vgl. WERN93, S. 166]. Die kompensatorischen Aggregationsoperatoren nehmen eine Mittelstellung zwischen dem logischen UND und dem logischen ODER ein, da sie eine teilweise Kompensation zulassen. Da die drei Subkriterien der Technologiebeherrschung als disjunkte Mengen anzusehen sind, also keine Kompensation zulassen, sind die T-Normen geeignete Aggregationsoperatoren. Für diese Arbeit wird das algebraische Produkt verwendet, dessen Eignung für die Bewertung von Technologiealternativen in einer empirischen Sensitivitätsanalyse nachgewiesen werden konnte [vgl. SCHM96, S. 93].

In der Fachliteratur werden Implikations- und Akkumulationsoperator zusammen als Inferenzmechanismen bezeichnet. Typische Inferenzmechanismen sind MAX-MIN-, MAX-PROD-, SUM-MIN- und SUM-PROD-Mechanismen, die Kombinationen der Implikationsoperatoren Maximum und Summe sowie der Akkumulationsoperatoren Minimum und Produkt darstellen. Für die vorliegende Bewertungssituation ist der SUM-MIN-Mechanismus am geeignetsten, da bei diesem die Zugehörigkeit der Schlußfolgerungen mehrerer Regeln zu einer Fuzzy-Menge berücksichtigt wird [vgl. KAHL95, S. 50ff.].

Damit wurden die Parameter der Fuzzy-Logik und die Zugehörigkeitsfunktionen der linguistischen Terme als Einstellgrößen einer Fuzzy-Regelung festgelegt und eine Bewertungsmethode vorgestellt, die die Problematik der Aggregation von ordinal und kardinal skalierten Indikatoren in einer Bewertungsmethodik löst. Dadurch wird einerseits die Beurteilung komplexer und hochaggregierter Kriterien mittels linguistischer Terme ermöglicht, andererseits wird der höhere Informationsgehalt eindimensionaler, meßbarer Kriterien in der Methodik genutzt. Diese Eigenschaften sind nur bei der Bewertung der Technologiebeherrschung relevant, da hier sowohl Messungen als auch Beurteilungen durchgeführt werden.

Mit diesem Bewertungsalgorithmus konnte insbesondere die Anpassung des Skalenniveaus an die Datenunschärfe erfüllt werden. Durch den Übergang von einer Häufigkeitsverteilung, aus statistischen Daten berechnet, zu einer Zugehörigkeitsfunktion ließ sich eine Methode zur Relativierung der unternehmensspezifischen Technologiebeherrschung gegenüber anderen Technologieanwendern realisieren.

Im folgenden werden die zur Ermittlung der Zukunftsträchtigkeit und Technologiebeherrschung notwendigen Berechnungen auf Basis des entwickelten Bewertungsalgorithmus detailliert.

4.3.5 BEWERTUNG DER ZUKUNFTSTRÄCHTIGKEIT

Die Bewertung der ZUKUNFTSTRÄCHTIGKEIT zeichnet sich aufgrund des Betrachtungshorizontes durch eine hohe Unschärfe aus. Infolge der Vielzahl als relevant zu betrachtender Aspekte kann eine Differenzierung der Kriterien bis auf eindimensionale Indikatoren nicht vorgenommen werden, so daß die zu bewertenden Kriterien als aggregierte, mehrdimensionale Größen zu betrachten sind. Die Mehrdimensionalität schließt die Möglichkeit des MESSENS als Bewertungsverfahren aus, so daß Beurteilungen durch Technologieexperten durchzuführen sind. Dabei wird dies durch das im Ausschnitt in **Bild 4-11** dargestellte Bewertungsdatenblatt ZUKUNFTSTRÄCHTIGKEIT unterstützt (**Anhang G**). Aus dieser Form der BEURTEILUNG und der Anwendung linguistischer Terme resultiert ein ordinales Skalenniveau für alle in Kapitel 4.3.2 bestimmten Kriterien.

Entsprechend der Argumentation in Kapitel 4.3.3 resultiert bei ordinalem Skalenniveau die Modellierung der linguistischen Terme als Fuzzy-Mengen nicht in einer Erhöhung des Informationsgehaltes, da keine Aussagen bezüglich der Unschärfe getroffen werden können. Die Anwendung der Fuzzy-Logik führt aufgrund der eindeutigen Zugehörigkeit $\mu_h(r_j) \in \{0;1\}$ in diesem Fall zu einer unmittelbaren Anwendbarkeit der Regelbasis ohne Verwendung des Inferenz-Algorithmus. Daher findet für jede Beurteilung nur eine Regel Anwendung, so daß die Ausgangs-Fuzzy-Menge wiederum eindeutig einem linguistischen Term zugewiesen werden kann.

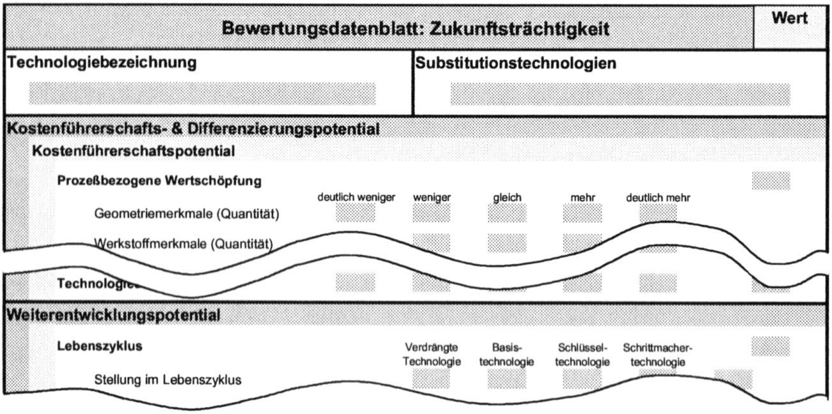

Bewertungsdatenblatt: Zukunftsträchtigkeit

Technologiebezeichnung	Substitutionstechnologien	Wert

Kostenführerschafts- & Differenzierungspotential
Kostenführerschaftspotential
Prozeßbezogene Wertschöpfung
Geometriemerkmale (Quantität) — deutlich weniger / weniger / gleich / mehr / deutlich mehr
Werkstoffmerkmale (Quantität)
Technologie…

Weiterentwicklungspotential
Lebenszyklus
Stellung im Lebenszyklus — Verdrängte Technologie / Basistechnologie / Schlüsseltechnologie / Schrittmachertechnologie

Bild 4-11: Bewertungsdatenblatt „Zukunftsträchtigkeit"

Die Vorteile der Fuzzy-Logik sind jedoch nicht nur in der Betrachtung der Unschärfe, sondern auch in der Berücksichtigung vielfältiger logischer Verknüpfungen zwischen den Kriterien zu sehen. Im Gegensatz zu der einheitlichen UND-Verknüpfung der Kriterien der Technologiebeherrschung sind bei der Bestimmung der Zukunftsträchtigkeit auch höhere Kompensationsgrade, bspw. zur Bestimmung des Differenzierungspotentials, notwendig. Dieser Aspekt ist bei der Entwicklung eines Aggregationsalgorithmus zu berücksichtigen.

Die ZUKUNFTSTRÄCHTIGKEIT (ZT) wird mit einer gewichteten UND-Verknüpfung berechnet und berücksichtigt die Umweltverträglichkeit (UV) dabei als Korrekturfaktor:

$$r_{ZT} = \frac{g_{KDP} \cdot r_{KDP} + g_{WP} \cdot r_{WP} + g_{IP} \cdot r_{IP}}{g_{KDP} + g_{WP} + g_{IP}} \cdot z_{UV}(r_{UV})$$

mit:

$$z_{UV}(r_{UV}) = \begin{cases} \frac{1}{2} \cdot (1 - \cos(2\pi \cdot r_{UV})) & \text{für } 0 \le r_{UV} \le 0{,}5 \\ 1 & \text{sonst} \end{cases}$$

g: Gewicht WP: Weiterentwicklungspotential
r: Ausprägung IP: Imagepotential
ZT: Zukunftsträchtigkeit UV: Umweltverträglichkeit
KDP: Kostenführerschafts- und Differenzierungspotential $z_{UV}(r_{UV})$: Korrekturfaktor

Der Korrekturfaktor setzt dabei die in Kapitel 4.3.2.1 dargestellte Argumentation um, daß Technologien mit sehr geringer Umweltverträglichkeit keine Zukunftsträchtigkeit haben (z. B. Chlor-gebleichtes Papier).

Detaillierung der Planungsmethodik Seite 73

Der Argumentation von PORTER folgend wird entweder eine Kostenführerschafts- oder eine Differenzierungsstrategie verfolgt[14]. Es werden daher zwar beide Größen einzeln berechnet, jedoch zu einer einzelnen Größe aggregiert, wobei die jeweilige Maximalausprägung der beiden Größen dominiert. Die Aggregation erfolgt über eine erweiterte ODER-Verknüpfung mit empirisch ermitteltem Kompensationsgrad $\gamma_{KP,DP}$. Damit wird der Tatsache Rechnung getragen, daß Technologien, die sowohl ein hohes Kostenführerschafts- als auch ein hohes Differenzierungspotential besitzten eine höhere Zukunftsträchtigkeit aufweisen als Technologien, die nur in einem der beiden Kriterien eine hohe Bewertung haben. Die Kompensation erfolgt daher nur, wenn die Werte für das Kostenführerschafts- und das Differenzierungspotential um eine Differenz Δ voneinander abweichen. Der Wert für die Differenz Δ ergibt sich dabei aus der Intervallbreite der Fuzzy-Mengen.

Das Kostenführerschafts- und Differenzierungspotential (KDP) wird entsprechend folgender Gleichung berechnet:

$$r_{KDP} = \gamma_{KP,DP} \cdot MAX(r_{KP}; r_{DP}) + (1 - \gamma_{KP,DP}) \cdot WENN(|r_{KP} - r_{DP}| \leq \Delta; MAX(r_{KP}; r_{DP}); MIN(r_{KP}; r_{DP}))$$

$\gamma_{KP,DP}$: Kompensationsgrad KP/DP
Δ : Differenz

Das KOSTENFÜHRERSCHAFTSPOTENTIAL (KP) wird dabei mit einer gewichteten UND-Verknüpfung berechnet:

$$r_{KP} = \frac{g_{FL} \cdot r_{FL} + g_{AU} \cdot r_{AU} + g_{PG} \cdot r_{PG} + g_{PW} \cdot r_{PW} + g_{KT} \cdot r_{KT}}{g_{FL} + g_{AU} + g_{PG} + g_{PW} + g_{KT}}$$

FL : Technologieflexibilität PW: Prozeßbezogene Wertschöpfung
AU: Automatisierbarkeit KT: Kosten der Technologieanwendung
PG: Prozeßgeschwindigkeit

Das DIFFERENZIERUNGSPOTENTIAL (DP) berechnet sich mit Hilfe einer gewichteten UND-Verknüpfung der Differenzierungsmerkmale (DM) und der Technologiediffusion (TD), wobei die Geometrie- (GM), Werkstoff- (WM) und Qualitätsmerkmale (QM) durch eine erweiterte ODER-Verknüpfung mit Kompensationsgrad aggregiert werden.

Die ODER-Verknüpfung der Differenzierungsmerkmale erfolgt, da jede einzelne in gleicher Weise Wettbewerbsvorteile generieren kann und daher sich der Wert des Differenzierungsmerkmals (DM) aus dem Maximum der drei Unterkriterien GM, WM

---

[14] Nischenstrategien scheiden aus, da hiermit eine Eingrenzung auf bestimmte Marktsegmente vorweggenommen werden (vgl. Kapitel 4.3.2.1).

und QM ergibt. Wie auch bei der Zukunftsträchtigkeit wird jedoch durch den Kompensationsgrad γ_{DP} berücksichtigt, daß gleichzeitig mehr als ein Differenzierungsmerkmal einen hohen Wert haben kann.

Daraus folgt für die Berechnung des Differenzierungspotentials die Gleichung:

$$r_{DP} = \frac{[(1-\gamma_{DP}) \cdot (r_{GM} + r_{WM} + r_{QM}) + (\gamma_{DP} \cdot MAX(r_{GM}, r_{WM}, r_{QM}))] \cdot g_{DM} + r_{TD} \cdot g_{TD}}{[(1-\gamma_{DP}) \cdot 3 + \gamma_{DP}] \cdot g_{DM} + g_{TD}}$$

γ_{DP}: Kompensationsgrad DP QM: Qualitätsmerkmale
GM: Geometriemerkmale DM: Differenzierungsmerkmale
WM: Werkstoffliche Merkmale TD: Technologiediffusion

Das WEITERENTWICKLUNGSPOTENTIAL (WP) wird durch den Lebenszyklus der Technologie (LZ) und das Multiplikationspotential (MP) charakterisiert. Die Berechnung erfolgt durch eine gewichtete ODER-Verknüpfung mit Kompensationsgrad γ_{WP}. Dabei dient die „WENN-Abfrage" im Nenner der Sicherstellung der Verwendung gleicher Gewichtungen in Zähler und Nenner.

Die Berechnung des Weiterentwicklungspotentials erfolgt mit der Gleichung:

$$r_{WP} = \frac{\gamma_{WP} \cdot MAX(r_{LZ} \cdot g_{LZ}; r_{MP} \cdot g_{MP}) + (1-\gamma_{WP}) \cdot (r_{LZ} \cdot g_{LZ} + r_{MP} \cdot g_{MP})}{\gamma_{WP} \cdot WENN((r_{LZ} \cdot g_{LZ} > r_{MP} \cdot g_{MP}); g_{LZ}; g_{MP}) + (1-\gamma_{WP}) \cdot (g_{LZ} + g_{MP})}$$

MP: Multiplikationspotential LZ: Lebenszyklus
γ_{WP}: Kompensationsgrad WP

Auch der LEBENSZYKLUS (LZ) wird mit einer erweiterten, gewichteten ODER-Verknüpfung mit Kompensationsgrad γ_{LZ} berechnet, da alle drei Unterkriterien STELLUNG IM LEBENSZYKLUS (SL), ERWARTETES GESAMTPOTENTIAL (EP) und GESCHWINDIGKEIT DER ENTWICKLUNG (GW) in gleicher Weise, entsprechend ihrer Gewichtung, den Wert für den Lebenszyklus bestimmen. Technologien, die gemäß ihrer Stellung im Lebenszyklus als verdrängte Technologien bewertet werden, sind jedoch, unabhängig von ihrem erwarteten Gesamtpotential und der Geschwindigkeit der Entwicklung, mit „sehr gering" zu bewerten. Daher fließt bei der Berechnung des Lebenszyklusses die STELLUNG IM LEBENSZYKLUS (SL) als Korrekturfaktor mit ein:

$$r_{LZ} = \begin{cases} \frac{[\gamma_{LZ} \cdot MAX(g_{SL} \cdot r_{SL}; g_{EP} \cdot r_{EP}; g_{GW} \cdot r_{GW}) + (1-\gamma_{LZ}) \cdot (g_{SL} \cdot r_{SL} + g_{EP} \cdot r_{EP} + g_{GW} \cdot r_{GW})]}{(\gamma_{LZ} \cdot WENN(g_{EP} \cdot r_{EP} = MAX; g_{EP}; WENN(g_{GW} \cdot r_{GW} = MAX; g_{GW}; g_{SL})) + (1-\gamma_{LZ}) \cdot (g_{SL} + g_{EP} + g_{GW}))} & \text{für } r_{SL} > 0 \\ 0 \text{ für } r_{SL} = 0 \end{cases}$$

γ_{LZ}: Kompensationsgrad Lebenszyklus EP: Erwartetes Gesamtpotential
SL: Stellung im Lebenszyklus GW: Geschwindigkeit der Entwicklung

Mit dem IMAGEPOTENTIAL (IP) werden die UMWELTVERTRÄGLICHKEIT (UV) und die IMAGEWIRKUNG (IW) berücksichtigt. Dieses wird mit einer gewichteten UND-Verknüpfung berechnet:

$$r_{IP} = \frac{g_{UV} \cdot r_{UV} + g_{IW} \cdot r_{IW}}{g_{UV} + g_{IW}}$$

IW: Imagewirkung UV: Umweltverträglichkeit

Hiermit wurden alle notwendigen Berechnungsvorschriften zur Ermittlung der Zukunftsträchtigkeit einer Technologie vorgestellt. Im folgenden wird die Bestimmung der zweiten Portfolioachse Technologiebeherrschung detailliert.

4.3.6 BEWERTUNG DER TECHNOLOGIEBEHERRSCHUNG

Die TECHNOLOGIEBEHERRSCHUNG wird durch die unternehmensspezifischen Größen SACHMITTELPOTENTIAL (SP), ANWENDUNGSPERFORMANCE (AP) und WEITERENTWICKLUNGS-KNOW-HOW (WK) und deren jeweiligen Unterkriterien bestimmt (vgl. Kapitel 4.3.2.2). Die Unterkriterien setzen sind sowohl aus kardinal skalierte Variablen, die durch Messungen ermittelt werden, als auch aus ordinal skalierte Variablen, die aus Beurteilungen resultieren, zusammen. Um beide Variablentypen bei der Bewertung zu berücksichtigen und letztlich in einer Bewertungsgröße zu aggregieren, wurden eine Systematik zur Transformation von kardinal zu ordinal skalierten Variablen in Kapitel 4.3.1 entwickelt und damit die Berechnungsvorschriften für die im folgenden angeführten Zugehörigkeiten angegeben. In diesem Kapitel wird daher lediglich auf die eigentliche Aggregation der Unterkriterien eingegangen. Die Bewertung wird mit dem Bewertungsdatenblatt TECHNOLOGIEBEHERRSCHUNG unterstützt und dokumentiert (**Anhang H**).

Die Berechnung der TECHNOLOGIEBEHERRSCHUNG erfolgt mit einer gewichteten UND-Verknüpfung:

$$r_{TB} = \frac{g_{SP} \cdot r_{SP} + g_{AP} \cdot r_{AP} + g_{WK} \cdot r_{WK}}{g_{SP} + g_{AP} + g_{WK}}$$

WK: Weiterentwicklungs-Know-how SP: Sachmittelpotential
AP: Anwendungsperformance

Das SCHMITTELPOTENTIAL (SP), als Kriterium für Quantität und Qualität der vorhandenen Anlagen, sowie das WEITERENTWICKLUNGS-KNOW-HOW (WK), als unternehmensspezifische Fähigkeit zur Weiterentwicklung der Technologie, lassen keine gegenseitige Kompensation zu (vgl. Kapitel 4.3.4.2), so daß diese mit einer gewichteten UND-Verknüpfung berechnet werden:

$$r_{SP} = \frac{g_{LP} \cdot r_{LP} + g_{FL} \cdot r_{FL} + g_{AG} \cdot r_{AG}}{g_{LP} + g_{FL} + g_{AG}}$$

LP: Leistungspotential FL: Flexibilität AG: Automatisierungsgrad

und

$$r_{WK} = \frac{g_{TE} \cdot r_{TE} + g_{KE} \cdot r_{KE} + g_{AI} \cdot r_{AI} + g_{KI} \cdot r_{KI}}{g_{TE} + g_{KE} + g_{AI} + g_{KI}}$$

KE: Kontakt zu externen Technologieexperten TE: Technologieerfahrung
KI: Know-how der internen Technologieexperten AI: Anzahl der Technologieexperten

Die ANWENDUNGSPERFORMANCE (AP) wird durch Qualitäts- und Kostendaten beurteilt und, o. a. Argumentation folgend, ebenfalls mit einer gewichteten UND-Verknüpfung ermittelt. Auf die Berechnung der Größen Prozeßkosten und Prozeßqualität wird im folgenden detaillierter eingegangen, da zu deren Berechnung Ergänzungen zu der in Kapitel 4.3.1 vorgestellten Transformation notwendig sind:

$$r_{AP} = \frac{g_{PK} \cdot r_{PK} + g_{PQ} \cdot r_{PQ}}{g_{PK} + g_{PQ}}$$

PK: Prozeßkosten PQ: Prozeßqualität

Die Prozeßkosten werden durch den leistungsbezogenen Maschinenstundensatz (LM) sowie die Prozeßgeschwindigkeiten für zwei technologiespezifische Merkmale bestimmt (z.B. Anzahl Bolzen pro Stunde für die Technologie Strangpressen).

Für die Bewertung der Prozeßkosten wird der leistungsbezogene Maschinenstundensatz, als Quotient aus Maschinenstundensatz und Leistung, eingeführt. Damit wird die Vergleichbarkeit von kleinen und großen Anlagen sichergestellt, da es keine gute oder schlechte Leistung an sich gibt und eine Maschine mit geringerem Maschinenstundensatz nicht generell "besser" ist.

Aus den minimalen (x_{min}, y_{min}) und maximalen (x_{max}, y_{max}) Werten[15] der Leistung und des Maschinenstundensatzes wird eine Gerade g_m sowie ein Rechteck R gebildet (**Bild 4-12**). Die Punkte der Geraden bilden den "mittleren" leistungsbezogenen Maschinenstundensatz. Werte, die unterhalb der Geraden liegen, sind "besser", Werte oberhalb der Geraden "schlechter".

Um eine Bewertung eines beliebigen leistungsbezogenen Maschinenstundensatzes (x_P, y_P) durchführen zu können, bedarf es der Bestimmung der entsprechenden mini-

---

[15] Angaben zu Maschinenstundensätzen, Leistungsdaten etc. werden z.B. über den VDMA statistisch erhoben und ausgewertet (vgl. **Anlage I**).

malen (x_{Pmin}, y_{Pmin}) und maximalen Werte (x_{Pmax}, y_{Pmax}) der Dichtefunktion zur Anwendung der Transformationssystematik. Es wird daher eine Gerade g_P gebildet, die senkrecht zur Geraden g_m durch (x_P,y_P) verläuft (vgl. Bild 4-12).

Eingabewerte

Intervallgrenzen:
- Leistung [x_{min}; x_{max}]
- MS [y_{min}; y_{max}]
- Eintrag [x_p; y_p]

Berechnung

$$g_m = \frac{y_{max} - y_{min}}{x_{max} - x_{min}} (x - x_{min}) + y_{min}$$

$$g_P = -\frac{x_{max} - x_{min}}{y_{max} - y_{min}} (x - x_P) + y_P$$

$$3\sigma = b \cdot \sin\left(\arctan \frac{a}{b}\right)$$

mit $a = y_{max} - y_{min}$
     $b = x_{max} - x_{min}$

Dichtefunktion für (x_p; y_p)

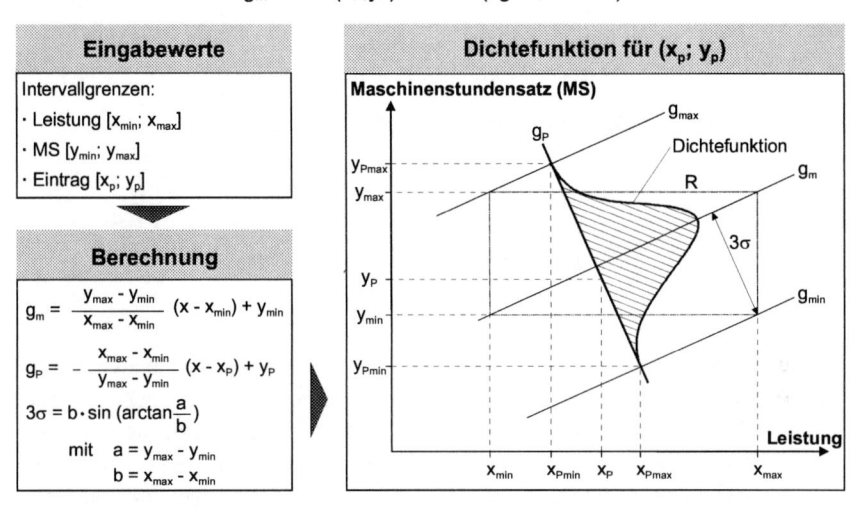

Bild 4-12: Dichtefunktion für den leistungsbezogenen Maschinenstundensatz

Auf dieser Geraden können die Werte für (x_{Pmin}, y_{Pmax}) und (x_{Pmax}, y_{Pmin}) in einem Abstand von 3σ abgelesen werden. Dabei berechnet sich der Abstand 3σ aus der maximalen Höhe der Gerade g_m auf das Rechteck R (vgl. Bild 4-12).

Damit liegen alle notwendigen Eingangsdaten vor, um den Wertebereich [(x_{Pmin}, y_{Pmin}); (x_{Pmax}, y_{Pmax})] auf den Zielbereich [0; 100] mit der entwickelten Systematik zu transformieren und den leistungsbezogenen Maschinenstundensatz (x_P,y_P) zu bewerten.

Die technologiespezifischen Kriterien für die Prozeßgeschwindigkeit sind meßbare Größen und liegen somit als kardinal skalierte Variablen vor. Sie weisen keine gegenseitige Kompensation auf und werden daher, gemeinsam mit dem leistungsbezogenen Maschinenstundensatz, mit einer gewichteten UND-Verknüpfung zu den Prozeßkosten aggregiert:

$$r_{PK} = \frac{g_{LM} \cdot r_{LM} + g_{PG1} \cdot r_{PG1} + g_{PG2} \cdot r_{PG2}}{g_{LM} + g_{PG1} + g_{PG2}}$$

PG1: Prozeßgeschwindigkeit 1   PG2: Prozeßgeschwindigkeit 2
LM: leistungsbezogener Maschinenstundensatz

Die PROZEßQUALITÄT (PQ) ergibt sich aus der Maschinenfähigkeit (MF), der Maschinenverfügbarkeit (MV) und der Bedienerverfügbarkeit (BV).

Dabei wird die BEDIENERVERFÜGBARKEIT (BV) als Quotient aus der Anzahl qualifizierter Bediener sowie dem Produkt aus der Anzahl Bediener pro Schicht und der maximalen Schichtzahl gebildet.

$$BV = \frac{Anz.\,qual.\,Bediener}{Anz.\,Bediener\,pro\,Schicht \cdot max.\,Schichtzahl}$$

Damit folgt zur Berechnung der PROZEßQUALITÄT (PQ) die Gleichung:

$$r_{PQ} = \frac{g_{MF} \cdot r_{MF} + g_{MV} \cdot r_{MV} + g_{BV} \cdot r_{BV}}{g_{MF} + g_{MV} + g_{BV}}$$

BV: Bedienerverfügbarkeit   MF: Maschinenfähigkeit
MV: Maschinenverfügbarkeit

Mit den in diesem Kapitel angegebenen Gleichungen und der Berechnungsvorschrift zur Bestimmung des leistungsbezogenen Maschinenstundensatzes sowie der entwickelten Systematik zur Transformation von kardinal in ordinal skalierte Variablen aus Kapitel 4.3.4 sind die notwendigen Grundlagen gelegt worden, um die Technologiebeherrschung eines Unternehmens hinsichtlich einer Technologie sowie die technologiespezifische Zukunftsträchtigkeit mit den Bewertungskriterien aus den Kapiteln 4.3.2.1 und 4.3.2.2 zu berechnen.

4.3.7 Darstellung der Ergebnisse mit dem Potentialportfolio

Die erste Planungsstufe der zu entwickelnden Methodik schließt mit der Darstellung der Ergebnisse im POTENTIALPORTFOLIO ab (vgl. Bild 4.6). Die Portfolio-Darstellung wurde wegen der strikten Trennung von externer und interner Sicht sowie wegen des transparenten Auswahlverfahrens gewählt.

Die zur Berechnung der Position auf den Achsen konzipierten Bewertungsverfahren wurden in diesem Kapitel vorgestellt. Sowohl für die Technologiebeherrschung als auch für die Zukunftsträchtigkeit werden dabei Punktebewertungen im Intervall [0;100] berechnet.

Zukunftsträchtigkeit und Technologiebeherrschung einer Technologie determinieren damit gemeinsam das Potential einer Technologie, um zukünftige Wettbewerbsvorteile erschließen zu können. Die Portfoliodarstellung ermöglicht einerseits einen Gesamtüberblick über das technologische Potential des Unternehmens, andererseits dient es der Selektion derjenigen Technologien, die den Ausgangspunkt für die zweite Planungsphase bilden, die mit der Suchfeldbildung beginnt.

4.4 SUCHFELDBILDUNG {A4}

Die Suchfeldbildung ist der erste Planungsschritt der zweiten Planungsphase. Ziel der zweiten Planungsphase ist es, auf Basis der identifizierten Technologien neue Produkte oder Anwendungsfelder zu ermitteln. Suchfelder stellen dabei der Produktfindung vorzugebende Aktionsbereiche dar, innerhalb derer nach neuen Produktideen gesucht werden soll [VDI83, S. 35]. Die Vorgabe solcher Aktionsbereiche erfolgt in der Regel durch verbale Beschreibungen bzw. Abgrenzungen des Themenfeldes, in dem die Suche erfolgen soll. Sie bilden damit gedankliche Konstrukte, die der Ideenfindung eine mehr oder weniger konkrete Richtung vorgeben. Als anschauliche Analogie, um die Funktion eines Suchfeldes zu erfassen, führt FOGG das Radar an. Die Suchfeldbeschreibung kann dabei als eine Blende verstanden werden, die den Abtastwinkel des Radars einschränkt.

Inhalt dieses Kapitels ist es, die Bildung des Suchfeldes unter Berücksichtigung der identifizierten Technologien, Unternehmensziele und Marktinformationen darzustellen. Um hierbei eine Fokussierung auf die unternehmensspezifischen technologischen Potentiale zu gewährleisten, ist eine Abbildung konkreter technologischer Merkmale in einem systematisch aufgebauten Suchfeld notwendig. Dazu bedarf es der Entwicklung einer Suchfeldstruktur, die eine Spiegelung eben dieser Randbedingungen und Technologien an relevanten Produktmerkmalen zur Ideengenerierung unterstützt {A41}.

Im folgenden werden zunächst die Anforderungen an ein Suchfeld erläutert, Parameter für die Suchfeldbeschreibung dargestellt und eine Suchfeldstruktur zur Unterstützung der Ideengenerierung konzipiert. Abschließend wird die Detaillierung des Suchfelds durch Abbildung technologiespezifischer Merkmale beschrieben {A42}.

4.4.1 ANFORDERUNGEN AN SUCHFELDER

Ein Suchfeld ist ein methodisches Hilfsmittel für die Ideengenerierung und muß einen aussichtsreichen Bezugsrahmen für die Produktfindung bilden. Unter aussichtsreich wird dabei verstanden, daß das Suchfeld sowohl ZUKUNFTSTRÄCHTIG als auch KONGRUENT[16] ist. Hierfür bedarf es der Berücksichtigung unternehmensexterner und - interner Aspekte (**Bild 4-13**).

Die ZUKUNFTSTRÄCHTIGKEIT eines Suchfeldes hängt von der Berücksichtigung der erwarteten Umweltentwicklung ab. Sie drückt aus, in wie weit das Suchfeld auf Märkte zielt, für die überdurchschnittliches Wachstum prognostiziert wird, eine für das Unternehmen günstige Wettbewerbssituation besteht und z.B. ökonomische, demographische oder technologische Trends berücksichtigt werden.

---

[16] Vgl. Kapitel 3.1: Anforderungen an die Planungsmethodik

Zukunftsträchtigkeit		Kongruenz
- Marktentwicklung - Wettbewerbssituation - Trends	▶ Suchfeld zur Ideengenerierung ◀	- Unternehmensziele - Wettbewerbsstrategie - Realisierbarkeit

Bild 4-13: Anforderungen an Suchfelder

Mit der Forderung nach KONGRUENZ wird die unternehmensinterne Sicht abgebildet. Hierbei fließen einerseits Planungsrandbedingungen wie Unternehmensziele und Wettbewerbsstrategie in das Suchfeld ein. Andererseits werden die mit dem Potentialportfolio identifizierten technologischen Potentiale als Keimzelle für die Ideengenerierung und Maß für die Realisierbarkeit neuer Produktideen abgebildet.

4.4.2 BESCHREIBUNGSPARAMETER FÜR SUCHFELDER

Die Detaillierung eines Suchfeldes erfolgt abhängig vom angestrebten Konkretisierungsgrad mit verbalen Beschreibungen oder detaillierten Werten einzelner Suchfeldparameter. Entsprechend der im vorherigen Kapitel angeführten Forderung nach Kongruenz mit den technologischen Potentialen bedarf es im Rahmen der Aufgabenstellung der vorliegenden Arbeit eines detaillierten Suchfeldes, um Technologien abzubilden.

Zur Spiegelung der Technologien und der Beschreibungsparameter wird ein Matrixaufbau zur Bildung des Suchfeldes gewählt. Dieser Aufbau unterstützt die systematische Abbildung aller Merkmale und ermöglicht deren transparente Darstellung. Die Beschreibungsmerkmale selbst resultieren aus den ressourcen- und fähigkeitsinhärenten Eigenschaften.

Aus den technologischen Ressourcen können Gestalt-, Werkstoff- und Toleranzdaten abgeleitet werden [vgl. ULLM95, S. 39ff; SCHM96, S. 65]. Des weiteren müssen Fähigkeiten bezüglich Funktionen und Stoffleistungen abgebildet werden können [vgl. Kapitel 4.2.1]. Auf die Darstellung des Arbeitsprinzips wird hier verzichtet, da eine direkte Abhängigkeit zwischen Elementarfunktion und physikalischem Wirkprinzip besteht [vgl. SEIL85].

Die Beschreibung der Technologien erfolgt mit den folgenden Parametern[17]:

- Grundformen,
- Abmessungen,
- Toleranzen,
- Werkstoffe,
- Funktionen und
- Besonderheiten.

Der Parameter „Besonderheiten" stellt dabei eine Residualgröße dar, der die Abbildung spezifischer Eigenschaften, die nicht mit den angeführten Parametern dargestellt werden kann, ermöglicht. Als Beispiel sei hierfür der beanspruchungsgerechte Werkstoffaufbau durch die Wickeltechnologie mit Faserverbundkunststoffen (FVK) angeführt (**Bild 4-14**).

Die Unternehmensziele und Marktinformationen werden nicht an den einzelnen Beschreibungsparametern gespiegelt, da nur selten ein direkter Zusammenhang zwischen diesen und den Produktparametern besteht. Sie werden im Suchfeld als planungsbegleitende Randbedingungen aufgeführt, um eine direkte Berücksichtigung bei der Ideengenerierung zu ermöglichen.

Die Detaillierung des Suchfeldes erfolgt durch Abbildung der Eigenschaften und Kennwerte der technologischen Ressourcen und Fähigkeiten mit den Beschreibungsparametern der vertikalen Suchfeldachse {A42}.

Hierbei werden mit dem ERFASSUNGSDATENBLATT A aus der Potentialanalyse {A2} (Anhang B), Informationen aus Technologiedatenblättern [EVER94] und technologiespezifischen Produktmerkmalbeschreibungen [DAHL90] die Beschreibungsparameter „Abmessungen, Grundformen, Toleranzen, Werkstoffe und Besonderheiten" beschrieben. Komplettiert wird das Suchfeld mit den Informationen aus dem ERFASSUNGSDATENBLATT B für die Beschreibungsparameter „Funktion, Werkstoffe und Besonderheiten". Hierbei ist darauf zu achten, daß speziell herausragende Eigenschaften im Suchfeld abgebildet.

Die in der Situationsanalyse abgeleiteten Ziele und Strategien {A11} sowie Marktinformationen werden in der Spalte Randbedingungen dargestellt (Bild 4-14).

---

[17] Mit dem Parameter ABMESSUNGEN wird das durch den Arbeitsraum der Anlagen beschränke Bauteilvolumen abgebildet. Die Verwendung der Parameter FUNKTION und WERKSTOFF erfolgt gemäß VDI [VDI2220] und die der Parameter GRUNDFORMEN und TOLERANZEN werden der Definition von ULLMANN folgend verwendet [ULLM95]. Auf eine Erläuterung dieser Parameter wird daher verzichtet und auf die angegebene Literatur verwiesen.

Suchfeld 1. Ordnung		Technologien Wickeln	Stra...	Randbedingungen Ziele	Markt
Abmessungen	Länge	80 - 8000 [mm]	...	Finanzziel Mindestumsatz 1,5 Mio. DM pro Jahr	Produkte für neue Märkte
	Breite	-	...		
	Höhe	-	...		
	Durchmesser	30 - 550 [mm]			
Grundformen	Möglich	Rotationssymmetrisch			(neu: bisher nicht von dem Unternehmen bedient)
	Bevorzugt	Einachsiger Hohlkörper mit geschlossener Oberfläche		Leistungsziel 10% Kapitalrendite	
	Geometrieelemente	Rohr, Konus, T-Stück, Hohlprofil, Kugelsegment			
Toleranzen		Kernseitig glatte Oberflächen, Nachbearbeitung erforderlich			
Werkstoffe		Vorzugsweise Duroplaste, alle Faserarten (Rovings und Band), Schwerpunkt: CFK		Wettbewerbsstrategie Differenzierung	
Funktion/ Besonderheiten		Ermöglicht den beanspruchungsgerechten Bauteilaufbau (anisotrop)			

Bild 4-14: Ausschnitt aus dem Suchfeld 1. Ordnung

Nach der Abbildung der technologischen Potentiale mit den Beschreibungsparametern und der Definition der Planungsrandbedingungen liegt ein detailliertes Suchfeld vor. Dieses Suchfeld wird mit *Suchfeld 1. Ordnung* bezeichnet. Im Rahmen der folgenden IDEENGENERIERUNG {A5} werden zur besseren Handhabbarkeit und Übersicht einzelne Elemente des Suchfeldes 1. Ordnung zu einem *Suchfeld 2. Ordnung* zusammengefaßt und als Nukleus für die Ideenfindung genutzt.

4.5 IDEENGENERIERUNG {A5}

Ziel dieser Planungsphase ist es, neue Anwendungsfelder oder Produktideen auf Basis des technologischen Potentials zu generieren. Instrumentell wird diese Phase durch das vorab erstellte Suchfeld sowie die Nutzung von KREATIVITÄTSTECHNIKEN unterstützt. Im folgenden wird daher zunächst die Auswahl einer geeigneten Kreativitätstechnik beschrieben {A51} und anschließend das Phasenschema des kreativen Denkens bei der Generierung von Produktideen {A52} dargestellt.

4.5.1 AUSWAHL DER KREATIVITÄTSTECHNIK

Kreativitätstechniken werden zur Öffnung für das Unkonventionelle, zur Sensibilisierung für das Erkennen des Kernproblems sowie zum Denken in Analogien angewendet. Sie dienen als Hilfsmittel zur Erschließung des unbewußten Informations- und

Ideenvorrates durch Stimulation der Intuition und Phantasie. Dabei basieren die meisten Techniken auf den Grundprinzipien[18]:

- Abstraktion (Problemdefinition),
- Zerkleinerung (systematische Strukturierung),
- Assoziation und
- Analogie (Problemlösungen aus anderen Bereichen).

Die zur Ideenfindung entwickelten Techniken sind Verfahrensrahmen, die heuristische Prinzipien zur gezielten Anregung von Denkvorgängen nutzen, um mit solchen informellen Suchregeln die Findewahrscheinlichkeit zu erhöhen. Es wird dabei zwischen den INTUITIV-KREATIVEN und den ANALYTISCH-SYSTEMATISCHEN Kreativitätstechniken unterschieden[19].

Die INTUITIV-KREATIVEN KREATIVITÄTSTECHNIKEN basieren überwiegend auf dem heuristischen Prinzip der wechselseitigen Assoziation in der Gruppe, durch die die Erfahrungen und Kenntnisse der einzelnen Teilnehmer genutzt werden. Weitere Ansätze zur Stimulation der Denkvorgänge sind die kreative Neuorientierung durch Analogiebildung, die Strukturumgestaltung, Strukturübertragung und Struktursynthese sowie die semantische Intuition.

Bei den SYSTEMATISCH-ANALYTISCHEN KREATIVITÄTSTECHNIKEN wird das zu lösende Problem soweit wie möglich konkretisiert, um somit ein ganzheitliches Problemverständnis für die Problemlösung zu erreichen. Diese Techniken bauen auf die systematische Erfassung, Ordnung und Gliederung problemrelevanter Elemente und die Strukturierung von Lösungselementen durch systematische Kombination und Variation auf.

Die Auswahl[20] der planungsspezifisch geeigneten Kreativitätstechnik erfolgt anhand der *Art des Problemtyps*, der situativen *Randbedingungen* unter denen die Ideengenerierung erfolgt und der *Anwendungsmerkmale der Kreativitätstechniken* (**Bild 4-15**).

---

[18] Vgl. hierzu die detaillierten Ausführungen von LINNEWEH [LINN84, S. 81ff].

[19] Zu den intuitiv-kreativen Techniken zählen u. a.: Brainstorming [SCHL95], Synektik [LINN84], Reizwortmethode [SCHS92], Ideendelphie [SCHL95], Bionik [JOHA97] und Mind-Mapping [SCHL95]. Die bekanntesten Vertreter der analytisch-systematischen Techniken sind: Morphologie [SCHL95], Attribute-Listing [SCHS92], Problemlösungsbaum [SCHL95], Hypothesenmatrix [SCHS92] und Relevanzbaum [SCHL95].

[20] Eine Auswahlmatrix für Methoden zur Ideensuche findet sich auch bei der VDI-Gesellschaft. Es werden dabei weniger Auswahlkriterien verwendet [VDI2220].

Bei der Art des Problemtyps wird zwischen Analyse-, Such-, Konstellations-, Konsequenz- und Auswahlproblemen unterschieden. Hierbei eignen sich jedoch für Auswahl- und Konsequenzprobleme keine Kreativitätstechniken.

Problemtyp	Randbedingungen	Anwendungsmerkmale
• Analyseproblem • Suchproblem • Konstellationsproblem • Konsequenzproblem • Auswahlproblem	• Verfügbare Zeit • Teilnehmerzahl • Arbeitsmittel • Qualifikation • Problemkenntnis	• Schwierigkeitsgrad • Moderation • Protokoll • Einzel- oder Gruppen- messung

Kreativitätstechnik

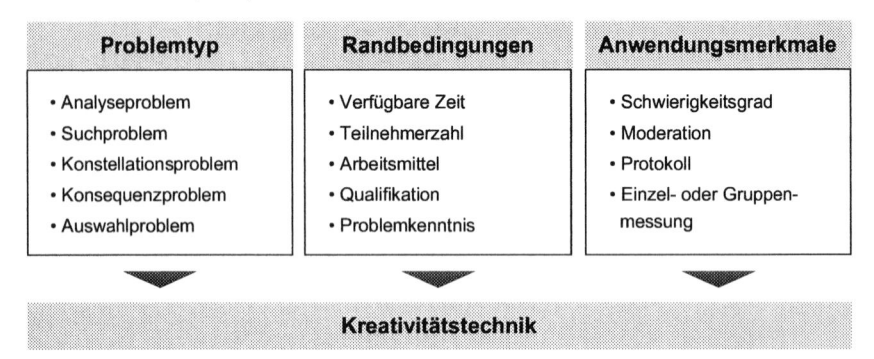

Bild 4-15: Auswahl geeigneter Kreativitätstechniken

Unter situativen Randbedingungen werden die verfügbare Zeit, Teilnehmerzahl, Erfahrungen der Teilnehmer mit Methoden zur Ideenfindung und Problemkenntnis subsummiert. Die Unterscheidung der Kreativitätstechniken über die Anwendungsmerkmale erfolgt anhand des Schwierigkeitsgrades, der Eignung für Einzel- oder Gruppenarbeit, der gewählten Moderation und der Protokollierung [SCHS92, S. 152ff].

Bei der Generierung von Produktideen auf Basis technologischer Potentiale handelt es sich um ein kombiniertes Analyse- und Suchproblem. Analysiert werden die abgebildeten Merkmale, um auf Basis dieser neue Anwendungsfelder zu finden.

Die Suchfeldbildung wird von technologisch erfahrenen Mitarbeitern durchgeführt, so daß Teilnehmer mit hoher fachlicher Qualifikation zur Verfügung stehen. Die situativen Randedingungen sind planungsspezifisch und können hier nicht für die Auswahl der geeigneten Kreativitätstechnik herangezogen werden.

Anhand o. g. Parameter können mit Hilfe der Auswahlmatrizen nach SCHLICKSUPP [**Anhang J**] die Brainstorming- und Brainwriting-Methoden, die Progressive Abstraktion, die Hypothesenmatrix, die Funktionsanalyse, der Problemlösungsbaum und die Morphologie als geeignete Kreativitätstechniken identifiziert werden.

4.5.2 GENERIERUNG VON PRODUKTIDEEN

Die Generierung von Produktideen ist die eigentliche kreative Phase, in der auf Basis der Kombination abgebildeter Merkmale des Suchfeldes neue Produktideen gefunden werden. Dieser Schritt ist für den Erfolg der zweiten Planungsphase der Methodenanwendung von kritischer Bedeutung und wird durch die vorgelagerten Aktivitäten SUCHFELDBILDUNG {A34} und AUSWAHL EINER KREATIVITÄTSTECHNIK {A351} systematisch unterstützt.

Die Existenz konkreter Produktmerkmale im Suchfeld stellt dabei einen signifikanten Vorteil bei der Ideenfindung dar. Während herkömmliche Suchfelder lediglich eine zielgerichtete Suche nach Produktideen unterstützen, wird dieser Prozeß durch die Vorgabe definierter Produktmerkmale weiter fokussiert. Diese sind dem Vorstellungsvermögen leicht eingängig, ihr hoher Abstraktionsgrad vom eigentlichen Produkt schränkt aber die Kreativität nicht ein.

Der Prozeß der Ideenfindung selbst ist in starkem Maß fallspezifisch und situationsabhängig. Der Ablauf des kreativen Denkprozesses kann jedoch beschrieben und dessen instrumentelle Unterstützung durch die vorgestellten Hilfsmittel dargestellt werden.

Die Analyse des schöpferischen Denkprozesses zeigte, daß ein Phasenschema des kreativen Denkens existiert, welches grundsätzlich dem Phasenschema des allgemeinen Entscheidungsprozesses entspricht. Es besteht aus einzelnen Phasen, die nicht scharf abgrenzbar sind und teilweise parallel ablaufen (**Bild 4-16**). Die Zahl der Phasen und die gewählten Begriffe stimmen in den unterschiedlichen Untersuchungen selten überein, jedoch zeigt sich inhaltlich eine homogene Gliederung, die von MARR in einem Phasenmodell abgebildet wurde [MARR77, S. 75].

Der kreative Denkprozeß beginnt mit der Phase der PROBLEMFORMULIERUNG. Im Bereich der industriellen Forschung und Entwicklung dominieren extern vorgegebene Fragestellungen, so daß im Regelfall eine, wenn auch schlecht strukturierte, Problemstellung vorgegeben ist [MARR77, S. 76]. Im vorliegenden Fall handelt es sich jedoch um das Problem der Entwicklung eines neuen Produktes auf Basis des technologischen Potentials, so daß diese Phase nicht detailliert werden muß.

Im Sinne der Ideengenerierung ist somit die erste relevante Phase die INFORMATIONSSAMMLUNG, die aus der unternehmensinternen Sicht durch die Ableitung der Ziele {A11}, die Analyse {A2} sowie Bewertung {A3} der Ressourcen und Fähigkeiten bereits in strukturierter Form aufbereitet vorliegt. Unternehmensexterne Daten werden z.B. als Ergebnis von Marktforschungen aufgenommen und im Suchfeld dokumentiert.

Die sich fließend anschließende Phase der INKUBATION dient dem Testen, der Ordnung und der Strukturierung der übertragenen Informationen. Dabei vollzieht sich dieser Vorgang nicht intrapersonell, sondern kommt in einem verstärkten Diskussionsbedürfnis zum Ausdruck. Gegenstand dieser Phase ist die Transformation der technologischen Potentiale in Produktmerkmale, die durch die vorgegebene Suchfeldstruktur instrumentell unterstützt wird. Es werden dabei vor allem Assoziationsmechanismen auf Basis der "Ähnlichkeit" angewendet [MARR77, S. 77], wodurch sich der kombinierte Einsatz von Morphologie und Analogiebetrachtung in Teamsitzungen anbietet.

Informationssammlung

Situationsanalyse {A1}
- Ziele (Erfolgs-, Leistungs-, ...)
- Marktinformationen (PLZ, Trends, ...)

Potentialanalyse, -bewertung {A2}, {A3}
- Fähigkeiten (Funktionen, Werkstoffe)
- Ressourcen (Sachmittel, Know-how)

Inkubation

Suchfeldbildung {A4} [vgl. Bild 4-14]

Produktmerkmale	Technologien			Ziele (Z)	Markt (M)
	P_{11}	P_{12} .... P_{1m}		Z_1	
	P_{21}				
				Z_2	M_1
	P_{n1} .... P_{nm}				M_2

Inspiration

Ideengenerierung {A52}

Produktmerkmale / Technologien: $P_{11}, P_{12}, P_{13}, ..., P_{1m}, P_{21}, P_{31}, P_{41}, P_{n1}, P_{nm}$

●—●—●: Suchfeld 2. Ordnung
P_{ij}: Produktmerkmal i der Technologie j

Problemlösungsversuche

Kreativitätstechniken {A51}
- Systematisch-analytisch
  - Morphologie   - KJ-Methode
  - Attribute-Listing   -
- Intuitiv-kreativ
  - Brainstorming   - Methode 635
  - Synektik   -   [vgl. Bild 4-15]

Problemlösung

- Produktideen (unbewertet)

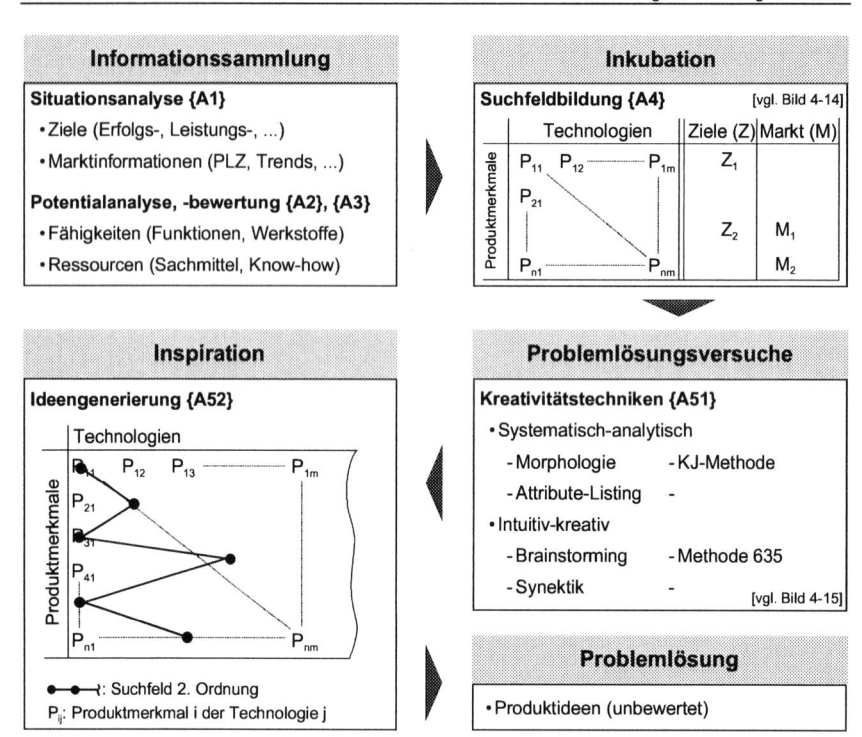

Bild 4-16: Phasenschema des kreativen Denkens nach MARR

Der Inkubation folgt mit den ersten PROBLEMLÖSUNGSVERSUCHEN eine Phase, die in der Regel durch eine außergewöhnlich starke innere Bindung an den Problemkomplex gekennzeichnet ist. Es stellt die erste Phase dar, die der eigentlichen IDEENGENERIERUNG {A5} zugeordnet wird.

Zur Öffnung der Teammitglieder für das Unkonventionelle können hier die ausgewählten Kreativitätstechniken angewendet werden. Die verwendete Kreativitätstechnik hängt dabei in starkem Maße von den Randbedingungen ab (vgl. Kapitel 4.5.1). Die Problemlösungsversuche werden fallweise durch eine Phase der FRUSTRATION und der sich üblicher Weise anschließenden Zeit der geistigen ENTSPANNUNG unterbrochen, in der das Problem aus dem Bewußtsein verdrängt wird [MARR77, S. 78].

Durch die (Re-)Kombination verschiedener Produktmerkmale werden Suchfelder 2. Ordnung gebildet (vgl. Kapitel 4.4) und es eröffnen sich hiermit neue Perspektiven. Diese "Befreiung" des Bewußtseins von erstarrten Strukturen kann zu der so viel zitierten "Eingebung" oder dem "Aha-Erlebnis" führen. Dieser Augenblick der INSPIRATION kann zu vollständigen oder teilweisen Problemlösungen führen, die sich völlig von den bisherigen Lösungen unterscheiden [MARR77, S. 78]. Dabei können Teillösungen z.B. die Identifizierung neuer Märkte darstellen, während die tatsächli-

Detaillierung der Planungsmethodik Seite 87

che PROBLEMLÖSUNG die Generierung neuer Produktideen und somit den Abschluß des kreativen Denkprozesses bildet.

Ergebnis dieser Phase sind Produktideen, für die im folgenden entschieden werden muß, ob und welche zur Entwicklung vorgeschlagen werden. Zur Priorisierung der Produktideen erfolgt in der abschließenden Phase der Methodikanwendung die Bewertung der generierten Produktideen.

4.6 IDEENBEWERTUNG {A6}

Die vorliegenden Produktideen wurden auf Basis der unternehmensspezifischen technologischen Potentiale generiert. Dennoch resultieren sie aus einem kreativen Prozeß, und insofern ist nicht sichergestellt, daß diese mit den technologischen Potentialen und der verfolgten Wettbewerbsstrategie übereinstimmt. Im folgenden wird daher eine Bewertung der KONFORMITÄT der Produktidee zur WETTBEWERBSSTRATEGIE und zum TECHNOLOGISCHEN POTENTIAL durchgeführt.

Neben der Konformität zum unternehmensspezifischen Potential ist das entscheidende Kriterium, um eine Produktidee in einen Entwicklungsvorschlag zu überführen, die Wirtschaftlichkeit des neuen Produktes. Daher erfolgt zur Ermittlung der ökonomisch sinnvollsten Produktidee eine Bewertung der MARKTEIGNUNG.

4.6.1 BEWERTUNG DER MARKTEIGNUNG

Bevor die Markteignung einer Produktidee bewertet werden kann, bedarf es zunächst der Selektion eines geeigneten Kostenrechnungsmodells. Die Auswahl erfolgt anhand der Art des Entscheidungsproblems, des Sachumfangs und des Zeitbezugs [EVER98].

Bezüglich der Zielvorstellung handelt es sich um eine Planung von zu erwartenden zukünftigen Kosten und Erträge, die im Zusammenhang mit der Produktaufnahme entstehen. Es gilt dabei, die zukünftigen Kosten und Erträge zu kalkulieren. Die Plankostenrechnung ist daher für diese Betrachtung geeignet. Des weiteren ist der Sachumfang der Teilkostenrechnung für die betrachtete Problematik ausreichend, da hier auf eine Auswahlentscheidung abgezielt wird. Dabei bildet das vorhandene technologische Potential für alle Alternativen die gleiche Ausgangsbasis. Aus den aufgeführten Gründen läßt sich auf Basis der Auswahlmatrix (**Bild 4-17**) die Wahl der mehrstufigen Deckungsbeitragsrechnung ableiten.

Sach-umfang \ Zeitbezug	Istkosten	Normalkosten	Plankosten
Vollkosten	Traditionelle Vollkostenrechnung	Normalkostenrechnung	Starre Plankostenrechnung
	Prozeßkostenrechnung		Flexible Plankostenrechnung auf Vollkostenbasis
	ressourcenorientierte Prozeßkostenrechnung		(ressourcenorientierte) Prozeßkostenrechnung
Teilkosten - variable Kosten	Deckungsbeitragsrechnung (einstufig, mehrstufig)	Flexible Normalkostenrechnung auf Teilkostenbasis	Flexible Plankostenrechnung auf Teilkostenbasis (Grenzkostenrechnung)
			Flexible Betriebsplankosten- und erfolgsrechnung
- Einzelkosten	Rechnung mit relativen Einzelkosten (mehrstufige Deckungsbeitragsrechnung)		Rechnung mit relativen Einzelkosten (mehrstufige Deckungsbeitragsrechnung)

Bild 4-17: Auswahl des Kostenrechnungsmodells [vgl. EVER98b]

Die Subtraktion der Erzeugnisgruppenfixkosten führt zu dem gewünschten Deckungsbeitrag III [vgl. SCHW98, S. 435]. In diese Rechnung fließen die Unternehmensfixkosten nicht mit ein, da diese produktideen-neutral sind und keine Entscheidungsunterstützung liefern. Es wird somit auf die Bildung des Deckungsbeitrages IV verzichtet.

Zur Berechnung des Endergebnisses der Deckungsbeitragsrechnung wird die gesamte Rechnung in drei Schritte untergliedert (**Bild 4-18**). Zu Beginn müssen der Umsatzerlös und die variablen Kosten des neu aufzunehmenden Produktes ermittelt und voneinander subtrahiert werden. Von dem so entstandenen Deckungsbeitrag I werden anschließend die Erzeugnisfixkosten abgezogen, um zum Deckungsbeitrag II zu gelangen.

Bei der Deckungsbeitragsrechnung werden dem Produkt nur solche Kosten zugerechnet, die im engen Verursachungszusammenhang mit der Entwicklung, der Herstellung und der Vermarktung des Produktes stehen („direkte Kosten"). Die restlichen Kosten („indirekte Kosten") bleiben zunächst unberücksichtigt und werden erst später bei der Ermittlung des Gesamtergebnisses für das Unternehmen berücksichtigt [WITT96, S. 41].

Detaillierung der Planungsmethodik

```
+ Umsatzerlös
- variable Kosten des    ▶   Deckungs-
  Erzeugnisses               beitrag I (DB I)

                    - Erzeugnisfix-   ▶   Deckungs-
                      kosten              beitrag II (DB II)

                              - Erzeugnisgrup-   ▶   Deckungs-
                                penfixkosten         beitrag III (DB III)
```

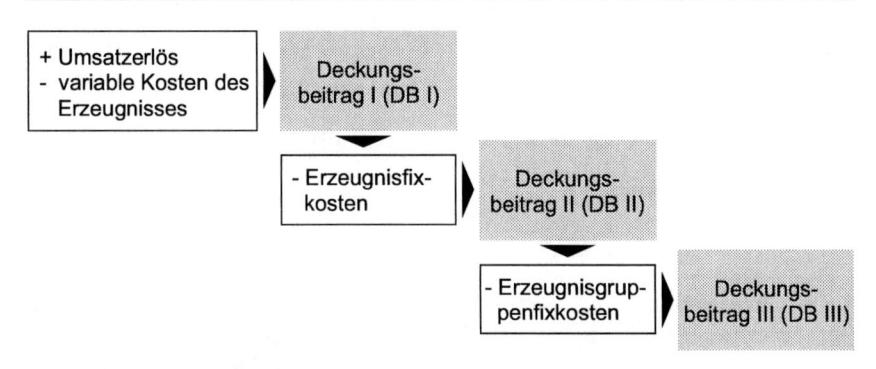

Bild 4-18: Ablauf der Deckungsbeitragsrechnung

4.6.1.1 Ermittlung des Umsatzerlöses

Der jährliche Umsatzerlös wird durch Multiplikation des jährlich zu erwartenden Absatzes mit dem Marktpreis ermittelt.

Es existieren zur Aufstellung eines Absatzplanes diverse Modelle[21]. Zur Bestimmung des Absatzes wird hier der Ansatz nach dem Leitfaden „Systematische Produktplanung" des VDI angewandt [VDI83, S. 126ff]. Hierbei fließen in die Abschätzung die folgenden Informationen ein:

- Kaufbereitschaft (in der Anfangsphase),
- Marktsättigung (für den mittel- bis langfristigen Maximalwert) und
- Produktlaufzeit am Markt (für die Abstiegsphase).

Damit lassen sich wesentliche Abschnitte des Verlaufs einer Lebenskurve bestimmen (**Bild 4-19**) und somit der Absatz bestimmen. Eine detailliertere Betrachtung dieses Vorgehens findet sich bei HEROLD [HERO78,S. 74ff].

Neben der Aufstellung des Absatzplanes ist die Bestimmung des Marktpreises notwendig. Hierfür werden in der Preistheorie unter anderen das Zuschlagsverfahren, das Kapitalrenditeverfahren, das Preisvorteilsverfahren und die Preisbildung nach dem Wertempfinden des Kunden („Perceived-Value-Pricing") angewandt.

In diesem Abschnitt wird auf das Modell zur Preisfestlegung nach COOK [Cook96] verwiesen, das auf der Kundenwertempfindung basiert. Hierbei wird von dem Zusammenhang des Preises mit dem Absatz über eine sogenannte Preis-Absatz-Funktion ausgegangen (Bild 4-19). Diese explizite Formulierung der Abhängigkeit ist dann möglich, wenn davon ausgegangen wird, daß nicht die absolute Höhe eines

---

[21] Vorgehensweisen zur Erstellung eines Absatzplanes finden sich z.B. bei FOURT und WOODLOCK [FOUR60] und KOTLER [KOTL95].

Kaufpreises sondern der realisierte Nutzengewinn kaufentscheidend wirkt [vgl. Müll98, S 66].

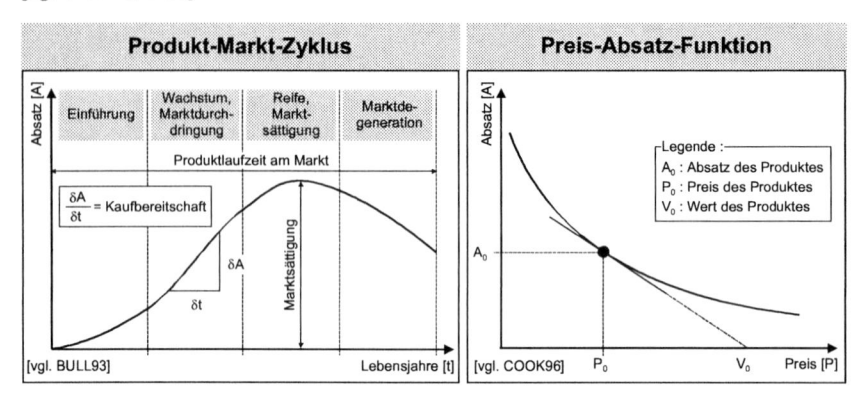

Bild 4-19: *Ermittlung des Absatzes und des Preises*

Da die Preis-Absatz-Funktion in der Regel nicht explizit bekannt ist, muß diese empirisch ermittelt werden. Basierend auf Überlegungen zur Budgetverteilung und Preisklassenwahl in einem Gesamtmarkt läßt sich diese jedoch bestimmen.[22]

4.6.1.2 Ermittlung der Erfolgsgröße MARKTEIGNUNG

Im Anschluß an die Ermittlung des Umsatzerlöses gilt es nun, die unterschiedlichen Kostengruppen der Deckungsbeitragsrechnung aufzugliedern. Wie in Bild 4-18 zu erkennen ist, fließen bis zum endgültigen Deckungsbeitrages III die Kostengruppen variable Kosten des Erzeugnisses, Erzeugnisfixkosten und die Erzeugnisgruppenfixkosten ein.

Die variablen Kosten des Erzeugnisses setzen sich aus den Einzelkosten des Produktes und den absatzabhängigen Gemeinkosten zusammen. Hierunter fallen umsatzwertabhängige Kosten, Materialeinzelkosten, Fertigungseinzelkosten und sonstige absatzabhängige Kosten.

Die Erzeugnisfixkosten beinhalten die Entwicklungskosten für das Neuprodukt, die aufzubringenden Marketingkosten und den Gemeinkostenanteil für das Produkt. Dabei setzen sich die Entwicklungskosten aus den Produktentwicklungskosten, den Marketingforschungskosten und den Entwicklungskosten in der Fertigung zusammen. In den Marketingkosten inbegriffen sind z.B. Kosten für Werbung und Verkaufsförderung sowie ein Beitrag zur Deckung der vom Außendienst und der Marketingverwaltung verursachten Kosten. Bestandteil der Gemeinkosten sind dem Pro-

---

[22] Die Vorgehensweise zur Aufstellung der Preis-Absatz-Funktion beschreiben u.a. detailliert COOK [COOK96] und MÜLLER [MUEL98].

dukt anteilig zuzuschlagende Kosten, wie z.B. Gehälter von Führungskräften, Kosten für Heizung und Beleuchtung [vgl. KOTL95, S. 533].

In die Erzeugnisgruppenfixkosten gehen zum einen die Fertigungsbereichsfixkosten und zum anderen sonstige Zurechnungen ein, welche alle Veränderungen enthalten, die sich durch die Einführung des neuen Produktes bei den Erträgen aus anderen Produkten des Unternehmens ergeben. Diese Zurechnungen setzen sich aus zwei Wirkungen auf andere Produkte des Unternehmens zusammen: dem positiven Mitnahme- oder Verbundeffekt in Form von zusätzlichen Erträgen und Umsätzen, und dem negativen Kannibalisierungseffekt in Form von sinkenden Erträgen und Umsätzen [vgl. WITT96, S. 42; KOTL95, S. 533]. Die Berücksichtigung dieser Effekte stellen den Grund für die Berechnung bis hin zum Deckungsbeitrag III dar.

Mit der Ermittlung des Umsatzerlöses sowie mit den Werten der unterschiedlichen Kostengruppen liegen alle Informationen zur Durchführung der Deckungsbeitragsrechnung vor, und es kann über diese eine Erfolgsgröße für die Markteignung der Produktidee bestimmt werden.

Als Maß für den Grad des wirtschaftlichen Erfolges eines Produktes kann die Amortisationsdauer herangezogen werden. Sie gibt Aufschluß über die Zeitspanne, in der das Unternehmen seine gesamten, das Produkt betreffende Investitionen einschließlich einer vorgesehenen Rendite wieder erwirtschaftet hat. Die Amortisationsdauer kann mittels der Deckungsbeitragsrechnung über die diskontierten, kumulierten Deckungsbeiträge ermittelt werden. Dabei wird mit der Diskontierung die gewünschte Unternehmensrendite in die Berechnung integriert.

Der diskontierte Deckungsbeitrag dDB III berechnet sich nach folgender Formel:

$$dDB\ III = \frac{DB\ III}{\left(1 + \frac{UR}{100\%}\right)^J}$$

J: Anzahl Jahre auf die diskontiert werden soll
dDB III: diskontierter Deckungsbeitrag III
DB III: Deckungsbeitrag III
UR: Unternehmensrendite (Plan)

Durch die Summation der Deckungsbeiträge der vorangegangenen Jahre einschließlich des betrachteten Jahres ergeben sich die jeweiligen kumulierten, diskontierten Deckungsbeiträge. Zu dem Zeitpunkt, an dem diese von negativen Werten zu positiven wechseln, hat sich die Investition amortisiert. Um die Amortisationsdauer (AD) zu ermitteln, ist zwischen den zwei entsprechenden Jahren des Vorzeichenwechsels entsprechend der kumulierten, diskontierten Deckungsbeiträge zu interpolieren:

$$AD = J_- + \frac{|kdDBIII_-|}{|kdDBIII_-| + kdDBIII_+} \quad \text{[Jahre]}$$

AD: Amortisationsdauer
kdDBIII$_+$: erster positiver kdDBIII
kdDBIII$_-$: letzter negativer, kumulierter, diskontierter Deckungsbeitrag III
J$_-$: Anzahl vorheriger Jahre mit negativen kdDBIII

Der Kehrwert der Amortisationsdauer wird als Erfolgsgröße für die Markteignung des Produktes herangezogen:

$$M = \frac{1}{AD}$$

M: Erfolgsgröße Markteignung   AD: Amortisationsdauer

4.6.2 Bewertung der Strategie- und Potentialkonformität

Viele Unternehmen erliegen der Versuchung, „schnell erreichbares" Wachstum zu erschließen, indem sie Produkte oder Dienstleistungen hinzunehmen, die gerade im Trend sind, ohne sie erst genau zu überprüfen und ihrer Strategie anzupassen. Ein Unternehmen, welches jeden Strategietyp verfolgt, aber keinen verwirklichen kann, bleibt „zwischen den Stühlen" [vgl. PORT97, S. 57]. Es verfügt über keinen Wettbewerbsvorteil. Diese strategische Lage führt in aller Regel zu unterdurchschnittlichen Leistungen.

Auf diesem Zusammenhang basiert das U-Kurven-Konzept, welches die Abhängigkeit zwischen Rendite und Marktanteil darstellt [PORT85]. Es besagt, daß lediglich Unternehmen mit konsequenter Strategieverfolgung eine hohe Rendite erwirtschaften können.

Ausgehend von diesen Überlegungen ist es notwendig, daß sich ein Unternehmen zur langfristigen Sicherung seiner Wettbewerbsvorteile für eine Strategie entscheidet und diese konsequent umsetzt.

Entsprechend der Zielsetzung der vorliegenden Arbeit wird des weiteren der Aspekt der Konformität der Produktidee zum technologischen Potential berücksichtigt. Da dieser Aspekt nach PORTER einen Bestandteil der Strategiekonformität darstellt, wird die Potentialkonformität zwar explizit ermittelt, geht jedoch gemeinsam mit der Strategiekonformität in der Erfolgsgröße KONFORMITÄT K auf.

4.6.2.1 Bewertungskriterien für die Strategiekonformität

Die Ursachen der Kostenführerschaft und die Wege zur dauerhaften Differenzierung sind nach PORTER von den KOSTENANTRIEBSKRÄFTEN und den EINFLUßGRÖßEN DER

DIFFERENZIERUNG abhängig [PORT96, S. 102]. Da diese maßgeblich zur Einhaltung des jeweiligen Zieles Kostenführung oder Differenzierung beitragen, können diese als Kriterien für die Bewertung der Konformität einer Produktidee zu der Wettbewerbsstrategie herangezogen werden.

Im folgenden werden die Kriterien vorgestellt, wobei ZEITWAHL, LERNVORGÄNGE und AUßERBETRIEBLICHE FAKTOREN für beide Strategietypen angewendet werden (**Bild 4-20**).

Die GRÖßENBEDINGTE KOSTENDEGRESSION ist eine Kostenantriebskraft, welche ausdrückt, daß ein Unternehmen mit größerem Geschäftsvolumen Tätigkeiten rationeller als die Konkurrenz ausführen kann.

Kostenantriebskräfte	Einflußgrößen der Differenzierung
• Größenbedingte Kostendegression • Lernvorgänge • Struktur der Kapazitätsauslastung • Zeitwahl • Ermessensentscheidungen • Standort • Außerbetriebliche Faktoren [vgl. PORT96]	• Unternehmenspolitische Entscheidungen • Zeitwahl • Lernvorgänge • Außerbetriebliche Faktoren • Produktspezifische Faktoren [vgl. PORT96]

Bild 4-20: Bewertungsgrößen für die Strategiekonformität

LERNVORGÄNGE haben kostensenkende Auswirkung in diesem Zusammenhang z.B. durch die optimierte Terminplanung oder höhere Arbeitsproduktivität. Damit sich durch Lernvorgänge Vorteile einstellen können, ist es notwendig, daß das zukünftige Produkt lange genug im Unternehmen verweilt, um die notwendigen Prozesse und Abläufe beherrschen zu können. Dies ist bei der Bewertung einer Produktidee hinsichtlich der Eignung für die Kostenführerschaft oder der Differenzierung zu überprüfen [vgl. KRAM87, S. 261].

Greift ein Unternehmen zur Produktion eines neuen Produktes auf vorhandene Ressourcen zurück, so hat dies durch die Steigerung der Auslastung einen positiven, kostenreduzierenden Aspekt. Dieser Aspekt wird im Rahmen der Potentialkonformität aufgegriffen (RESSOURCENNUTZUNG).

Einen entscheidenden Einfluß auf die Kostenposition hat die Wahl des ZEITPUNKTES einer Aktivität. So ist es relevant, ob ein Produkt als Pionier in den Markt eingeführt wird oder ob es sich um eine Imitation handelt. Dieses Kriteriums ist unabhängig von der verfolgten Strategie relevant [vgl. KRAM87, S. 261].

Unter dem Begriff ERMESSENSENTSCHEIDUNGEN werden unterschiedliche unternehmens- oder produktpolitische Kriterien subsummiert. Hierzu zählen unter anderen die für die Ausrichtung zur Kostenführerschaft sinnvolle Programmkonzentration (Produktstandardisierung) oder die Differenzierung des Produktes und seines Preises gegenüber Konkurrenzprodukten.

Besonderen Einfluß auf die Kostensituation eines Unternehmens hat auch sein STANDORT. Hier ist zu ermitteln, ob dieser sich im Vergleich zu möglichen Wettbewerbern durch niedrige Personal-, Energie- und Rohstoffkosten auszeichnet.

AUßERBETRIEBLICHE FAKTOREN enthalten im großen Maße Einflußgrößen, die aus staatlicher Sicht entstehen. So sind z.b. staatliche Vorschriften wie Zulassungsbedingungen, Steuererleichterungen, Zölle und Abgaben in diesem Punkt zusammengefaßt. Bei der Aufnahme eines Produktes in die Produktpalette gilt es, den Einfluß staatlicher Verordnungen abzuschätzen, damit zusätzliche Kosten vermieden werden [vgl. PORT96, S. 119]. In diesem Zusammenhang werden bezüglich des Produktes die Kosten und der Zeitbedarf für die Genehmigung betrachtet.

Neben den aus den Einflußgrößen ableitbaren Kriterien werden PRODUKTSPEZIFISCHEN FAKTOREN als Kriterien für die Differenzierungsstrategie herangezogen. Ein Indikator für die Konformität zu diesem Strategietyp ist die Anzahl der Differenzierungsebenen eines Produktes. Je höher die Anzahl der außergewöhnlichen Eigenschaften oder besonderen Funktionen ist, um so eher zeichnet sich das Produkt durch seine Einzigartigkeit aus. Ebenso spricht für den Einklang des neuen Produktes mit der Unternehmensstrategie, daß das neue Produkt einen exklusiven Ruf oder ein besonderes Image bekommt. Damit begründet sich ebenfalls die notwendige, bessere Stellung des zukünftigen Produktes gegenüber den Konkurrenzprodukten. Mit dem Kriterium der Kostenparität wird die kostenseitige Vergleichbarkeit mit den Konkurrenten bewertet [vgl. PORT92, S. 66].

4.6.2.2 Ermittlung der Erfolgsgröße Strategiekonformität

Anhand des von dem Unternehmen verfolgten Strategietyps wird das entsprechende Bewertungsdatenblatt ausgewählt. Die unterschiedliche Anzahl an Kriterien pro Strategie hat auf die Bewertung mehrerer Produktideen keinen Einfluß, da ein Unternehmen jeweils nur eine der beiden Strategieformen verfolgen sollte.

Anschließend erfolgt die Gewichtung der Ober- und Unterkriterien. Die einzelnen Abstufungen der Gewichtungen entsprechen der Menge der Werte eins, drei und fünf. Die Gewichtung kann z.B. über einen paarweisen Vergleich mittels der Methode der Präferenzmatrix erfolgen [vgl. BREI97, S. 238ff].

Zur Vereinfachung der Bewertung ist dem jeweiligen Kriterium eine der linguistischen Ausprägungen zuzuordnen. Jeder Ausprägung ist in der Tabelle ein Erfüllungsgrad E von eins, drei oder fünf zugewiesen.

Zur Berechnung des Strategiekonformitätswertes U der jeweiligen Produktidee wird die Methode der Nutzwertanalyse angewandt. Sie bietet den Vorteil, daß sie in ihrer Anwendbarkeit sehr einfach aufgebaut ist und die Aggregation der einzelnen Ebenen ohne großen Rechenaufwand zuläßt. Es wäre auch möglich, an dieser Stelle die disjunkten oder konjunkten Scoring-Modelle zur Aggregation der Erfüllungsgrade und Gewichtungen anzuwenden. Diese sind jedoch für spezielle Entscheidungssituationen, wie z.B. risikofreudige Entscheidungen, ausgelegt, welche hier nicht vorliegen.

In diesem Fall werden die einzelnen Untererfüllungsgrade $E_{U,n}$ der gewählten linguistischen Ausprägung mit der jeweiligen Gewichtung $G_{U,n}$ des Unterkriteriums multipliziert, aufsummiert und wegen der Normierung durch die Summe der Gewichtungen geteilt.

Daraus ergibt sich der Erfüllungsgrad des Oberkriteriums $E_{O,m}$:

$$E_{O,m} = \frac{\sum_{1}^{n} E_{U,n} \cdot G_{U,n}}{\sum_{1}^{n} G_{U,n}}$$

$E_{U,n}$: Erfüllungsgrad des Unterkriteriums n: Anzahl der jeweiligen Unterkriterien
$G_{U,n}$: Gewichtung des Unterkriteriums m: Anzahl der Oberkriterien
$E_{O,m}$: Resultierender Erfüllungsgrad des Oberkriteriums

Die errechneten Obererfüllungsgrade werden anschließend zum Strategiekonformitätswert S_i der Produktidee i aggregiert:

$$S_i = \frac{\sum_{1}^{m} E_{O,m} \cdot G_{O,m}}{\sum_{1}^{m} G_{O,m}}$$

$G_{O,m}$: Gewichtung des Oberkriteriums S_i: Wert der Strategiekonformität

Aufgrund der Normierung und der vorgegebenen Erfüllungsgrade ist der Wertebereich auf das Intervall eins bis fünf festgelegt.

4.6.2.3 Bewertungskriterien für die Potentialkonformität

Technologien setzen sich aus Ressourcen sowie Fähigkeiten zur zielgerichteten Anwendung der Technologie zusammen (vgl. Kapitel 2.1.1). Entsprechend wird zur Bewertung der POTENTIALKONFORMITÄT P einer Produktidee zum einen die RESSOURCENKONFORMITÄT R als Größe der gesteigerten Ressourcennutzung und zum anderen die FÄHIGKEITSKONFORMITÄT F als Beurteilung der Anwendung vorhandener Kenntnisse ermittelt.

Mit der Umsetzung einer Produktidee in das Produktionsprogramm kann eine zusätzliche Nutzung der vorhandenen Ressourcen verbunden sein. Damit geht einher, daß die vorher auf ihre Laufstunden verteilten Fixkosten durch die Laufzeitsteigerung eine größere Verteilungsbasis finden. Aufgrund dieser Tatsache läßt sich die RESSOURCENKONFORMITÄT einer Produktidee durch eine Betrachtung der zusätzlich gedeckten Sollkapazitäten bestimmen[23].

Zu diesem Zweck müssen zunächst für die betrachteten Produktideen die Kapazitätsbedarfe pro betrachteter Ressource ermittelt werden. Mit den für die Bewertung der Markteignung schon ermittelten Absatzzahlen können dann die gesamten zu erwartenden, neuen Ist-Betriebsstunden $S_{ist,neu,n,i}$ ermittelt werden.

Um den für das Unternehmen tatsächlichen Nutzen durch eine Aufnahme des Produktes in das Produktionsprogramm zu erhalten, eignet sich die nach ESSMANN entwickelte monetäre Größe Ressourcennutzung. Die Ressourcennutzung N_R berechnet sich aus den Fixkosten und der Restnutzungsdauer der Ressource sowie der nicht genutzten Kapazität [vgl. ESSM95, S. 61]:

$$N_R = M_K \cdot T_R \cdot \left(1 - \frac{S_{Ist}}{S_{Soll}}\right)$$

N_R: ungenutzte Ressource [DM] S_{ist}: Ist-Betriebsstunden/Jahr [h/a]
M_K: Fixkosten des Ressource [DM/h] S_{soll}: Soll-Betriebsstunden/Jahr [h/a]
T_R: Restnutzungsdauer [h]

Um das Ressourcenkonformitätsmaß R_i für die Idee i zu ermitteln, werden die Ressourcennutzungsdifferenzen des alten und neuen Zustandes summiert:

$$\sum_1^n \Delta R_{N,n,i} = \sum_1^n \left(R_{N,n} - R_{N,neu,n,i}\right) = \sum_1^n M_{K,n} \cdot T_{R,n} \cdot \left(\frac{S_{Ist,neu,n,j} - S_{Ist,n}}{S_{Soll,n}}\right)$$

$R_{N,n}$: Ressourcennutzung der Ressource n ohne neues aufgenommenes Produkt i
$K_{R,neu,n,i}$: Ressourcennutzung der Ressource n inkl. neuem aufgenommenem Produkt i
n: Anzahl der vom neuen Produkt betroffenen Ressourcen
i: Produktideen

Das Minimum dieser Differenz ist der Wert null. In diesem Fall ist durch die neue Produktidee keine der betrachteten Maschinen zusätzlich ausgelastet worden. Dieser Fall ist nur als Grenzfall anzusehen und wird im späteren Verlauf zur Bestimmung der Ressourcenkonformitätszahl benötigt. Als Maximum ergibt sich der Wert der über alle betrachteten Ressourcen summierten Ressourcennutzung. Dieser Zustand tritt ein, wenn die neue Produktidee bei allen Maschinen die Betriebsstunden auf ihre Sollzahl anhebt:

---

[23] EßMANN [ESSM96] hat hierfür eine Kennzahl Konversionsressource entwickelt (vgl. Kapitel 2.2.2).

$$\min \left| \sum_{1}^{n} \Delta R_{N,n,i} \right| = 0 \qquad \max \left| \sum_{1}^{n} \Delta R_{N,n,i} \right| = \sum_{1}^{n} R_{N,n}$$

Da zur Bewertung der Fähigkeitenkonformität und der Strategiekonformität auf eine normierte Bewertungsskala von 1 bis 5 zurückgegriffen wird, muß der Wert der Ressourcenkonformität zur späteren Aggregation ebenfalls in diesem Intervall liegen. Um diese Normierung hier umzusetzen, folgt für den Wert der Ressourcenkonformität R_i die Definition:

$$R_i = 1 + \frac{\sum_{1}^{n} \Delta R_{N,n,i}}{\sum_{1}^{n} R_{N,n}} \cdot 4$$

Übersteigt der durch ein neues Produkt erzeugte Kapazitätsbedarf die Differenz zwischen Ist- und Sollauslastung, so bedarf es der Ermittlung einer neuen Sollauslastung z. B. durch Anpassung der Schichtanzahl.

Die Beurteilung der FÄHIGKEITENKONFORMITÄT der Produktidee erfolgt produktbezogen anhand der Kriterien WERKSTOFF und FUNKTION (vgl. Kapitel 4.2) sowie prozeßbezogen anhand der in Kapitel 4.3. ermittelten TECHNOLOGIEBEHERRSCHUNG.

Zeichnet sich die Produktidee u.a. durch die Verwendung eines besonderen Werkstoffs aus, so ist zu beurteilen, in wie weit Kenntnisse über den Werkstoff und dessen Verarbeitung oder dessen Entwicklung vorliegen. Ein Beispiel hierfür ist die Entwicklung einer pulvermetallurgischen Legierung, bei der die späteren Werkstoffeigenschaften signifikant über die Art der Pulverherstellung beeinflußt werden.

Handelt es sich um eine Idee für ein Produkt mit einer speziellen Produktfunktion, so ist zu beurteilen, ob das Unternehmen Kenntnisse hinsichtlich eben dieser Produktfunktion oder des zugrunde liegenden Arbeitsprinzips aufweist. Als Beispiel hierfür kann die Funktion des Leitens elektrischen Stroms angeführt werden, über die grundlegende Kenntnisse vorliegen müssen, wenn z. B geplant ist, elektrisch leitenden Klebstoff zu entwickeln.

Neben der Bewertung der produktbezogenen Fähigkeit bedarf es der Beurteilung der Kenntnisse bezüglich der notwendigen Herstellungsprozesse. Im Rahmen der Suchfeldbildung (Kapitel 4.4) wurde zwar eine Fokussierung auf die Technologien durchgeführt, für die eine hohe Technologiebeherrschung bei der Potentialbewertung ermittelt wurde, aber bei der Ideengenerierung handelt es sich um einen kreativen Prozeß, so daß die erzeugten Ideen nicht zwangsläufig eine echte Teilmenge der tatsächlich herstellbaren Produkte sind. Für den dominierenden Prozeßschritt (in der Regel der mit der höchsten Wertschöpfung) wird daher die Position der Technologie im Potentialportfolio überprüft.

Die Bewertung der FÄHIGKEITENKONFORMITÄT F sowie deren Aggregation mit der RESSOURCENKONFORMITÄT R zur POTENTIALKONFORMITÄT P erfolgt wie die der Kriterien zur Strategiekonformität (Kapitel 4.6.2) mit einer gewichteten Punktebewertung **(Bild 4-21)**.

Produktidee: FVK-Atemluftflasche	Bewertung der Strategie- und Potentialkonformität			Wert 4,26	Strategietyp: *Differenzierung*
Strategiekonformität 4,25					1
Lernvorgänge	5 lang	3 mittel	1 kurz		5
Verweildauer des Produktes im Unternehmen (geplant)	x				
Zeitwahl					3
Stellung im Produktlebenszyklus	Einführung x	Wachstum	Reife		3
Marktkenntnis	hoch	mittel x	gering		3
Unternehmenspolitische Entscheidungen					5
Produktfunktionen/-eigenschaften	einzigartig x	besonders	durchschnittlich		
Außerbetriebliche Faktoren					1
Kosten für Genehmigungen (Sicherheit, Umweltschutz)	gering	mittel	hoch x		3
Zeitbedarf für Genehmigungen (Sicherheit, Umweltschutz)	gering	mittel	hoch x		1
Produktspezifische Faktoren					5
Ebenenzahl der Differenzierung	> 5	3 bis 5 x	1 oder 2		5
Wertanmutung des Produktes	exklusiv x	mittel	gering		3
Kostenparität gegenüber Konkurrenz	vollständig	annähernd vollständig x	keine		3
Potentialkonformität 4,28					1
Fähigkeitenkonformität	5 hoch	3 mittel	1 gering		3
Kenntnisse über verwendeten Werkstoffe und seine Verarbeitung	x				3
Kenntnisse über Produktfunktionen/ Arbeitsprinzip	hoch	mittel x	gering		3
Beherrschung der angewandten Technologien (Potentialportfolio)	hoch x	mittel	gering		3
Ressourcenkonformität			berechneter Wert		5
Ressourcennutzung			4,25		

Bild 4-21: Bewertung der Strategie- und Potentialkonformität

4.6.3 DARSTELLUNG DER ERGEBNISSE

Nach der Bestimmung der einzelnen Werte für die Markteignung, Strategiekonformität und Potentialkonformität sind im letzten Schritt die Ergebnisse in übersichtlicher Form darzustellen. Die Produktideen werden nach internen und externen Gesichtspunkten bewertet. Die Markteignung ist als externe Bewertung der Idee ausgelegt, wohingegen die Konformität zur Strategie und zum Potential als interne Betrachtung entwickelt wurden. In diesem Falle bietet es sich an, ein Diagramm zu verwenden, das durch die beiden Achsen Konformität K und Markteignung M aufgespannt wird[24].

Die Werte für die Strategie- und Potentialkonformität liegen wegen der Normierung mit den Gewichtungsfaktoren im Intervall [1;5] und werden mit einer gewichteten, normierten Punktbewertung zur Konformität K mit dem gleichen Wertebereich aggregiert [vgl. Kapitel 4.6.2].

Als Ergebnisse der Methodikanwendung stehen ein Potentialportfolio zur Auswahl der besten Technologien und zur Ableitung strategischer Technologieentwicklungsprogramme sowie ein Ideenbewertungsdiagramm zur Priorisierung der Produktideen zur Verfügung (**Bild 4-22**).

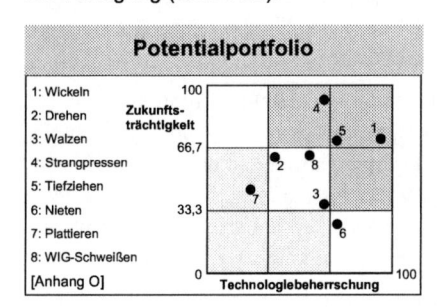

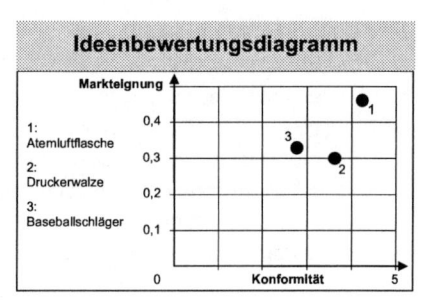

Bild 4-22: Ergebnisse der Methodikanwendung

4.7 FAZIT: DETAILLIERUNG DER PLANUNGSMETHODIK

Inhalt dieses Kapitels war die Detaillierung des Makrozyklus und die Entwicklung geeigneter Instrumentarien zur Operationalisierung der Methodik. Hierbei wurden existierende Ansätze in die Methodik integriert und Schnittstellen zu Konzepten mit hohem Adaptionspotential im idealtypischen Planungsmodell gekennzeichnet.

Die entwickelte Methodik besteht aus zwei Planungsstufen, die sich jeweils aus drei Planungsphasen zusammensetzen. Die erste Planungsstufe wird aus den Planungs-

---

[24] Bei diesem Diagramm handelt es nicht um ein Portfolio, da keine strenge Trennung von intern beeinflußbarer und extern vom Unternehmen unbeeinflußbarer Kriterien vorliegt.

phasen SITUATIONSANALYSE, POTENTIALANALYSE und POTENTIALBEWERTUNG, die zweite aus den Phasen SUCHFELDBILDUNG, IDEENGENERIERUNG und IDEENBEWERTUNG gebildet. Ergebnis der ersten Planungsstufe ist ein Potentialportfolio zur Selektion zukunftsträchtiger Technologien und zur Ableitung von Technologieentwicklungsprogrammen. Ergebnis der zweiten Planungsstufe sind Entwicklungsvorschläge in Form von bewerteten Produktideen.

Im Rahmen der SITUATIONSANALYSE werden die zu verfolgenden Planungsziele abgeleitet, die Bilanzgrenze für die Analyse eingegrenzt und relevante Technologien ausgewählt. Mit der POTENTIALANALYSE wird die Planungsbasis erstellt. Dabei wird die Vollständigkeit und die effiziente Durchführung der Analyse mit den entwickelten Erfassungsdatenblättern A (Ressourcen) und B (Fähigkeiten) sichergestellt.

Die Bewertung der technologischen Potentiale (POTENTIALBEWERTUNG) erfolgt anhand einer detaillierten Kriterienhierarchie für die unternehmensspezifische TECHNOLOGIEBEHERRSCHUNG und die unternehmensneutrale ZUKUNFTSTRÄCHTIGKEIT. Auf Basis der Fuzzy-Logik wurde eine Bewertungsmethode entwickelt, die einerseits die integrierte Berücksichtigung kardinaler und ordinaler Skalenniveaus ermöglicht und anderseits eine hohe Aussagekraft der Ergebnisse durch die Transparenz der Aggregationsverfahren und die Bestimmbarkeit der Indikatoren erreicht. Die Darstellung der Ergebnisse erfolgt mit einem Portfolio (POTENTIALPORTFOLIO).

Um die Merkmale der ausgewählten Technologien darzustellen wurde im Rahmen der SUCHFELDBILDUNG eine Suchfeldmatrix konzipiert. Diese wird einerseits durch die mit dem Potentialportfolio identifizierten Technologien sowie den abgeleiteten Zielen und anderseits mit produktbeschreibenden Merkmalen aufgespannt. Zur Unterstützung der IDEENGENERIERUNG wurden Kreativitätstechniken anhand des Problemtyps, der Planungsrandbedingungen und der Anwendungsmerkmale ausgewählt.

Bei der für die IDEENBEWERTUNG entwickelten Systematik werden sowohl externe Aspekte (Markteignung) als auch interne Aspekte (Strategie- und Potentialkonformität) berücksichtigt. Es wurden strategiespzifische Kriterienhierarchien anhand der KOSTENANTRIEBSKRÄFTE und der EINFLUßGRÖßEN DER DIFFERENZIERUNG entwickelt. Die Bewertung der Potentialkonformität erfolgt mittels der FÄHIGKEITSKONFORMITÄT und der RESSOURCENNUTZUNG. Die Durchführung der Bewertung wird mit strategiespezifisch erstellten Bewertungsdatenblättern operationalisiert.

Mit dem Ansatz, Technologien als Nukleus für die Generierung von Produktideen zu verwenden, entspricht die entwickelte Methodik der in Kapitel 3.1.2 gestellten Anforderung nach einer Inside-Out-Sichtweise (TECHNOLOGY-PUSH). Die Technologiebewertung erfolgt POTENTIALORIENTIERT unter Berücksichtigung interner und externer Faktoren. Die Fokussierung auf unternehmensspezifische technologische Potentiale erfolgt mit der konzipierten Suchfeldmatrix (KONVERGENZ). Die TRANSPARENZ der Ergebnisse wird durch die nachvollziehbaren Kriterienhierarchien und die entwickelten Instrumentarien gewährleistet.

5 ANWENDUNG DER ENTWICKELTEN METHODIK

Die praktische Anwendbarkeit der entwickelten Methodik konnte durch den mehrfachen Einsatz in der industriellen Praxis geprüft werden. Aus wissenschaftstheoretischer Sicht kann damit zwar keine endgültige Verifikation der Methodik deduziert werden, das folgende Fallbeispiel soll jedoch primär als eine Nichtfallsifizierung verstanden werden [vgl. POPP94; SCHM96].

Hierfür werden die Hauptaktivitäten der Methodik anhand eines realen Fallbeispiels mit verfremdeten oder anonymisierten Daten dargestellt. Dabei werden die verwendeten Instrumentarien dargestellt oder auf die entsprechenden Quellen verwiesen. Die berechneten Fallbeispieldaten sind im Anhang abgebildet und die Berechnungskurven exemplarisch anhand einer ausgewählten Technologie dargestellt.

Bevor das Fallbeispiel erläutert wird, erfolgt eine kurze Vorstellung des zur Unterstützung des Schrittes POTENTIALBEWERTUNG {A3} der Methodikanwendung entwickelten EDV-Prototyps.

5.1 EDV-TOOL ZUR ERSTELLUNG DES POTENTIALPORTFOLIOS

Bei der Anwendung der entwickelten Methodik müssen zur Erstellung des in Kapitel 4.3 vorgestellten Potentialportfolios große Datenvolumina erfaßt und verarbeitet werden. Um der Anforderung nach einer effizienten Methodikanwendung zu genügen bedarf es daher eines geeigneten EDV-Hilfsmittel. Im Rahmen der Methodikentwicklung wurde zu diesem Zweck der EDV-Prototyp

StraTelio: **Stra**tegisches **Te**chnologie-Portfo**lio**

programmiert.

Um eine breite Anwendbarkeit des EDV-Tools zu gewährleisten wurde bei der Programmierung die verbreitete Software Microsoft ® Excel Version 7.0 der Microsoft Corporation, München verwendet.

Mit dem EDV-Prototyp „StraTelio" werden die beiden Portfolioachsen TECHNOLOGIEBEHERRSCHUNG und die ZUKUNFTSTRÄCHTIGKEIT berechnet sowie das Potentialportfolio aufgebaut. Des weiteren sind die zur Bewertung der beiden Achsengrößen zugehörigen Bewertungsdatenblätter (vgl. Anhang G und Anhang H) EDV-technisch hinterlegt, um eine Planungsdokumentation zu unterstützen.

Zur Potentialbewertung werden die Bewertungsdatenblätter hinsichtlich einer Technologie gekennzeichnet und die Bewertungen durch einfaches Markieren der Beurteilung durchgeführt. Hindelt es sich um ein Kriterium mit kardinalem Skalenniveau müssen zunächst die Intervallgrenzen (minimaler und maximaler Wert des relevanten Wertebereiches) eingegeben werden, bevor der Eintrag den spezifischen Technologiewertes erfolgt.

Die Bildschirmoberfläche zur Bewertung der Technologiebeherrschung für die Technologie „Wickeln" ist in **Bild 5-1** exemplarisch dargestellt.

Nach Eintrag der Kriteriengewichtungen wird zeitgleich mit dem Eintrag der Beurteilung der Kriterienwert zugeordnet und die Aggregation bis zur obersten Stufe der Kriterienhierarchie durchgeführt (Bild 5-1, rechte Spalte). Hiermit können bei bedarf Sensitivitätsuntersuchungen ohne nennenswerten Zeitverlust durchgeführt werden.

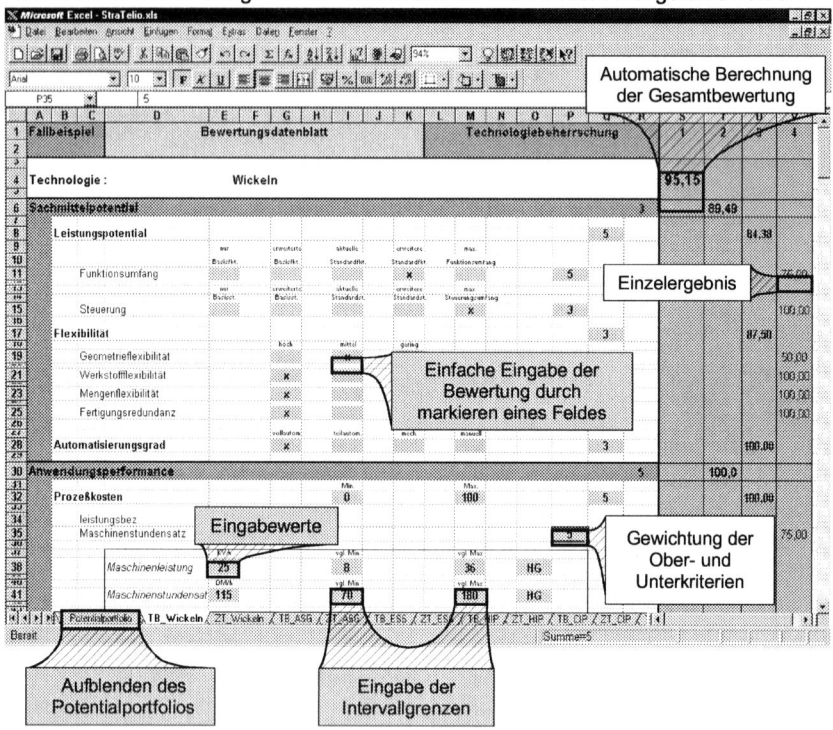

Bild 5-1: Bildschirmmaske Bewertung der Technologiebeherrschung (Wickeln)

Die Berechnung der Ergebnisse erfolgt mit den in Kapitel 4 entwickelten Berechnungsvorschriften auf Basis von Fuzzy-Regelungen mit Prämissen und Konklusionen.

Nachdem die Bewertung sowohl der Technologiebeherrschung als auch der Zukunftsträchtigkeit für eine Technologie erfolgt ist, wird das Potentialportfolio automatisch erstellt und kann zur Visualisierung der Bewertungsergebnisse aufgeblendet werden (**Bild 5-2**).

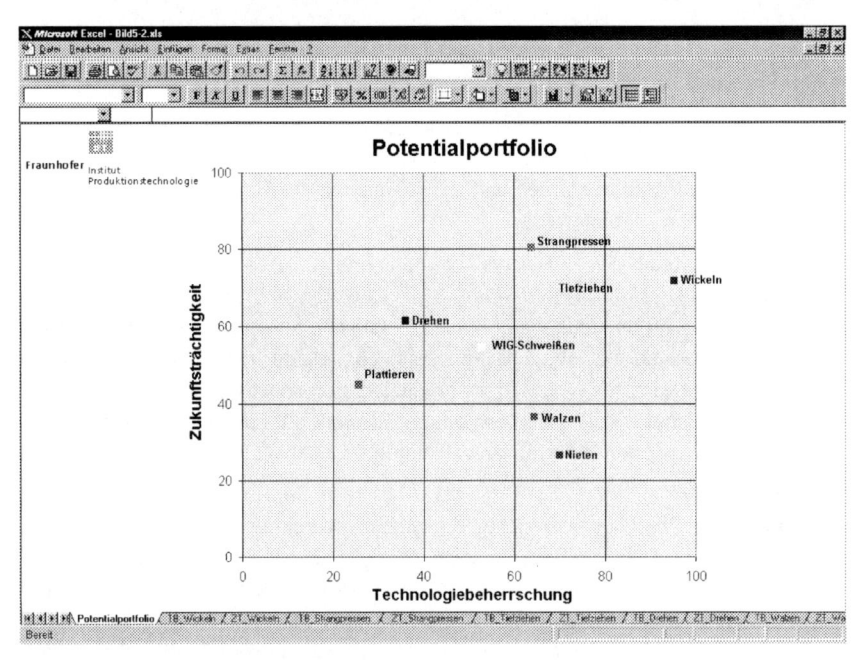

Bild 5-2: Bildschirmmaske „Potentialportfolio"

5.2 METHODIKANWENDUNG

Das betrachtete Beispielunternehmen stellt ausschließlich Produkte für die Sicherheitstechnik mit hoher Wertschöpfungstiefe her. Aufgrund der politischen Entwicklung in Osteuropa und der europaweiten staatlichen Kürzungen, ist der Umsatz in diesem Bereich signifikant gesunken. Diese Entwicklung wird durch die zunehmende Präsenz osteuropäischer Anbieter auf den außereuropäischen Märkten noch verstärkt. Da eine Trendwende in diesem Markt auf Jahre hinaus ausgeschlossen wird, hat die Geschäftsführung den Entschluß gefaßt, die technologischen Potentiale der Produktion sowie der Forschung & Entwicklung (F&E) für den Aufbau neuer Geschäftsfelder mit neuen Produkten zu nutzen.

SITUATIONSANALYSE

In einem ersten Schritt wurden zunächst die Ziele und die Wettbewerbsstrategie des Unternehmens abgeleitet {A11}, die die Randbedingung für die Planung determinieren (vgl. Bild 4-2). Dabei wurde als MARKTZIEL vorgegeben, Produkte für neue Märkte zur entwickeln, um einerseits von Schwankungen in dem aktuellen Markt unabhängiger zu sein und andererseits wieder in wachsenden Märkten vertreten zu sein.

Die Unternehmensgröße führt zu erheblichen Kosten in den indirekten Bereichen, die auf die Produkte umgelegt werden. Daraus resultiert ein vorgegebener Mindestumsatz (FINANZZIEL) von 1,5 Millionen DM pro Jahr bei einer angestrebten Kapitalrendite von 10 Prozent (LEISTUNGSZIEL).

Das Unternehmen verfolgt in den aktuellen Märkten traditionell eine Differenzierungsstrategie. Da die Produktion an dem bestehenden Standort (mit hohen Lohnstückkosten) durchgeführt werden wird, soll diese WETTBEWERBSSTRATEGIE auch in den neuen Märkten verfolgt werden.

Die Produktionsbereiche des Beispielunternehmens werden den Produktbereichen *Sprengsysteme, Druckrohre, Vortriebssysteme* und *Abwehrmodule* zugeordnet. Dabei schließt sich eine bereichsübergreifende Produktion aus organisatorischen Gründen aus. Die Auswahl der strategischen Technologiefelder mit Hilfe einer strategischen Verflechtungsmatrix (vgl. Bild 4-3) reduziert sich somit auf die Auswahl eines Produktionsbereiches. Gleichzeitig entfällt die Auswahl der relevanten Technologien {A13}, da diese über den dafür auszuwählenden Produktionsbereich festgelegt werden.

Zur Auswahl des Produktionsbereiches erfolgt zunächst die Einordnung der Produkte im Produktlebenszyklus und die Erstellung des zukünftigen Produktionsprogramms. Aus dem für die Produkte geplanten Absatz wird die kumulierte Auslastung der einzelnen Produktionsbereiche (PB) berechnet. Mit diesen Werten werden anschließend deren ungedeckten, kumulierten Fixkosten ermittelt. Hierfür wird zunächst die Differenz von Soll- und geplanter Ist-Auslastung berechnet. Anschließend erfolgt die Ermittlung der ungedeckten Fixkosten als Produkt aus fixem Maschinenstundensatz und nicht belegter Sollauslastung unter Berücksichtigung der Restnutzungsdauer (**Bild 5-3**).

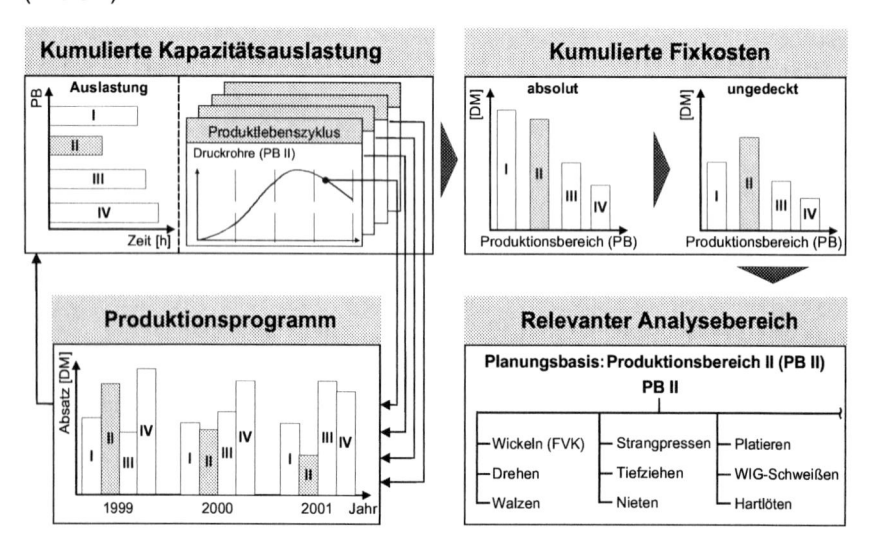

Bild 5-3: Auswahl des relevanten Analysebereiches

Die Berechnung zeigt, daß obwohl der Produktionsbereich *Sprengsysteme* den höchsten absoluten Fixkostenanteil aufweist, die meisten zukünftig ungedeckten Fixkosten für den Produktionsbereich *Druckrohre* prognostiziert werden. Der Grund hierfür liegt in der Stellung des Produktes im Lebenszyklus (*Reifephase*) und dem fehlen eines marktfähigen Folgeproduktes.

Mit der Bestimmung der Planungsziele und Wettbewerbsstrategie sowie der Identifizierung des relevanten Analysebereiches (PB II) ist die Situationsanalyse abgeschlossen und es kann mit der detaillierten Potentialanalyse begonnen werden.

POTENTIALANALYSE

Im Rahmen der Potentialanalyse werden die Daten zur Bewertung der Technologiebeherrschung {A21} ermittelt und Fähigkeiten in bezug auf Werkstoffleistungen und Funktionen erfaßt. Letztere sind nicht einer einzelnen Technologie zuzuordnen und bleiben daher bei der Bewertung der Technologiebeherrschung unberücksichtigt. Für die Detaillierung des Suchfelds und bei der Ideengenerierung werden diese Informationen jedoch genutzt. Des weiteren erfolgt auf Basis des "Throuput" die Ermittlung von Substitutionstechnologien {A22} für die Bewertung der Zukunftsträchtigkeit.

Zur Vorbereitung der Technologiebewertung werden zunächst die im betrachteten PRODUKTIONSBEREICH II vorhandenen materiellen Ressourcen (Sachmittel) erfaßt. Hierfür erfolgt ein Analyse der Inventarlisten. Die Verwendung der Inventarlisten stellt sicher, daß die Gesamtheit der vorhandenen Anlagen betrachtet wird.

Im Produktionsbereich II werden "*Druckrohre*" u. a. mit den Technologien "Wickeln", "Strangpressen", "Drehen", "Fräsen", und "Schweißen" hergestellt. Zur systematischen Analyse der vorhandenen Anlagen wird das konzipierte *Erfassungsdatenblatt A* genutzt. Die Anlagen werden dabei direkt dem höheren Aggregationsniveau, d.h. entsprechend der Untergruppen nach DIN 8580, zugeordnet.

Bei der Analyse der Sachmittel werden Daten zum Alter, Arbeitsraum, Leistung, Steuerung und Automatisierung den allgemeinen Maschinenkarten (AWF-Karten) und Herstellerunterlagen entnommen. Auf Unternehmensdaten wird in Form von Kosten- und Qualitätsdaten zurückgegriffen. Des weiteren werden bei einem direkten Zusammenhang zwischen einem Produktmerkmal und einer Technologie Kundenbewertungen verwendet.

Zur Analyse der Prozeßgeschwindigkeit müssen zunächst für jede Technologie technologiespezifische Kriterien festgelegt werden. Für die Technologie "Strangpressen" ist z.B. ein Kriterium für die Prozeßgeschwindigkeit die Anzahl der Bolzen pro Stunde. Ein ausgefülltes Erfassungsdatenblatt des Beispielunternehmens für die Technologie „Wickeln" ist in **Anlage B** exemplarisch dargestellt.

Parallel zur Analyse der materiellen Ressourcen wird das technologiespezifische Know-How der Mitarbeiter zur Anwendung und Weiterentwicklung einer Technologie aufgenommen. Dazu werden zunächst diejenigen Mitarbeiter bestimmt, die sich in der Produktion, im Werkzeugbau, im Labor und in der Planung mit der Technologie beschäftigen. Dabei wird die Technologieerfahrung - gemessen an der Dauer der Technologieanwendung sowie der Varianz der verwendeten Werkstoffe und hergestellten Geometrien, der Kontakt zu externen Experten und das Know-How der internen Technologieexperten erfaßt und im Erfassungsdatenblatt dokumentiert (Anhang B).

Zur Bewertung der Zukunftsträchtigkeit einer Technologie im Rahmen der Potentialbewertung bedarf es der relativen Positionierung der Technologie zu möglichen Substitutionstechnologien. Die Ermittlung der Substitutionstechnologien erfolgt entsprechend der DIN 8580 über den "Throughput" und die verarbeiteten Werkstoffen. Zur Unterstützung können hierfür z. B. Online-Dienste und Datenbanken genutzt werden (vgl. Anhang F). Im Rahmen der Methodikanwendung bei dem Beispielunternehmen wird u. a. die Datenbank dabit [EVER94] angewendet, da diese genau nach der o. g. Suchroutine arbeitet.

Die Recherche mit der o. g. Datenbank zeigt, daß "Flechten" und "Pultrudieren" als mögliche Substitutionstechnologien für die Technologie "Wickeln" berücksichtigt werden müssen [EVER94].

Neben den Ressourcen im Produktionsbereich und deren möglichen Substitutionstechnologien werden die technologischen Fähigkeiten analysiert. Hierfür erfolgt zunächst die Auflistung der in Produkten realisierten Funktionen sowie deren Aufschlüsselung in Grundfunktionen (Anhang D). Des weiteren werden die spezifischen Stoffleistungen der verwendeten Werkstoffe erfaßt (Anhang E).

Exemplarisch wird die Analyse der Fähigkeiten der Abteilung *Forschung und Entwicklung* anhand der Funktion der *Vortriebssysteme* und der faserverstärkte Kunststoffe dargestellt und im Erfassungsdatenblatt Fähigkeiten in **Anhang C** dokumentiert.

Das Beispielunternehmens entwickelt Vortriebssysteme bereits in der fünften Produktgeneration. Dabei werden mit der Funktion "Vortrieb" die Grundfunktionen *(Energie-)Speichern, Fördern (Festkörper)* und *Wandeln (gespeicherte Energie in kinetische Energie)* realisiert.

Zur Herstellung der Produkte aus dem Produktionsbereich "Druckrohre" werden kohlenstoffaserverstärkte Kunststoffe verwendet. Diese besitzen hervorragende Eigenschaften bezüglich der technischen Stoffleistungen wie z. B. Zugfestigkeit, thermische Ausdehnung und Beständigkeit gegen aggressive Medien. Dagegen stellt der Wiederverwertungsaspekt eine kritische Größe dar. Neben dem geringen Gewicht ist die "Modernität" des Werkstoffs als eine positive Anmutsleistung hervorzuheben, die bei der Ideengenerierung wichtige Impulse geben kann.

POTENTIALBEWERTUNG

Die Bewertung des technologischen Potentials des Beispielunternehmens wird durch eine unternehmensspezifische Bewertung der Technologiebeherrschung {A31} und eine unternehmensneutrale Bewertung der Zukunftsträchtigkeit der analysierten Technologien {A32} durchgeführt. Hierfür erfolgt zunächst ein paarweiser Vergleich der Bewertungskriterien zur Festlegung der Gewichtungsfaktoren (Bild 4-7 und Bild 4-8).

Die TECHNOLOGIEBEHERRSCHUNG wird aus den Bewertungen des SACHMITTELPOTENTIALS {A311}, der ANWENDUNGSPERFOMANCE {A312} und des WEITERENTWICKLUNGS-KNOW-HOWS {A313} aggregiert. Die Bewertung wird mit dem konzipierten Bewertungsdatenblatt *Technologiebeherrschung* durchgeführt, das in **Anhang G** exemplarisch für die Wickeltechnologie des Beispielunternehmens ausgefüllt dargestellt ist.

Die Bewertung des SACHMITTELPOTENTIALS erfolgt relativ zum Stand der Technologie auf Basis von Informationen der Technologieanbieter. Es werden hierbei neben den allgemeinen Daten der AWF-Karten vor allem die Steuerung, Automatisierung und der Funktionsumfang verglichen. Bei den Anlagen zur Wickeltechnologie handelt es sich um 3-Achsen-Drehbankwickelmaschinen mit CNC-Steuerung und integrierter Programmgenerierung für Standardgeometrien.

Die ANWENDUNGSPERFORMANCE wird aus den Prozeßkosten und der Prozeßqualität gebildet. Während die Kennwerte für die Prozeßqualität aus den unternehmensinternen Daten abgeleitet werden können, bedarf es zur Ermittlung der Prozeßkosten zunächst der Bestimmung technologiespezifischer Kriterien sowie der Ermittlung des leistungsbezogenen Maschinenstundensatzes (Bild 4-10). Hierfür wurde die maximale Wickellänge als Hilfsgröße herangezogen, da diese direkt mit den Anlagenkosten korreliert.

Als technologiespezifisches Kriterium für die Prozeßgeschwindigkeit wurde die maximale Fadengeschwindigkeit bei definiertem Wickelwinkel gewählt. Der Definitionsbereich liegt hierfür im Intervall [0; ∞] Meter pro Sekunde (m/s). Tatsächlich relevant für die praktische Technologieanwandung ist das Intervall [0,2; 1,5] (m/s)[1]. Das Beispielunternehmen kann eine Fadengeschwindigkeit von 1,2 m/s realisieren. Mit diesen Werten erfolgt mit dem EDV-Tool "StraTelio" die Berechnung der Dichte- und der Verteilungsfunktion sowie die Bestimmung der Einzelbewertungen mit dem in Kapitel 4.3 entwickelten Bewertungsalgorithmus (**Bild 5-4**). Die Tabelle mit allen für das Fallbeispiel relevanten Einzelbewertungen ist in **Anhang G1** abgebildet. Die der Be-

---

[1] Zur Ermittlung dieser Intervallgrenzen wurden Experten des Sonderforschungsbereiches 332 "Bauteile aus nichtmetallischen Faserverbundbauteilen" befragt (Teilprojekt 3: Maschinenentwicklung; Teilprojekt 4: Fertigung).

rechnung für die Prozeßgeschwindigkeit zugrunde liegende Dichte- und Verteilungsfunktion ist in **Anhang M** dargestellt.

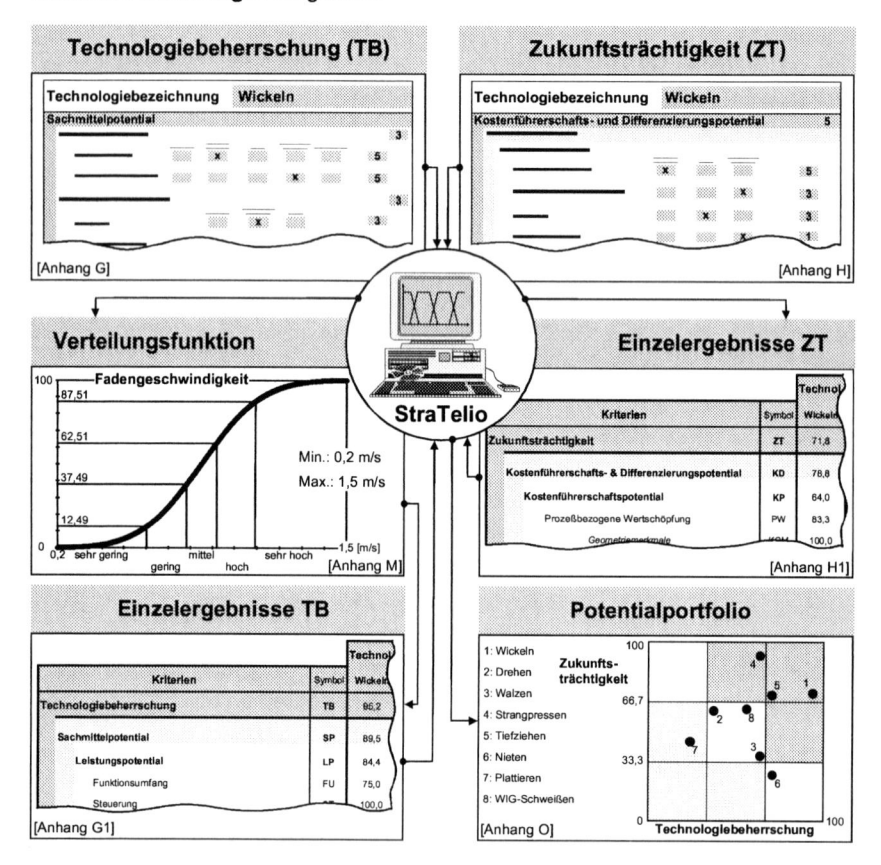

Bild 5-4: Potentialbewertung mit dem EDV-Tool „StraTelio"

Das Beispielunternehmen setzt die Wickeltechnologie schon seit der ersten Generation des Produktbereiche "*Druckrohre*" ein und hat 3 Bediener pro Maschine zur Verfügung. Da das Unternehmen in unmittelbarer Nähe zum Anlagenhersteller liegt, bestehen diverse Entwicklungskooperationen zur Verbesserung der Anlagen, was sich in einer guten Bewertung des WEITERENTWICKLUNGS-KNOW-HOWS widerspiegelt.

Die ZUKUNFTSTRÄCHTIGKEIT einer Technologie wird aus den Bewertungen des KOSTENFÜHRERSCHAFTSPOTENTIALS {A321}, des DIFFERENTIERUNGSPOTENTIALS {A322}, des WEITERENTWICKLUNGSPOTENTIALS {A323} und des IMAGEPOTENTIALS {A324} aggregiert. Die Bewertung wird mit dem konzipierten Bewertungsdatenblatt *Zukunftsträchtigkeit* durchgeführt, das in **Anhang H** exemplarisch für die Wickeltechnologie des Beispielunternehmens dargestellt ist. Die Bewertung erfolgt dabei relativ zu den in der Potentialanalyse ermittelten möglichen Substitutionstechnologien, Flechten und Pultrudieren.

Die Bewertung des KOSTENFÜHRERSCHAFTSPOTENTIALS der Wickeltechnologie liegt aufgrund der Technologieflexibilität und der Automatisierbarkeit über dem Flechten und unter dem Pultrudieren. Vor allem die hohe Prozeßgeschwindigkeit und die vollautomatische Prozeßführung führen zu der guten Bewertung des Pultrudierens.

Aufgrund der Möglichkeit viele verschiedene Geometriemerkmale und Produkte mit besonders hohem Faservolumengehalt herzustellen, hat das Wickeln ein hohes DIFFERENTIERUNGSPOTENTIAL gegenüber den Substitutionstechnologien. Signifikante unterschieden hinsichtlich der Technologiediffusion bestehen nicht.

Zur Bestimmung des WEITERENTWICKLUNGSPOTENTIALS werden Lebenszyklus-Modelle [PFEI83] und Prognoseverfahren zur Technikentwicklung [MATE93] eingesetzt. Die gute Bewertung für das Wickeln basiert auf dem im Vergleich zum Pultrodieren höheren Multiplikationspotential und dem im Vergleich zum Flechten höheren Gesamtpotential[2]. Die Beurteilung des IMAGEPOTENTIALS zeigt keine Unterschiede auf.

Nachdem die Bewertungen für die Technologiebeherrschung und die Zukunftsträchtigkeit erfolgt sind, werden mit dem EDV-Tool "StraTelio" die Einzelergebnisse berechnet, aggregiert und in einem POTENTIALPORTFOLIO graphisch dargestellt (Bild 5-3). Die Tabelle mit den Einzelergebnissen der Technologien für die Zukunftsträchtigkeit ist in **Anhang H1** abgebildet. Das POTENTIALPORTFOLIO stellt das Ergebnis der ersten Planungsstufe dar, die mit der Potentialbewertung endet (**Anhang O**).

SUCHFELDBILDUNG

Die zweite Planungsphase beginnt mit der Suchfeldbildung. Hierbei werden zunächst auf Basis des Potentialportfolios diejenigen Technologien ausgewählt {A41}, die sowohl mit einer hohen Zukunftsträchtigkeit als auch mit einer hohen Technologiebeherrschung bewertet wurden. Des weiteren kann diese Gruppe um Technologien erweitert werden, die aus strategischen Gründen bei der zweiten Planungsstufe mit berücksichtigt werden sollen. Hierbei kann es sich z. B. um Technologien mit hoher Zukunftsträchtigkeit handeln, deren Technologiebeherrschung zukünftig signifikant verbessert werden soll.

Anschließend wird das Suchfeld erster Ordnung mit der konzipierten Suchfeldstruktur erstellt {A42}. Hierfür wird mit den ausgewählten Technologien und Randbedingungen, bestehend aus Unternehmenszielen und Marktinformationen, die horizontale Achse und mit den Elementen des Produktmodells die vertikale Achse gebildet. Ein

---

[2] Die Prognose wurde in Zusammenarbeit mit Experten des Sonderforschungsbereiches 332 durchgeführt.

Ausschnitt des Suchfeldes mit der betrachtete Technologie Wickeln und den Planungsrandbedingungen des Fallbeispiels ist in Bild 4-14 dargestellt.

Das Suchfeld wird mit den in den Erfassungsdatenblättern A und B dokumentierten Informationen gefüllt. Die maximalen Bauteilabmessungen, möglichen Grundformen und erreichbaren Toleranzen werden dabei durch die bestehenden Anlagen determiniert. Im Gegensatz dazu ist das Spektrum der mit einer Technologie bearbeitbaren Werkstoffe meist größer als das tatsächlich realisierte Werkstoffspektrum. Daher werden in dieses Feld vorzugsweise die Werkstoffe eingetragen, für die umfassende Fähigkeiten vorliegen.

Zur vollständigen Abbildung der Fähigkeiten müssen die realisierten Grundfunktionen ebenfalls in dem Suchfeld erster Ordnung abgebildet werden. Hierbei erfolgt die Zuordnung der Grundfunktionen zu Technologien anhand der Form- oder Stoffänderung, die wesentlich für die spätere Funktionserfüllung sind.

Mit der Wickeltechnologie des Beispielunternehmens können Bauteile mit einer Länge zwischen 80 mm und 8000 mm hergestellt werden. Dabei muß es sich um rotationssymmetrische Hohlkörpern bevorzugt mit geschlossener Oberfläche handeln. Es können die in Bild 4-14 angeführten Grundelemente mit kernseitig glatter Oberfläche hergestellt werden. Es ist möglich, alle Faserarten zu verarbeiten, wobei spezielles Know-how für die Verarbeitung von Kohlefasern besteht.

Mit den Produkten "*Druckrohre*" werden Fest- und Flüssigkörper gerichtet beschleunigt. Es werden hierfür die Grundfunktionen "speichern" und "leiten" realisiert, die beide im Suchfeld der Wickeltechnologie zugeordnet werden.

Die mit den Unternehmenszielen und Marktinformationen definierten Planungsrandbedingungen werden ebenfalls im Suchfeld dokumentiert. Diese stellen zwar keine direkte Unterstützung der nachfolgenden Ideengenerierung dar, bilden jedoch den Bezugsrahmen für die Bewertung der Güte der generierten Produktideen.

Bei der Suchfeldbildung gilt, daß die Qualität des Suchfeldes nicht proportional zur Anzahl der Eintragungen steigt. Es ist vielmehr darauf zu achten, besondere Eigenschaften der Ressourcen und Fähigkeiten herauszustellen. Diese bilden die ergiebigsten Informationen für die spätere Ideengenerierung.

IDEENGENERIERUNG

Die IDEENGENERIERUNG stellt den eigentlichen kreativen Prozeß im Rahmen der Methodikanwendung dar. Unterstützt wird dieser Prozeß einerseits durch das Suchfeld 1. Ordnung zur Fokussierung auf unternehmensspezifische technologische Potentiale und andererseits durch die Anwendung von Kreativitätstechniken.

Die Auswahl der Kreativitätstechnik erfolgt anhand des Problemtyps, der Randbedingungen bei der Ideengenerierung und der Anwendungsmerkmale der Kreativitätstechniken (Bild 4-15).

Bei der Ideengenerierung auf Basis der technologischen Potentiale handelt es sich um ein kombiniertes Analyse- und Suchproblem. Es werden zwei Workshops mit einer Dauer von jeweils vier Stunden durchgeführt, an denen 5 Personen mit hoher Problemkenntnis und unterschiedlicher Qualifikation teilnehmen. Eingesetzte Hilfsmittel sind neben dem Suchfeld 1. Ordnung Karten zur Dokumentation der Ideen, die für alle Teilnehmer gut sichtbar an einer Stellwand befestigt werden. Der Workshop wird moderiert und für jede Idee ein kurzes Ideendatenblatt [FRIE75, S. 85] erstellt.

Die Auswahl der angewendeten Kreativitätstechnik {A51} erfolgt auf Basis der o.g. Kriterien nach SCHLICKSUPP mit den in **Anhang J** dargestellten Auswahlmatrizen. Es wird die BRAINSTORMING-METHODE angewendet, die durch eine MORPHOLOGISCHE MATRIX, dargestellt durch das Suchfeld 1. Ordnung, unterstützt wird.

Bei der Ideengenerierung selbst {A52} wählen die Teilnehmer des Workshops aus dem Suchfeld 1. Ordnung einzelne Technologien frei aus, kombinieren diese zum Suchfeld 2. Ordnung und suchen auf Basis der den Technologien zugehörigen Produktmerkmalen neue Anwendungsfelder oder generieren direkt neue Produktideen.

Ein Suchfeld 2. Ordnung wurde im Rahmen eines Workshops aus der Technologien "Wickeln" und „Tiefziehen" sowie dem Werkstoff "kohlenstoff-faserverstärkte Kunststoffe (CFK)" gebildet. Auf Basis der Produktmerkmale "rotationssysmmetrische Bauteile" für Wickeln, "leichte, mechanisch hoch beanspruchte und thermisch stabile Bauteile" für CFK und "dünnwandige Bechergeometrien" für Tiefziehen wurden bevorzugte Anwendungseigenschaften beschrieben (z. B. leichte, mechanisch beanspruchte und gleichzeitig schnell oder vom Menschen bewegte Bauteile). Entsprechende Anwendungsfelder wurden mit Sport (Golf, Tennis, Bergsteigen, Tauchen, Baseball) und Maschinenbau (Textil-, Druckmaschinen, Automobil- und Flugzeugbau) identifiziert.

Die generierten und konkretisierten Produktideen waren:
- eine schnell rotierende und thermisch stabile Druckerführungswalze,
- ein leichter, schwingungsarmer Baseballschläger und
- eine leichte, hochfeste Atemluftflasche für Flugzeuge.

IDEENBEWERTUNG

Die Priorisierung der drei Produktideen erfolgt anhand der Bewertung der MARKTEIGNUNG und der UNTERNEHMENSKONFORMITÄT.

Zur Bewertung der Markteignung {A61} wird der diskontierten Deckungsbeitrages III (DB III) herangezogen (vgl. Bild 4-18). Hierfür bedarf es zunächst der Berechnung des Deckungsbeitrag I {A611} auf Basis der variablen Kosten, die aus der Herstellung des Produktes resultieren, sowie der Angaben zu Absatz und Preis. Über die Ergebnisfixkosten (DB II) {A612} und Erzeugnisgruppenfixkosten (DB III) {A613} wird mit der angestrebten Umsatzrendite der diskontierte DB III berechnet {A614}.

Eine Marktanalyse für die drei Produktideen zeigt, daß ein Absatz von 4.000 CFK-Atemluftflaschen pro Jahr bei einem Preis von 450 DM erwartet wird. Die Materialkosten betragen 180 DM, die Fertigungseinzelkosten 103,05 DM sowie Gemeinkosten zur Deckung der indirekten Kosten 25 DM pro Flasche. Die Entwicklungskosten in Höhe von 850TDM über fünf Jahre fallen überwiegend im ersten Jahr an (500TDM). Zur Vermarktung des Produktes werden über diesen Zeitraum Marketingkosten von 800TDM angesetzt.

Mit diesen Informationen errechnet sich eine Amortisationsdauer von 2,24 Jahren (**Bild 5-5**). Der reziproke Wert stellt die Erfolgsgröße Markteignung dar. Die Markteignung der Atemluftflasche beträgt 0,45 (Druckerführungswalze: 0,3; CFK-Baseballschläger: 0,33). Die Werte zur Berechnung der Markteignung für alle drei Produktideen sind tabellarisch in **Anhang P, Q und R** dargestellt.

	Jahr 0	Jahr 1	Jahr 2	Jahr 3	Jahr 4	Jahr 5
Preis am Markt [DM]	0	450	450	450	450	450
Absatz	0	4.000	4.000	4.000	4.000	4.000
Umsatzerlöse	0	1.800.000	1.800.000	1.800.000	1.800.000	1.800.000
Materialeinzelkosten		720.000	720.000	720.000	720.000	720.000
Fertigungseinzelkosten		412.200	412.200	412.200	412.200	412.200
Sonstige absatzabhängige Kosten	0	0	0	0	0	0
variable Kosten des Erzeugnisses	0	1.132.200	1.132.200	1.132.200	1.132.200	1.132.200
Deckungsbeitrag I	0	667.800	667.800	667.800	667.800	667.800
Entwicklungskosten	500.000	200.000	100.000	50.000	50.000	50.000
Marketingkosten		200.000	150.000	150.000	150.000	150.000
Gemeinkostenanteil	0	100.000	100.000	100.000	100.000	100.000
Erzeugnisfixkosten	500.000	500.000	350.000	300.000	300.000	300.000
Deckungsbeitrag II	-500.000	167.800	317.800	367.800	367.800	367.800
Erzeugnisgruppenfixkosten	0	0	0	0	0	0
Deckungsbeitrag III	-500.000	167.800	317.800	367.800	367.800	367.800
Diskontierter Deckungsbeitrag (10%)	-500.000	152.545	262.645	276.541	251.918	228.447
Kumulierter diskontierter Deckungsbeitrag III	-500.000	-347.455	-84.810	191.731	443.649	672.096
Amortisationsdauer	2,24					
Markteignung M	**0,45**					

Kostenbeträge jeweils in [DM]

Bild 5-5: Berechnungsergebnisse der Markteignung (Atemluftflasche)

Die zweite Erfolgsgröße ist die Unternehmenskonformität, die aus der Strategie- und der Potentialkonformität berechnet wird.

Zur Beurteilung der STRATEGIEKONFORMITÄT {A621} wird ausgehend von dem gewählten Strategietyp das entsprechende Beurteilungstableau ausgewählt und die Gewichtung der Ober- und Unterkriterien durchgeführt[3]. Anschließend werden die

---

[3] Die Gewichtungsfaktoren können z.B. über einen paarweisen Vergleich ermittelt werden.

Erfüllungsgrade der einzelnen Kriterien beurteilt und mit einer Nutzwertanalyse die Strategiekonformität aggregiert.

Das Beispielunternehmen verfolgt die Differenzierungsstrategie (vgl. Situationsanalyse) und es wird somit das in Anhang L dargestellte Beurteilungstableau eingesetzt.

Die CFK-Faserverbundflasche ist im Vergleich zu potentiellen Konkurrenzprodukten wesentlich leichter und kann mit höheren Betriebsdrücken genutzt werden. Aufgrund des tiefgezogenen Edelstahl-Liners ist die Atemluftflasche im Gegensatz zu herkömmlichen Stahlflaschen Korrosionsbeständig. Das Produkt ist am Markt nicht erhältlich und steht am Anfang des Produktlebenszyklus. Es wird daher die Verweildauer des Produktes im Produktionsprogramm mit "lang" beurteilt. Da es sich um einen "neuen Markt" handelt wird die Marktkenntnis nach der Marktanalyse als "mittel" eingestuft.

Bei der Bewertung der außerbetrieblichen Faktoren (Kosten und Zeitbedarf für die Genehmigung) wirkt sich die hohe Relevanz der Sicherheit negativ auf die Beurteilung aus. Die Wertanmutung des Kunden für die CFK-Atemluftflasche wird als hoch (exklusiv) beurteilt, wobei gleichzeitig eine annähernd vollständige Kostenparität erreicht wird.

Die Aggregation der Erfüllungsgrade ergibt eine Strategiekonformität für die CFK-Atemluftflasche von 4,25 (Bild 4-21). Die weiteren Wert für die Strategiekonformität sind für die Druckerführungsrolle 3,49 (**Anhang S**) und 2,84 für den CFK-Baseballschläger (**Anhang T**).

Die POTENTIALKONFORMITÄT {A622} berechnet sich aus der FÄHIGKEITEN- und der RESSOURCENKONFORMITÄT. Die FÄHIGKEITENKONFORMITÄT {A6221} wird aggregiert aus der Beurteilung der Kenntnisse der zu verarbeitenden Werkstoffe, der Kenntnisse über die relevante Produktfunktion und die Beherrschung der zur Herstellung des Produktes angewendeten Technologien.

Der Werkstoff CFK wird zur Herstellung der "Druckrohre" seit der ersten Produktgeneration verwendet (vgl. Erfassungsdatenblatt A). Dabei wird die Grundfunktion "Speichern" in aktuellen Produkten in verwandter Form realisiert. Der Prozeßschritt zur Herstellung der CFK-Atemluftflasche mit der höchsten Wertschöpfung ist das "Wickeln". Die Technologie "Wickeln" wurde im Rahmen der Potentialbewertung {A3} als sehr gut beherrscht bewertet (Anhang G1).

Die RESSOURCENKONFORMITÄT {A6222} ist ein Maß für die zusätzliche Nutzung freier Kapazitäten durch das neue Produkt. Zur Herstellung der CFK-Atemluftflasche werden die Technologien "Drehen", "Tiefziehen", "Wickeln", "Fräsen" und "Schweißen" angewendet. Aus den Belegungszeiten, den Maschinenstundensätzen, Restnutzungsdauer und dem prognostizierten Absatz wird eine zusätzliche Deckung von 1240,6TDM berechnet (Anhang P). Dabei wird bei keiner Anlage das maximale Kapazitätsangebot überschritten. Der Deckungsfehlbetrag beträgt 1525TDM (alle Anlagen mit 100% Soll-Auslastung). Die Ressourcenkonformität beträgt somit für die Atemluftflasche 4,25 (Anhang P), 3,3 für die Druckerführungswalze (Anhang Q) und 3,05 für den CFK-Baseballschläger (Anhang R).

Die Aggregation der Ressourcen- und Fähigkeitskonformität ergibt eine Potentialkonformität von 4,28. Diese wird mit der Strategiekonformität entsprechend der Gewichtungsfaktoren zur Unternehmenskonformität zusammengeführt (4,26) und in einem Diagramm mit der Markteignung aufgetragen.

Auf Basis der in **Bild 5-6** dargestellten Ergebnisse im Ideenbewertungsdiagramm wird bei dem Beispielunternehmen die Entwicklung und Herstellung einer CFK-Atemluftflasche empfohlen.

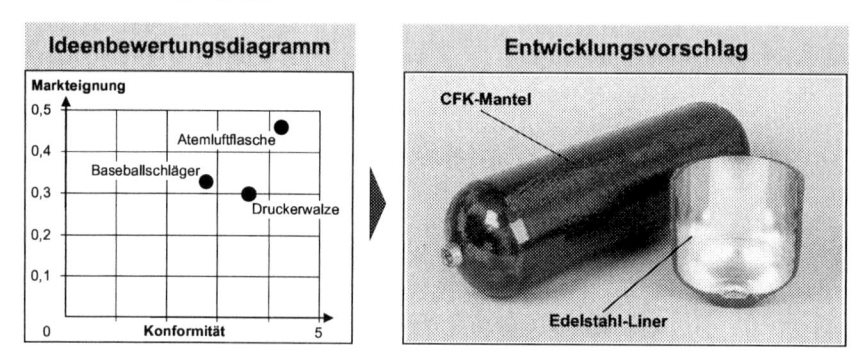

Bild 5-6: Ergebnis der Methodikanwendung: CFK-Atemluftflasche

5.3 Fazit: Anwendung der entwickelten Methodik

Zur effizienten Anwendung der entwickelten Planungsmethodik wurde das EDV-Tool StraTelio (**Stra**tegisches **Te**chnologie-Portfo**lio**) programmiert. Mit dem EDV-Tool werden die Zukunftsträchtigkeit und die Technologiebeherrschung berechnet, sowie das Potentialportfolio automatisch erstellt. Die Berechnung der Bewertungsergebnisse erfolgt direkt mit der Eingabe der Beurteilungen, wodurch die Transparenz der Ergebnisse erhöht und eine Sensitivitätsanalyse erleichtert wird. Zur Planungsdokumentation sind in StraTelio die Bewertungsdatenblätter für die Technologiebeherrschung und die Zukunftsträchtigkeit hinterlegt.

Die Anwendbarkeit und der Nutzen der entwickelten Methodik konnten anhand eines Fallbeispiels dargestellt werden. Dabei wurde die Durchführung aller wesentlichen Aktivitäten der Planungsmethodik mittels anonymisierter Daten dargestellt. Ergebnis der Methodikanwendung war ein Potentialportfolio zur Initiierung zukünftiger Programme für das Technologiemanagement (1. Planungsphase) und die Entwicklung einer CFK-Atemluftflasche zur Nutzung komperativer technologischer Wettbewerbsvorteile (2. Planungsphase).

6 Zusammenfassung

Der verstärkte internationale Wettbewerbsdruck führte in Hochlohnländern zu verstärkten Effizienzsteigerungs-Programmen. Ergebnisse dieser Programme sind meist OUTSOURCING und DOWNSIZING der Bereiche, die nicht dem direkten Kerngeschäft zugeordnet werden.

Dieses Vorgehen zur Renditesteigerung, auch mit NENNER-MANAGEMENT bezeichnet, führt zwar zu einer kurzfristigen Effizienzsteigerung, ein langfristiges proaktives Stärken der zukünftigen Wettbewerbsfähigkeit wird jedoch meist nicht erreicht. Hierfür bedarf es der Steigerung der Rückflüsse durch ein wirksames ZÄHLER-MANAGEMENT. Dieses zielt darauf ab, neue Produkte und Anwendungsfelder auf Basis des aktuellen Unternehmenspotentials zu generieren.

Bei der Suche nach neuen Produkten dominieren die marktorientierte Ansätze, bei denen die Produktentwicklung exogen von Marktsignalen initiiert wird. Eine aktuelle Studie in der Investitionsgüterindustrie und bei Herstellern komplexer Produkte zeigte jedoch, daß bei erfolgreichen Unternehmen über 60 Prozent der Ideen nicht aus den kundennahen Bereichen Marketing und Vertrieb, sondern aus den technologieorientierten Bereichen Forschung & Entwicklung sowie Produktion stammen.

Ziel der vorliegenden Arbeit ist es daher, ein wirksames ZÄHLER-MANAGEMENT durch die Entwicklung einer Methodik zur IDENTIFIZIERUNG UND NUTZUNG UNTERNEHMENSSPEZIFISCHER TECHNOLOGIEPOTENTIALE zu unterstützen.

Hierfür wurde zunächst eine Abgrenzung des Untersuchungsbereiches durchgeführt und relevante Ansätze, Modelle und Konzepte diskutiert. Dabei wurde durch den Nachweis, daß nur Ausschnitte der Zielsetzung der vorliegenden Arbeit behandelt oder tangiert werden sowie Instrumentarien zur Operationalisierung entsprechender Teilaspekte der Methodikanwendung fehlen, der Forschungsbedarf aufgezeigt.

Vor dem Hintergrund der Defizite existierender Ansätze, der industriellen Planungspraxis und den Merkmalen des Planungsobjektes wurden inhaltliche Anforderungen an die Zielmethodik abgeleitet und ein Leitfaden zur Konzeption der Planungsmethodik geschaffen. Dieser war die Grundlage zur Auswahl einer geeigneten Modellierungssprache und zur Konzeption des Makrozyklus der Methodik.

Dieser Zyklus besteht aus zwei Planungsstufen, die sich jeweils aus drei Planungsphasen zusammensetzen. Die erste Planungsstufe wird aus den Planungsphasen SITUATIONSANALYSE, POTENTIALANALYSE und POTENTIALBEWERTUNG, die zweite aus den Phasen SUCHFELDBILDUNG, IDEENGENERIERUNG und IDEENBEWERTUNG gebildet. Ergebnis der ersten Planungsstufe ist ein Potentialportfolio zur Selektion zukunftsträchtiger Technologien und zur Ableitung von Technologieentwicklungsprogrammen. Ergebnis der zweiten Planungsstufe sind Entwicklungsvorschläge in Form von bewerteten Produktideen.

Die Detaillierung des Makrozyklus und die Entwicklung geeigneter Instrumentarien zur Operationalisierung der Methodik bilden den Schwerpunkt der vorliegenden Arbeit. Hierbei wurden geeignete Teilaspekte existierender Ansätze durch Integration in die Planungsmethodik adaptiert und Schnittstellen zu diesen im idealtypischen Planungsmodell gekennzeichnet. Die Inhalte der einzelnen Planungsphasen werden im folgenden dargestellt:

Mit der SITUATIONSANALYSE werden die zu verfolgenden Planungsziele abgeleitet und die Bilanzgrenze für die Analyse eingegrenzt. Die Planungsbasis wird im Rahmen der POTENTIALANALYSE erstellt. Dabei sind sowohl Ressourcen als auch Fähigkeiten Gegenstand der Analyse.

Die Bewertung der technologischen Potentiale (POTENTIALBEWERTUNG) erfolgt anhand der unternehmensspezifischen TECHNOLOGIEBEHERRSCHUNG und der unternehmensneutralen ZUKUNFTSTRÄCHTIGKEIT. Zur Bewertung dieser Kriterien wurde auf Basis der Fuzzy-Logik eine Methode entwickelt, die einerseits die integrierte Berücksichtigung kardinaler und ordinaler Skalenniveaus ermöglicht und andererseits eine hohe Aussagekraft der Ergebnisse durch die Transparenz der Aggregationsverfahren und die Bestimmbarkeit der Indikatoren erreicht. Dabei wird für die Bewertung der Technologiebeherrschung eine Relativierung im Marktvergleich mit einer Verteilungsfunktion durchgeführt, die auf einer aus Statistiken oder Häufigkeitsverteilungen erstellten Dichtefunktion gebildet wird. Die Zukunftsträchtigkeit wird anhand der Eignung einer Technologie zur Unterstützung der Wettbewerbsstrategien Kostenführerschaft oder Differenzierung beurteilt. Die Ergebnisse der ersten Planungsstufe werden wegen der Möglichkeit einer transparenten Selektion der wettbewerbsrelevanten Technologien mit einem Portfolio dargestellt (POTENTIALPORTFOLIO).

Um die Merkmale der ausgewählten Technologien sowie weiterer, nicht einer Technologie zuzuordnender Fähigkeiten, abzubilden, wurde im Rahmen der SUCHFELDBILDUNG eine Suchfeldmatrix erstellt. Diese wird einerseits mit den Technologien und den Planungsrandbedingungen (Zielvorgaben, Marktinformationen) sowie andererseits mit ausgewählten Produktbeschreibungsmerkmalen aufgespannt.

Die IDEENGENERIERUNG wird mit dem erstellten Suchfeld auf die unternehmensspezifisch gut beherrschten Technologien fokussiert. Zur Unterstützung dieser Aktivität wurden Kreativitätstechniken anhand des Problemtyps, der Planungsrandbedingungen und der Anwendungsmerkmale ausgewählt. Des weiteren wurde der kreative Denkprozeß analysiert, am Planungsablauf gespiegelt und Hilfsmittel den einzelnen Prozeßschritten zugeordnet.

Zur Priorisierung der Produktideen wurde im Rahmen der IDEENBEWERTUNG eine Methodik entwickelt, die sowohl eine Bewertung der Markteignung (externe Perspektive) als auch eine Beurteilung der Konformität zum unternehmensspezifischen technologischen Potential und der Wettbewerbsstrategie (interne Perspektive) erlaubt. Die Bewertung der Markteignung erfolgt auf Basis der mehrstufigen diskontierten

Deckungsbeitragsrechnung. Zur Beurteilung der Strategiekonformität wurden Bewertungsdatenblätter für die Kosten- und Differenzierungsstrategie entwickelt, die dem Anwender anhand der KOSTENANTRIEBSKRÄFTE oder der EINFLUßGRÖßEN DER DIFFERENZIERUNG eine systematische Bewertung ermöglichen. Dabei ist der Aspekt der Fähigkeitskonformität über die Technologiebeherrschung und Ressourcennutzung in der Bewertung integriert.

Zur effizienten Anwendung der entwickelten Planungsmethodik wurde das EDV-Tool StraTelio (**Stra**tegisches **Te**chnologie-Portfo**lio**) programmiert. Mit dem EDV-Tool können die Zukunftsträchtigkeit und die Technologiebeherrschung berechnet, sowie das Potentialportfolio automatisch erstellt werden. Die Berechnung der Bewertungsergebnisse erfolgt direkt mit der Eingabe der Beurteilungen, wodurch die Ergebnistransparenz erhöht und eine Sensitivitätsanalyse erleichtert wird. Zur Planungsdokumentation sind die Bewertungsdatenblätter für die Technologiebeherrschung und die Zukunftsträchtigkeit in StraTelio hinterlegt.

Die Anwendbarkeit der entwickelten Methodik konnte anhand eines Fallbeispiels aufgezeigt werden. Dabei wurde die Durchführung aller wesentlichen Aktivitäten der Planungsmethodik mittels anonymisierter Daten dargestellt. Ergebnis der Methodikanwendung war ein Potentialportfolio zur Selektion der zukünftig relevanten Technologien (1. Planungsstufe) und ein Entwicklungsvorschlag (CFK-Atemluftflasche) zur Nutzung der mit dem Potentialportfolio identifizierten Technologien (2. Planungsstufe).

Die entwickelte Methodik stellt mit der Identifizierung und Nutzung unternehmensspezifischer Technologiepotentiale einen Beitrag zur Unterstützung eines wirksames Zähler-Management dar. Dabei werden Produktideen mit einer Inside-Out-Sichtweise auf Basis bewerteter Technologien generiert (TECHNOLOGY-PUSH). Die Technologien werden produktneutral (POTENTIALORIENTIERT) unter Berücksichtigung interner (Technologiebeherrschung) und externer Faktoren (Zukunftsträchtigkeit) bewertet. Dabei wird die TRANSPARENZ der Ergebnisse durch eine nachvollziehbare Kriterienhierarchien und Aggregationsmethoden gewährleistet. Mit der konzipierten Suchfeldmatrix wird eine hohe KONVERGENZ der generierten Produktideen zum unternehmensspezifischen technologischen Potential erreicht. Der Aufwand zur Methodikanwendung wird durch die entwickelten Instrumentarien wie Erfassungsdatenblätter für die Potentialanalyse, EDV-Tool StraTelio zur Potentialbewertung und Bewertungsdatenblätter für die Ideenbewertung reduziert (EFFIZIENZ).

7 Literaturverzeichnis

[ABEL90]

Abeld, D.: Petri-Netze für Ingenieure, Springer Verlag, Berlin, 1990.

[ADAM95]

Adams, M.: Produktorientierte Bewertung der Einsatzmöglichkeiten innovativer Technologien, Dissertation RWTH Aachen, Verlag Shaker, Aachen, 1995.

[ANDR87]

Andrews, K. R.: The Concept of Corporate Strategy, Verlag Irwin, Homewood, III., 1987.

[ANDR71]

Andrews, K. R.: The Concept of Corporate Strategy. Homewood, 1971.

[AZZO96]

Azzone, G., Rangone, A.: Measuring manufacturing competence - a fuzzy approach, in: International Journal of Production Research, Vol. 34, 1996.

[BAIN56]

Bain, J. S.: Barriers to New Competition: Their Characters and Consequences in Manufacturing Industries, Verlag Harvard University Press, Cambridge, Mass., 1962.

[BAMB91]

Bamberg, G.; Baur, F.: Statistik, 7. Auflage, Oldenburger Verlag, München, 1991.

[BAND90]

Bandemer, H., Gottwald, S.: Einführung in Fuzzy-Methoden, Theorie und Anwendungen unscharfer Mengen, Verlag Akademie, Berlin, 1990.

[BERT93]

Bertling, L.: Informationssysteme als Mittel zur Einführung neuer Produktionstechnologien, Vulkan Verlag, Essen, Dissertation TU Braunschweig, 1994.

[BIND96]

Binder, V., Kantowsky, J.: Technologiepotentiale - Neuausrichtung der Gestaltungsfelder des Strategischen Technologiemanagements, Deutscher Universitäts Verlag, Wiesbaden, 1996.

[BIRC76]

Bircher, B.: Langfristige Unternehmungsplanung, in: Institut für Betriebswirtschaft an der Hochschule St. Gallen (Hrsg.). Schriftenreihe: Unternehmung und Unternehmungsführung, Bd. 4, Bern, Stuttgart, 1976.

[BLEI92]

Bleicher, K.: Das Konzept Integriertes Management, Verlag Campus, Frankfurt/Main, New York, 1992.

[BLEN92]

Blenkinsop, S. A., Burns, N.: Performance Measurement Revisited, in: International Journal of Operations and Production Management, Vol. 12, 1992.

[BODA84]

Bodart, F., Hennebert, A.-M., Leheureux, J.-M., Pigneur, Y.: Computer-Aided Specification, Experimentation and Pilotage of Information Systems, Institut d'Informatique, Uni. Namur, 1984.

[BÖHL94]

Böhlke, U. H.: Rechnerunterstützte Analyse von Produktlebenszyklen, Dissertation RWTH Aachen, Shaker Verlag, Aachen, 1994.

[BONN85]

Bonnevie, A.: Structured Design for Real Time Systems (SDRTS), ESPRIT Projekt Nr. 418 (OCS) Konsortium, Kopenhagen, 1985.

[BOUT98]

Boutellier, R.; Bratzler, M.; Böttcher, S.: Zukunftssicherung durch Technologiebeobachtung, io-management Nr. 1-2, 1998.

[BRAN71]

Brankamp, K.: Planung und Entwicklung neuer Produkte, Verlag de Gruyter, Berlin, 1971.

[BRAU90]

Brauchlin, E.: Problemslösungs- und Entscheidungsmethodik, Bern, 1990.

[BREU84]

Breuil, D., Doumeingts, G., Gavard, D., Maloubier, H.: Use of GRAI Method in the Analysis and Production Management Systems, 1ere Conference Internationale APMS, 1984, Bordeaux, 1984.

[BROC92]

Brockhoff, K.: Forschung und Entwicklung, Planung und Kontrolle, 3. Auflage, München, Wien, 1992.

[BRUN91]

Bruns, M.: Systemtechnik: Ingenieurwissenschaftliche Methodik zur interdisziplinären Systementwicklung, Springer Verlag, Berlin, Heidelberg, New York, 1991.

[BULL94]

Bullinger, H.-J.: Einführung in das Technologiemanagement, Verlag Teubner, Stuttgart, 1994.

[BULL96]

Bullinger, H.-J.: Technologiemanagement, in [EVER 96]

[BURG96]

Burgstahler, B.: Synchronisation von Produkt- und Produktionsentwicklung mit Hilfe eines Technologiekalenders, Dissertation TU Braunschweig, Vulkan Verlag, 1997.

[CEN95]

Cen, I. N.: Produktionsstrategien auf Basis von Kernkompetenzen, Dissertation St. Gallen, Hallstadt, 1995.

[CLAU80]

Clausewitz, C. von: Vom Kriege, Verlag Rowohlt, Stuttgart, 1980.

[CLEL91]

Cleland, B.: Strategic Technology Management, AMACON, New York, 1991.

[COLL95]

Collis, D. J., Montgomery, C. A.: Competing on Resources - Strategy in the 1990s, in: Harvard Business Review, July-August, 1995.

[COOK96]

Cook, H.E., Donnedelinger, J.: Benchmark Produkt Value: Mid-Size Automobiles, Technical Report No. 95-4008, 1996.

[DIN8580]

Deutsches Institut für Normung: Fertigungsverfahren, Beuth Verlag, Berlin, 1974.

[DIN89]

Deutsches Institut für Normung: DIN-Fachbericht 20, Beuth Verlag, Berlin, 1989.

[DOMS95]

Domsch, M. E., Ladwig, D. H.: Aufbau und Pflege technologischer Fähigkeiten - Humanressourcen und Technologiepotential, in: [ZAHN95]

[DOU92]

Dougherty, D.: A practice-centred model of organizational renewal through product innovation, Strategic Management Journal, Vol. 13, 77-92 John Wiley & Sons, Ltd., 1992.

[DUBO80]

Dubois, D., Prade, H.: Fuzzy Sets and Systems - Theory and Applications, Verlag Academy Press, New York, London, 1980.

[DYCK97]

Dyckhoff, H.: Produktions- und Logistikcontrolling, Springer Verlag, Heidelberg, 1997.

[EDGE95]

Edge, G., Klein, J. A., Hiscocks, P. G., Plasonig, G.: Technologiekompetenz und Skill-basierter Wettbewerb, in: Zahn, E. (Hrsg.), Handbuch Technologiemanagement, Verlag Schaefer-Poeschel, Stuttgart, 1995.

[EDOS89]

Edosomwan, J. A.: Integrating Innovation and Technology Management, New York, 1989.

[ERKE88]

Erkes, K. F.: Ganzheitliche Planung flexibler Fertigungssysteme mit Hilfe von referenzmodellen, Dissertation RWTH Aachen, 1988.

[ESSM95]

Eßmann, V.: Planung potentialgerechter Produkte, Deutscher Universitäts Verlag, Wiesbaden, 1995.

[EVER92]

Eversheim, W., Böhlke, U., Martini, C. J., Schmitz, W.: Wie innovativ sind Unternehmen heute? - Studie zur Einführung neuer Produktionstechnologienb, in: technische Rundschau, 84 (1992) Nr. 46, S. 100-105

[EVER93]

Eversheim, W., Schmitz, W., Ullmann, C.: Bewertung innovativer Technologien, in: VDI-Z, 135 (1993) Nr. 11/12, S. 70-79

[EVER94]

Eversheim, W., Schmitz, W., Dresse, S.: Datenbank der Fertigungstechnologien, in: Technische Rundschau, 86 (1994) Nr. 49

[EVER95a]

Eversheim, W.: Organisation in der Produktionstechnik, Bd. 1. Grundlagen, VDI-Verlag, Düsseldorf, 1995.

[EVER95b]

Eversheim, W.: Modelle und Methoden zur integrierten Produkt- und Prozeßgestaltung, Arbeits- und Ergebnisbericht 1993/1994, SFB 361 an der RWTH Aachen, 1995.

[EVER96]

Eversheim, W.; Pelzer, W.; Schmitz, W.: Welche Fertigungstechnologie für welches Produkt?, in: Arbeitsvorbereitung, Nr. 1, 1996.

[EVER97a]

Eversheim, W., Schuh, G.: Betriebshütte: Produktion und Management Teil 1, 7. Auflage, Springer Verlag, Berlin, 1997.

[EVER97b]

Eversheim, W., Schuh, G.: Betriebshütte: Produktion und Management Teil 2, 7. Auflage, Springer Verlag, Berlin, 1997.

[EVER98a]

Eversheim, W., Krah, O.: MOTION Model for Transforming, Identifying and Optimizing Core Prosses in: Production Enginieering - Research and Development in Germany, WGP - Wissenschaftliche Gesellschaft für Produktionstechnik, Volume V, Ausgabe 1, 1998.

[EVER98b]

Eversheim, W.: Kostenmanagement in Produktionsbetrieben, Vorlesungsskript, RWTH Aachen, 1998.

[EVER99]

Eversheim, W., Pelzer, W., Güthenke, G.: Potentialportfolio: Neue Produkte mit vorhandenen Potentialen entwickeln, in: io-management, Nr. 1, 1999.

[EWAL89]

Ewald, A.: Organisation des strategischen Technologie-Managements: Stufenkonzept zur Implementierung einer integrierten Technologie- und Marktplanung, Erich Schmidt Verlag, Berlin, 1989.

[FORD81]

Ford, D., Ryan, Ch.: Taking Technology to Market, in: Harvard Business Review, Vol. 59 (1981), S. 117-126

[FOST86]

Foster, R. N.: Timing Technological Transitions, in: [HORW 86]

[FRIE96]

Friedrich, S. A.: Outsourcing: Weg zum führenden Wettbewerber oder gefährliches Spiel? In: Neues Strategisches Management, Wiesbaden, 1996.

[FRIE98]

Friedrich, S. A.: Revolution mit Zukunft. Kunden- statt Wettbewerbsorientierung, In: Absatzwirtschaft, Band 41 (1998) Heft 10, Seite 34-40.

[FROH85]

Frohman, A. L., Putting Technology into Strategic Planning, in: California Management Review, Winter (1985), S. 48-59

[GÄLW79]

Gälweiler, A.: Strategische Geschäftseinheiten und Aufbauorganisation, in: Zeitschrift für Organisation, Vol. 5 (1979), S. 252-260

[GÄLW86]

Gälweiler, A.: Unternehmensplanung: Grundlagen und Praxis, Verlag Campus, Frankfurt/Main, New York, 1986.

[GÄLW87]

Gälweiler, A.: Strategische Unternehmensführung, Campus Verlag, Frankfurt/Main, 1987.

[GAUS96]

Gausemeier, J., Fink, A.: Neue Wege zur Produktentwicklung - Berufsfähigkeit und Weiterbildung. Schriftenreihe Konstruktionstechnik, Nr. 37, TU Berlin, 1997.

[GAUS98]

Gausemeier, J., Fink, A.: Neue Wege zur Produktentwicklung, Kurzbericht einer Untersuchung im Rahmenkonzept >>Produktion 2000<<, Heinz Nixdorf Institut, Paderborn, 1998.

[GRAB93]

Grabowski, H., Anderl, R., Polly, A.: Integriertes Produktmodell, Beuth Verlag, Berlin, Wien, Zürich. 1993.

[GRAN91]

Grant, R. M.: The Resource-based Theory of Competitive Advantage: Implications for Strategy Formulation, in: California Management Review, Nr. 3 (1991), S. 114-135

[GROTH92]

Groth, U.: Kennzahlensystem zur Beurteilung und Analyse der Leistungsfähigkeit einer Fertigung - Einsatz von personellen, organisatorischen und technischen Kennzahlen, Verlag VDI, Düsseldorf, 1992.

[GUTE83]

Gutenberg, E.: Grundlagen der Betriebswirtschaftslehre, Band 1: Die Produktion, 24. Aufl., Springer Verlag, Berlin, 1983.

[HAHN85]

Hahn, D.: Planungs- und Kontrollrechnung, 3. Aufl., Gabler Verl., Wiesbaden, 1985.

[HAHN97]

Hahn, D., Taylor, B.: Strategische Unternehmungsführung, Stand und Entwicklungstendenzen, Verlag Physica, Heidelberg, 1997.

[Hamel, G.; Prahalad, C. K.: Wettlauf um die Zukunft, Wien, 1995.

[HAMM95]

Hammer, R.: Unternehmensplanung, Lehrbuch der Planung und strategischen Unternehmensführung, 6. Aufl., Verlag Oldenbourg München Wien, 1995.

[HART97]

Hartmann, M.: Technologie-Bilanzierung - Instrument zur zukunftsorientierten Unternehmensbeurteilung, Verlag Vandenhoeck & Ruprecht, Göttingen, 1997.

[HÄUS70]

Häusler, J.: Planung als Zukunftsgestaltung, Verlag Gabler, Wiesbaden, 1970.

[HEIN85]

Heinen, E.: Industriebetriebslehre - Entscheidungen im Industriebetrieb, Verlag Gabler, Wiesbaden, 1985.

[HIMM92]

Himmelfarb, Philip A.: Survival of the Fittest, 1992.

[HINT98]

Hinterhuber, H. H.; Friedrich, S. A.: Restrukturierung auf dem Prüfstand: Streben nach der falschen Wettbewerbsfähigkeit?, in: io-management, Nr. 1-2, 1998.

[HÖLT89]

Hölterhoff, K.: Wissensbasierte Planung von Fertigungsanlagen innovativer Technologien; Dissertation RWTH Aachen, 1989.

[HONE91]

Honeck, H. M.: Rüchführung von Fertigungsdaten zur Unterstützung einer fertigungsgerechten Konstruktion; Dissertation Universität Karlsruhe, 1991.

[HORV91]

Horvath, P.: Synergien durch Schnittstellen-Controlling, Stuttgart, 1991.

[HORW86]

Horwitch, M. (Hrsg.): Technology in the Modern Corporation, Verlag Pergamon Press, New York, 1986.

[JOHA97]

Johansson, Björn: Kreativität und Marketing: Die Anwendung von Kreativitätstechniken im Marketingbereich, 2. Auflage, Peter Lang Verlag, Bern, Berlin, 1997.

[JUER98]

Jürgens, V.: Diagonale Diversifikation, Dissertation St. Gallen, Hallstadt 1998.

[KAPL92]

Kaplan, R. S., Norton, D. P.: The Balanced Scorecard - Measures that drive Performance, in: Harvard Business Review, Jan-Feb 1992.

[KEHR72]

Kehrmann, Hartmut: Die Entwicklung von Produktstrategien: Eine Methode zur Ideenfindung und -bewertung auf der Grundlage des Unternehmenspotentials; Dissertation RWTH Aachen, 1972.

[KIM93]

Kim, J. S., Arnold, P.: Manufacturing competence and business performance: a framework and empirical analysis, in: International Journal of Operations and Production Management, Vol. 13, 1993.

[KOTL92]

Kotler, P., Appelt, H.: Marketing & Management, 8. Auflage, Schäffer-Poeschel-Verlag, 1992.

[KOLL85]

Koller, R.: Konstruktionslehre für den Maschinenbau, 2. Auflage, Springer, Berlin, Heidelberg, New York, 1985.

[KOPP97]

Koppelmann, U.: Produktmarketing, 5. Auflage, Springer, Berlin, Heidelberg, New York, 1997.

[KRAM87]

Kramer, F.: Innovative Produktpolitik, Springer Verlag, Berlin, 1987.

[KRAM94]

Kramer, S.: Virtuelle Räume zur Unterstützung der featurebasierten Produktgestaltung, Carl Hanser Verlag München, 1995.

[KREI89]

Kreikebaum, H.: Strategische Unternehmensplanung, 3. Auflage, Kohlhammer Verlag, Stuttgart, Berlin, Köln, 1989.

[KRUB82]

Krubasik, E. G.: Technologie - Strategische Waffe, in: Wirtschaftswoche, Jg. 36, 1982.

[KUTK98]

Kuttkat, B.: Schneller und Besser, Maschinenmarkt Nr. 104/ 23, 1998.

[KUTT93]

Kuttig, D.: Rechnergestützte Funktions- und Wirkstrukturverarbeitung beim Konzipieren, Dissertation, TU Berlin, 1993.

[KUTT98]

Kuttkat, B.: Schneller und besser, in: Maschinenmarkt, Würzburg, Nr. 104, 1998.

[LAUB84]

Lauber, R.: EPOS-Primer, Eine kurze Einführung in das EPOS-System, IRP, Universiät Stuttgart, 1984.

[LEVI65]

Levitt, T.: Exploit the PLC, in: Harvard Business Review, Vol. 43, 1965.

[LINN84]

Linneweh, K.: Kreatives Denken: Techniken und Organisation produktiver Kreativität, 4. Auflage, Verlag Dieter Gitzel, Rheinzabern, 1984.

[LITT81]

Arthur D. Little Int. (Hrsg.): The Strategic Management of Technology, European Management Forum, Davos, 1981.

[LITT85]

Arthur D. Little Int. (Hrsg.): Management im Zeitalter der strategischen Führung, Verlag Gabler, Wiesbaden, 1985.

[MAHO92]

Mahoney, J. T., Pandian, J. R.: The Resourced-Based View Within The Conversation of Strategic Management, in: Strategic Management Journal, 13, 1992.

[MANZ93]

Manz, K., Hoffmann, L., Dahmen, A.: Entscheidungstheorie, Verlag Vahlen, München, 1993.

[MARK76]

Markowitz, H. M.: Portfolio Selection - Efficient Diversification of Investments, Verlag Yale University Press, New Haven, 1976.

[MARN94]

Martin, J., Michael, J. C.: Managing Innovation and Entrepreneurship in Technology-Based Firms, New York, Greenwood Press.

[MART95]

Martini, J. C.: Marktorientierte Bewertung neuer Produktionstechnologien, Dissertation Hochschule St. Gallen, 1995.

[MATE93]

Materne, J.: Prognoseverfahren und -ergebnisse zur Technikentwicklung in der Produktionswissenschaft, Carl Hanser Hanser, München, Wien, 1993.

[MEYE78]

N.N.: Mexer Lexikon, Bibliographisches Institut, Mannheim, 1978.

[MICH87]

Michel, K.: Technologie im strategischen Management, Verlag Schmidt, Berlin, 1987.

[MINT90]

Mintzberg, H.: Strategy Formation - Schools of Thought, Sekundärzitat aus [BIND 97]

[MOTI96]

N. N.: Esprit Projekt 8446: Model for Transforming, Identifying and Optimizing Core Processes, 1996.

[MUEL98]

Müller, M.: Qualitätscontrolling komplexer Serienprodukte, Dissertation RWTH Aachen, 1998.

[NEEL94]

Neely, A., Mills, J., Platts, K., Gregory, M., Richards, H.: Realizing Strategy through Measurement, in: International Journal of Operations and Production Management, Vol. 14 (1994), S. 140-152

[NEUB89]

Neubauer, F.-F.: Portfolio-Management: Erfolgspotentiale vor Planungsritualen, 3. Auflage, Luchterland Verlag, Darmstadt, 1989.

[NOOR95]

Noori, H., Gillen, D.: A performance measuring matrix for capturing the impact of AMT, in: International Journal of Production Research, Vol. 33 (1995), S. 2037-2048

[PENR59]

Penrose, E.: The Theory of the Growth of the Firm, Verlag Wiley, New York, 1959.

[PERL87]

Perillieux, R.: Der Zeitfaktor im strategischen Technologiemanagement, Erich Schmidt Verlag, Berlin, 1987.

[PETR62]

Petri, C. A.: Kommunikation mit Automaten, Rheinisch-Westfälisches Institut f. instrumentelle Mathematik der Uni. Bonn, Bonn, 1962.

[PFEI74]

Pfeiffer, W., Bischof, P.: Einflußgrößen von Produkt-Marktzyklen, Arbeitspapiere des Betriebswirtschaftlichen Institutes der Universität Erlangen-Nürnberg, Nürnberg, 1974.

[PFEI83]

Pfeiffer, W., Metze, G., Schneider, W., Amler, R.: Technologie-Portfolio zum Management strategischer Zukunftsgeschäftsfelder, Verlag Vandenhoeck & Ruprecht, Göttingen, 1983.

[PFEI95]

Pfeiffer, W., Weiß, E.: Methoden zur Analyse und Bewertung technologischer Alternativen, in: [ZAHN95]

[PFEI97]

Pfeiffer, W., Dögl, R.: Das Technologie-Portfolio-Konzept zur Beherrschung der Schnittstelle Technik und Unternehmensstrategie, in: [HAHN97]

[PIES97]
Pieske, R.: Benchmarking in der Praxis. Erfolgreiches Lernen von führenden Unternehmen. 2. Auflage, Moderne Industrie, Landsberg/Lech, 1997.

[POPP94]
Popper, K. R.: Logik der Forschung, 10. Auflage, Mohr Verlag, Tübingen, 1994.

[PORT92]
Porter, M. E.: Wettbewerbsvorteile - Spitzenleistungen erreichen und behaupten, Verlag Campus, Frankfurt/Main, 1992.

[PORT93]
Porter, M. E.: Nationale Wettbewerbsvorteile - Erfolgreich konkurrieren auf dem Weltmarkt, Verlag Überreuter, Wien, 1993.

[PRAH90]
Prahalad, C. K., Hamel, G.: The Core Competence of the Corporation, In: Harvard Business Review, Nr.3., 1990.

[PRAH91]
Prahalad, C. K., Hamel G.: Nur Kernkompetenzen sichern das Überleben, in: Harvard Business Manager, 2, 1991.

[PRAH94]
Prahalad, C. K., Hamel, G.: The core competence of the corporation, in: Harvard Business Review, March-April, 1994.

[PÜMP89]
Pümpin, C.: Das Dynamik-Prinzip: Zukunftsorientierung für Unternehmer und Manager, Econ Verlag, Düsseldorf, Wien, New York, 1989.

[PÜMP92]
Pümpin, C.: Strategische Erfolgspositionen: Methodik der dynamischen strategischen Unternehmensführung, Paul Haupt Verlag, Bern, Stuttgart, 1992.

[RAND79]
Randolph, R.: Pragmatische Theorie der Indikatoren - Grundlagen einer methodischen Neuorientierung, Verlag Vandenhoeck & Ruprecht, Göttingen, 1979.

[RANG96]
Rangone, A.: An Analytical hierarchy process framework for comparing the overall performance of manufacturing departments, Veröffentlichung zur IEEE International Conference on Systems, Man and Cybernetics, Beijing, 1996.

[RASH94]

Rasche, C.: Wettbewerbsvorteile durch Kernkompetenzen - ein ressourcenorientierter Ansatz, Gabler Verlag, Wiesbaden, 1994.

[RISC77]

Rische, K., Schaedel, V., Kock, E.: CASCADE - ein System zur computergestützten Beschreibung and Analyse betrieblicher Informationssysteme, Eison Verlag GmbH, Köln, 1977.

[ROAC96]

Roach, S. S.: The Hollow Ring of the Prodükctivity Revival, in: Harvard Business Review, Nr. 6, 1996.

[ROPO79]

Ropohl, G.: Eine Systemtheorie der Technik - Zur Grundlegung der Allgemeinen Technologie, Verlag Hanser, München, 1979.

[SAAT80]

Saaty, T. L.: The analytic hierarchy process, Verlag McGraw Hill, New York, 1980.

[SARE93]

Saretz, B.: Entwicklung einer Methodik zur Parallelisierung von Planungsabläufen, Dissertation RWTH Aachen, Aachen, 1993.

[SCHE74]

Scheibler, A.: Zielsysteme und Zielstrategien der Unternehmensführung, Wiesbaden 1974.

[SCHI98]

Schierenbeck, H.: Grundzüge der Betriebswirtschaftslehre, 13. Auflage, Verlag Oldenbourg, München Wien, 1998.

[SCHL85]

Schüler, K.H.; Hennicke, H.W.: Zur Systematik der keramischen Werkstoffe, cfi/Ber. DKG; 62 (1985); Nr. 6/7

[SCHL95]

Schlick, G.: Innovationen von A-z: Begriffe, Definitionen, Erläuterungn und Beispiele, Expert-Verlag, Renningen-Malmsheim, 1995.

[SCHM93]

Schmenner, R. W.; Vollmann, T. E.: Performance Measures: Gapse, False Alarms and the „Usual Suspects", in: International Journal of Operations and Production Management, Vol. 14 (1994), S. 58-69

[SCHM96]

Schmitz, W. J.: Methodik zur strategischen Planung von Fertigungstechnologien, Dissertation RWTH Aachen, Verlag Shaker, 1996.

[SCHR84]

Schreyögg, G., Noss, C.: Hat sich das Organisieren überlebt?, in: Die Unternehmung, Nr. 48 (1994), S. 17-34

[SCHS92]

Schlicksupp, H.: Innovation, Kreativietät und Ideenfindung, 4. Auflage,Vogel Verlag, Würzburg, 1992.

[SCHU97]

Schuh, G.: Virtuelle Fabrik . Beschleuniger des Strukturwandels. In: Komplexität und Agilität - Festschrift zum 60. Geburtstag von Professor Walter Eversheim, Springer Verlag, Berlin, Heidelberg, New York, 1997.

[SCHW98]

Schweitzer, M., Küpper, H.-U.: System der Kosten und Erlösrechnung, Verlag Vahlen, 1998.

[SENG95]

Seng, S.: Einstiegsplanung in neue Fertigungstechnologien, Dissertation RWTH Aachen, 1995.

[SERV85]

Servatius, H.-G.: Methodik des strategischen Technologie-Managements, Schmidt, Berlin, 1985.

[SMET92]

Schmetz, R.: Planung innovativer Werkstoff- und Verfahrensanwendungen, Dissertation RWTH Aachen, VDI Verlag, Düsseldorf, 1992.

[SMIT86]

Smith, G.: Comparison of IDEF and SSDM, Logica Ltd. Eigenverlag, London, 1986.

[SOMM83]

Sommerlatte, T., Walsh, I. S.: Das strategische Management von Technologien, in: [TÖPF83]

[SOMM85]

Sommerlatte, T., Deschamps, J.-P.: Der strategische Einsatz von Technologien - Konzepte und Methoden zur Einbeziehung von Technologien in die Strategieentwicklung des Unternehmens, in: [LITT 85]

[SOUN89]

Sounder, W.: Improving Productivity through Technology Push, 1989, in: Research technology management

[STAC73]

Stachoviak, H.: Allgemeine Modelltheorie, Springer Verlag, Wien, New York, 1973.

[STAE91]

Staehle, W.: Management - Eine verhaltenswissenschaftliche Einführung, Verlag Vahlen, München, 1991.

[STAE91]

Staehle, W.: Management - Eine verhaltenswissenschaftliche Einführung, Vahlen Verlag, München, 1991.

[SÜSS91]

Süssenguth, W.: Methoden zur Planung und Einführung rechnerintegrierter Produktionsprozesse, Hanser Verlag, München, 1991.

[TIET69]

Tietz, B.: Die Standort- und Geschäftsflächenplanung im Einzelhandel, Rüschlikon Verlag, Zürich, 1969.

[TOMC92]

Tomczak, T.: Forschungsmethoden in der Marketingwissenschaft, in: Marketing: Zeitschrift für Forschung und Praxis, Nr. 2, 1992.

[TÖPF83]

Töpfer, A.: Ahlfeld, H. (Hrsg.), Praxis der strategischen Unternehmensplanung, Verlag Metzner, Frankfurt/Main, 1983.

[TRÄN90]

Tränckner, J.-H.: Entwicklung eines prozeß- und elementorientierten Modells zur Analyse und Gestaltung der technischen Auftragsentwicklung von komplexen Produkten, Dissertation RWTH Aachen, 1990.

[ULL94]

Ullmann, C.: Methodik zur Verfahrensplanung von innovativen Fertigungstechnologien im Rahmen der technischen Investitionsplanung, Dissertation RWTH Aachen, 1994.

[ULRI81]

Ulrich, H.: Die Betriebswirtschaftslehre als anwendungsorientierte Sozialwissenschaft, in: [GEIS81], S. 1-25

[UTTE75]

Utterback, J. M., Abernathy, W. J.: A Dynamic Model of Process and Product Innovation, in: Omega, Vol. 3 (1975), S. 639-656

[VDI2220]

N. N.: VDI-Richtlinie 2220, Produktplanung: Ablauf, Begriffe und Organisation, VDI-Verlag, Düsseldorf, 1980.

[VDI7380]

N. N.: VDI-Richtlinie 7380, Technikbewertung: Begriffe und Grundlagen, Beuth Verlag, Berlin, 1991.

[VDIW98]

N.N.: VDI-Wärmeatlas, Recherchieren, Berechnen, Konstruieren; Wärmeübergang und Strömung in Verfahrenstechnik und Chemie, Springer, Berlin, 1998.

[VICK91]

Vickerey, S. K.: A theory of production competence revisited, in: Decision science, Vol. 24 (1991), S. 436-455

[VOEG97]

Voegele, A. (Hrsg.): Das große Handbuch Konstruktions- und entwicklungsmanagement, Verlag Moderne Industrie, Landsberg/Lech, 1997.

[WENG95]

Wengler, M.: Methodik für die Qualitätsplanung und -verbesserung in der Keramikindustrie, VDI-Verlag, Düsseldorf, 1996.

[WERN84]

Wernerfelt, B.: A Resource-Based View of the Firm, in: Strategic Management Journal, Nr. 5 (1984), S. 171-180

[WICH91]

Wicher, H.; Deubet, W.: Berwertung und Auswahl von Neuproduktideen, in: DasWirtschaftsstudium, Nr. 3, 1991.

[WIEN98]

Wiendahl, H.-P.: Mehr Beschäftigung durch intelligente Rationalisierung, Werkstattstechnik, Nr. 9/ 10, 1998.

[WILD81]

Wild, J.: Grundlagen der Unternehmungsplanung, Westdeutscher Verlag, Opladen, 1981.

[WILD87]

Wildemann, H.: Strategische Investitionsplanung - Methoden zur Bewertung neuer Produktionstechnologien, Verlag Gabler, Wiesbaden, 1987.

[WILD75]

Wild, J.: Unternehmensplanung, Rowohlt Taschenbuchverlag, Hamburg 1975.

[WITT96]

Witt, J.: Produktinnovation, Verlag Vahlen, 1996.

[WÖHE96]

Wöhe, G.: Einführung in die allgemeine Betriebswirtschaftslehre, 19. Auflage, Verlag Franz Vahlen, München, 1996.

[WOLF91]

Wolfrum, B.: Strategisches Technologiemanagement, Verlag Gabler, Wiesbaden, 1991.

[WOLF93]

Wolfrum, B.: Strategisches Technologiemanagement, 2. überarbeitete Auflage, Verlag Gabler, Wiesbaden, 1993.

[WOLF95]

Wolfrum, B.: Alternative Technologiestrategien, in [ZAHN95]: Handbuch Technologiemanagement, Schäfer Poeschel Verlag, Stuttgart, 1995.

[ZAHN95]

Zahn, E. (Hrsg.): Handbuch Technologiemanagement, Verlag Schäffer-Poeschel, Stuttgart, 1995.

[ZEHN97]

Zehnder, T.: Kompetenzbasierte Technologieplanung - Analyse und Bewertung technologischer Fähigkeiten im Unternehmen, Dissertation Universität Sankt Gallen, Verlag Gabler, Wiesbaden, 1997.

[ZIMM91]

Zimmermann, H.-J.: Fuzzy Set Theory and its Applications, Verlag Kluwer-Nijhoff, Boston, London, 1991.

Verzeichnis der unveröffentlichten Studien- und Diplomarbeiten, die zu dieser Dissertation beigetragen haben

Nilles, V.:
Entwicklung einer Methode zur Bewertung des technologischen Potentials eines Unternehmens, Diplomarbeit, RWTH Aachen, 1996.

Biedenkopf, T.:
Analyse aktueller Methoden zur Planung innovativer Technologien und Konzeption einer Vorgehensweise zur Einsatzplanung der Faserverbundtechnologie am Beispiel eines Produktes der Maschinenbauindustrie, Diplomarbeit, RWTH Aachen, 1996.

Cramer, S.:
Entwicklung eines Methode zur Beschreibung des unternehmensindividuellen technologischen Potentials zur Unterstützung der Produktplanung, Diplomarbeit, RWTH Aachen, 1997.

Suwita, H. Y.:
Entwicklung eines Modells zur Bildung von Suchfeldern zur Unterstützung der Produktfindung auf Basis technologischer Potentiale, Studienarbeit, RWTH Aachen, 1998.

Schöning, S.:
Methode zur Bewertung von Produktideen, Studienarbeit, RWTH Aachen, 1998.

Grüntges, V.:
Entwicklung einer Methode zur Identifikation und Bewertung technologiebasierter Erfolgspotentiale, Diplomarbeit, RWTH Aachen, 1998.

Tacke, T. F.:
Entwicklung einer Methode zur Ableitung von Produktmerkmalen aus potentialbasierten Suchfeldern für Produktinnovationen, Diplomarbeit, RWTH Aachen, 1998.

8 ANHANG

Anhang A: Vorgehensweise der Planungsmethode (SADT) 137
Anhang B: Erfassungsdatenblatt A „Ressourcen" 151
Anhang C: Erfassungsdatenblatt B „Fähigkeiten" 152
Anhang D: Entscheidungslogik zur Definition von Grundfunktionen
nach KUTTIG 153
Anhang E: Klassifizierung der Werkstoffleistung nach Koppelmann 154
Anhang F: On-Line Dienste für Technologieinformationen 155
Anhang G: Bewertungsdatenblatt Technologiebeherrschung
(Technologie Wickeln) 156
Anhang G1: Einzelergebnisse Technologiebeherrschung 157
Anhang H: Bewertungsdatenblatt Zukunftsträchtigkeit (Technologie Wickeln) 158
Anhang H1: Einzelergebnisse Zukunftsträchtigkeit 159
Anhang I: Kostenkennzahlen 1996 160
Anhang J: Kreativitätstechniken 161
Anhang K: Bewertungsdatenblatt für den Strategietyp „Kostenführerschaft" 162
Anhang L: Bewertungsdatenblatt für den Strategietyp „Differenzierung" 163
Anhang M: Dichtefunktion und Verteilungsfunktion
für die Fadengeschwindigkeit 164
Anhang N: Fuzzy Mengen für die Fadengeschwindigkeit 165
Anhang O: Potentialportfolio 166
Anhang P: Markteignung und Ressourcennutzung (CFK-Hochdruckflasche) 167
Anhang Q: Markteignung und Ressourcennutzung (Druckerführungswalze) 168
Anhang R: Markteignung und Ressourcennutzung (CFK-Baseballschläger) 169
Anhang S: Bewertungsdatenblatt „Differenzierung" (Druckerführungswalze) 170
Anhang T: Bewertungsdatenblatt „Differenzierung" (CFK-Baseballschläger) 171

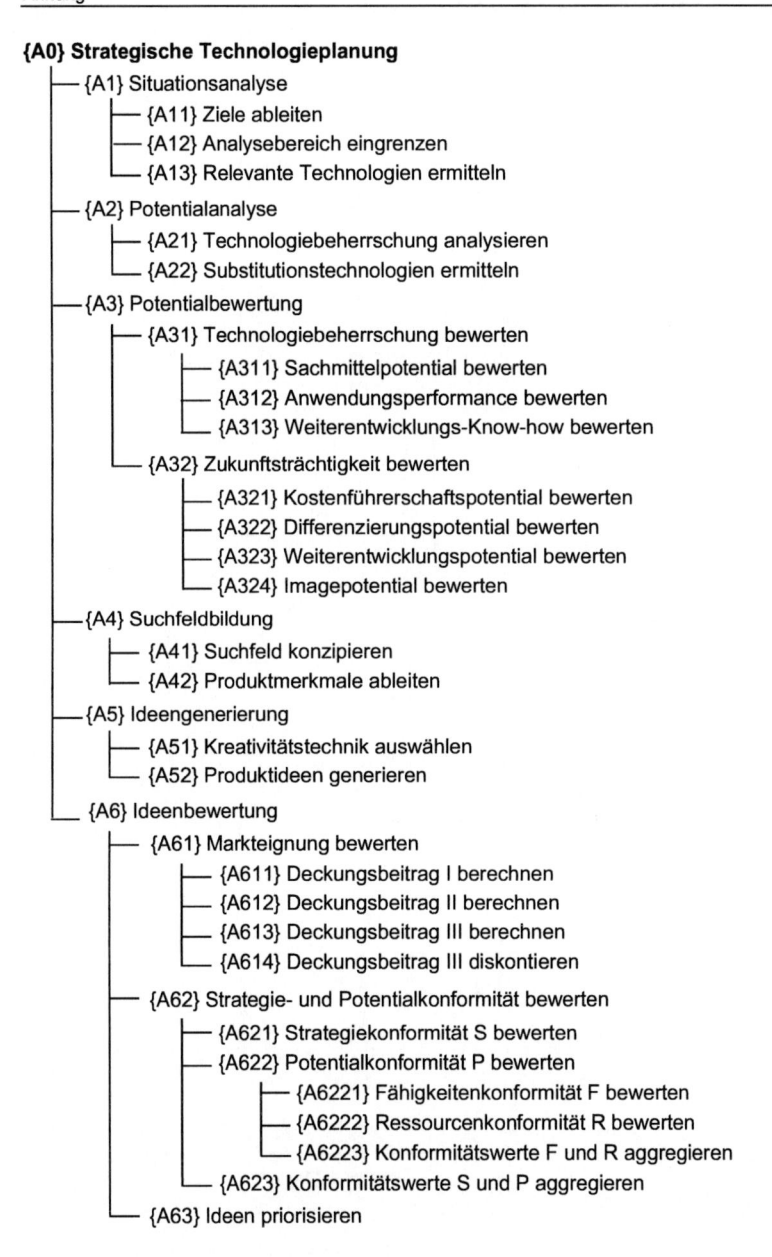

{A0} Strategische Technologieplanung
- {A1} Situationsanalyse
  - {A11} Ziele ableiten
  - {A12} Analysebereich eingrenzen
  - {A13} Relevante Technologien ermitteln
- {A2} Potentialanalyse
  - {A21} Technologiebeherrschung analysieren
  - {A22} Substitutionstechnologien ermitteln
- {A3} Potentialbewertung
  - {A31} Technologiebeherrschung bewerten
    - {A311} Sachmittelpotential bewerten
    - {A312} Anwendungsperformance bewerten
    - {A313} Weiterentwicklungs-Know-how bewerten
  - {A32} Zukunftsträchtigkeit bewerten
    - {A321} Kostenführerschaftspotential bewerten
    - {A322} Differenzierungspotential bewerten
    - {A323} Weiterentwicklungspotential bewerten
    - {A324} Imagepotential bewerten
- {A4} Suchfeldbildung
  - {A41} Suchfeld konzipieren
  - {A42} Produktmerkmale ableiten
- {A5} Ideengenerierung
  - {A51} Kreativitätstechnik auswählen
  - {A52} Produktideen generieren
- {A6} Ideenbewertung
  - {A61} Markteignung bewerten
    - {A611} Deckungsbeitrag I berechnen
    - {A612} Deckungsbeitrag II berechnen
    - {A613} Deckungsbeitrag III berechnen
    - {A614} Deckungsbeitrag III diskontieren
  - {A62} Strategie- und Potentialkonformität bewerten
    - {A621} Strategiekonformität S bewerten
    - {A622} Potentialkonformität P bewerten
      - {A6221} Fähigkeitenkonformität F bewerten
      - {A6222} Ressourcenkonformität R bewerten
      - {A6223} Konformitätswerte F und R aggregieren
    - {A623} Konformitätswerte S und P aggregieren
  - {A63} Ideen priorisieren

Anhang A: Knotenverzeichnis des Methodensystems

Seite 138 — Anhang

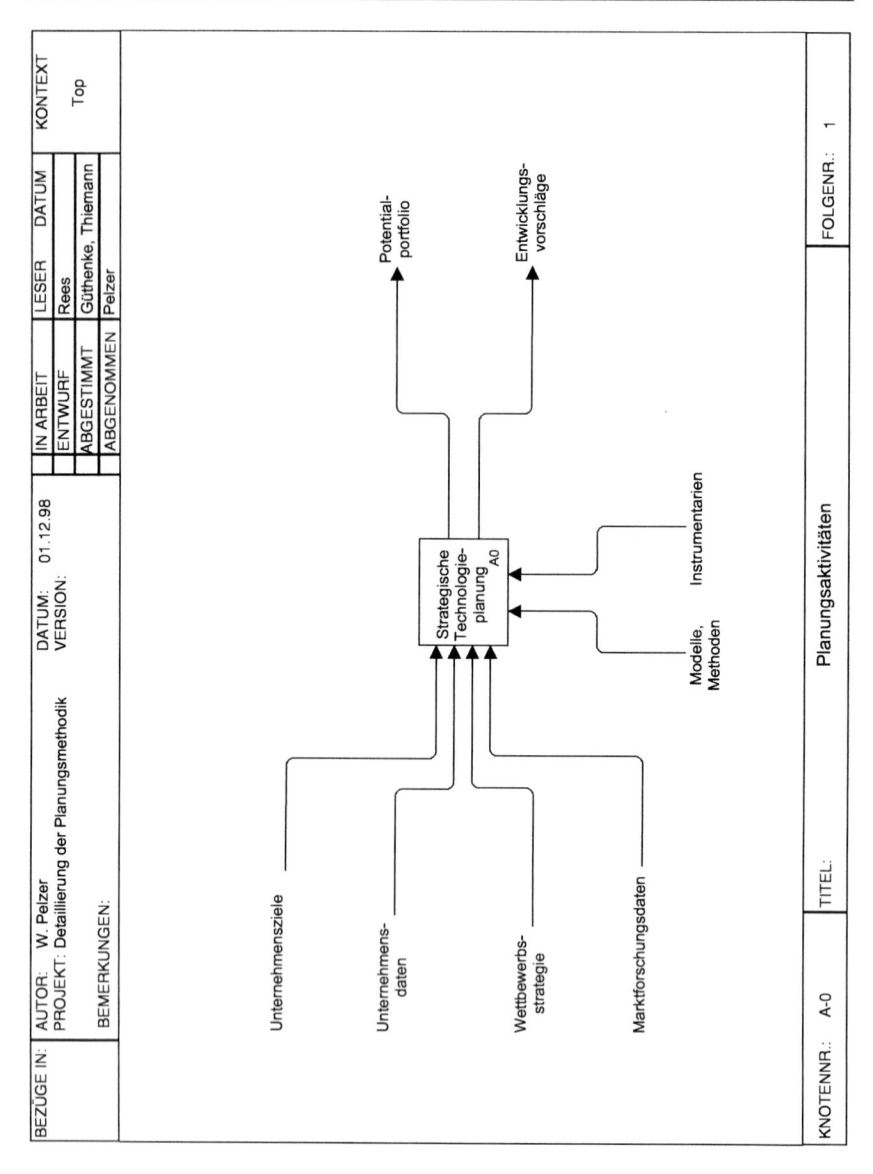

BEZÜGE IN:	AUTOR: W. Pelzer PROJEKT: Detaillierung der Planungsmethodik	DATUM: 01.12.98 VERSION:	IN ARBEIT ENTWURF ABGESTIMMT ABGENOMMEN	LESER Rees Güthenke, Thiemann Pelzer	DATUM	KONTEXT Top
	BEMERKUNGEN:					

Eingänge:
- Unternehmensziele
- Unternehmensdaten
- Wettbewerbsstrategie
- Marktforschungsdaten

Steuerung:
- Modelle, Methoden
- Instrumentarien

Ausgänge:
- Potentialportfolio
- Entwicklungsvorschläge

Aktivität: Strategische Technologieplanung (A0)

| KNOTENNR.: A-0 | TITEL: Planungsaktivitäten | FOLGENR.: 1 |

Anhang A: Planungsaktivitäten

Anhang *Seite 139*

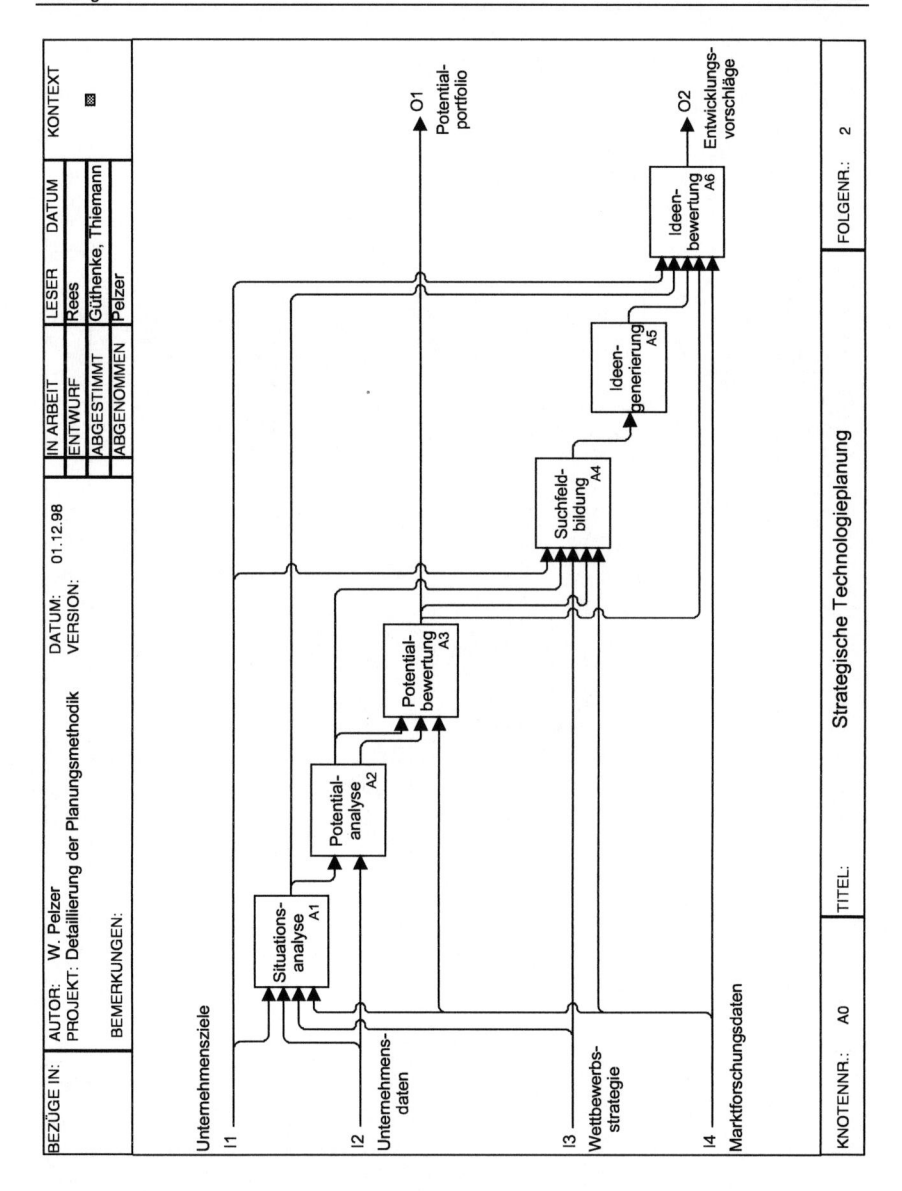

BEZÜGE IN:	AUTOR: W. Pelzer	DATUM: 01.12.98	IN ARBEIT	LESER	DATUM	KONTEXT
	PROJEKT: Detaillierung der Planungsmethodik	VERSION:	ENTWURF	Rees		
			ABGESTIMMT	Güthenke, Thiemann		
	BEMERKUNGEN:		ABGENOMMEN	Pelzer		

Eingänge:
- I1 Unternehmensziele
- I2 Unternehmensdaten
- I3 Wettbewerbsstrategie
- I4 Marktforschungsdaten

Aktivitäten:
- A1 Situationsanalyse
- A2 Potentialanalyse
- A3 Potentialbewertung
- A4 Suchfeldbildung
- A5 Ideengenerierung
- A6 Ideenbewertung

Ausgänge:
- O1 Potentialportfolio
- O2 Entwicklungsvorschläge

| KNOTENNR.: A0 | TITEL: Strategische Technologieplanung | FOLGENR.: 2 |

Anhang A: Strategische Technologieplanung

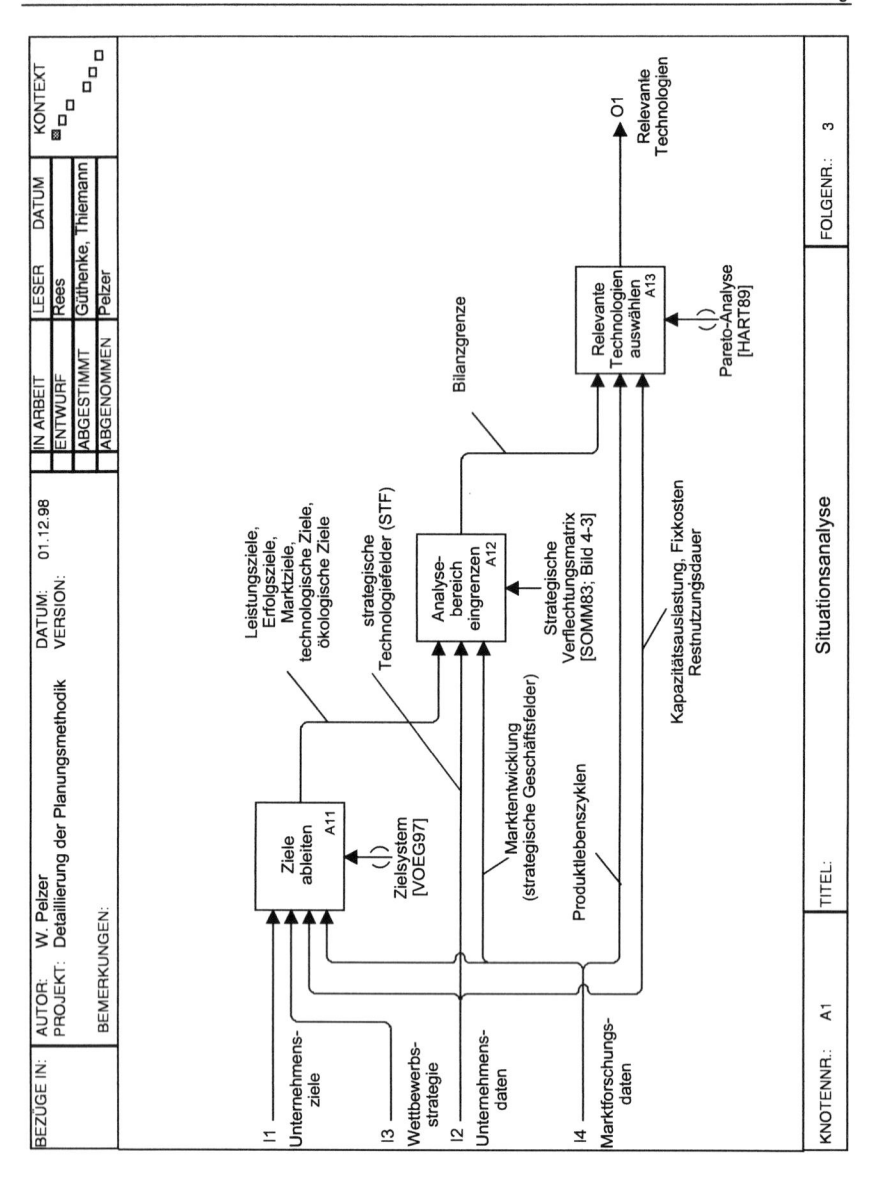

Anhang A: Situationsanalyse

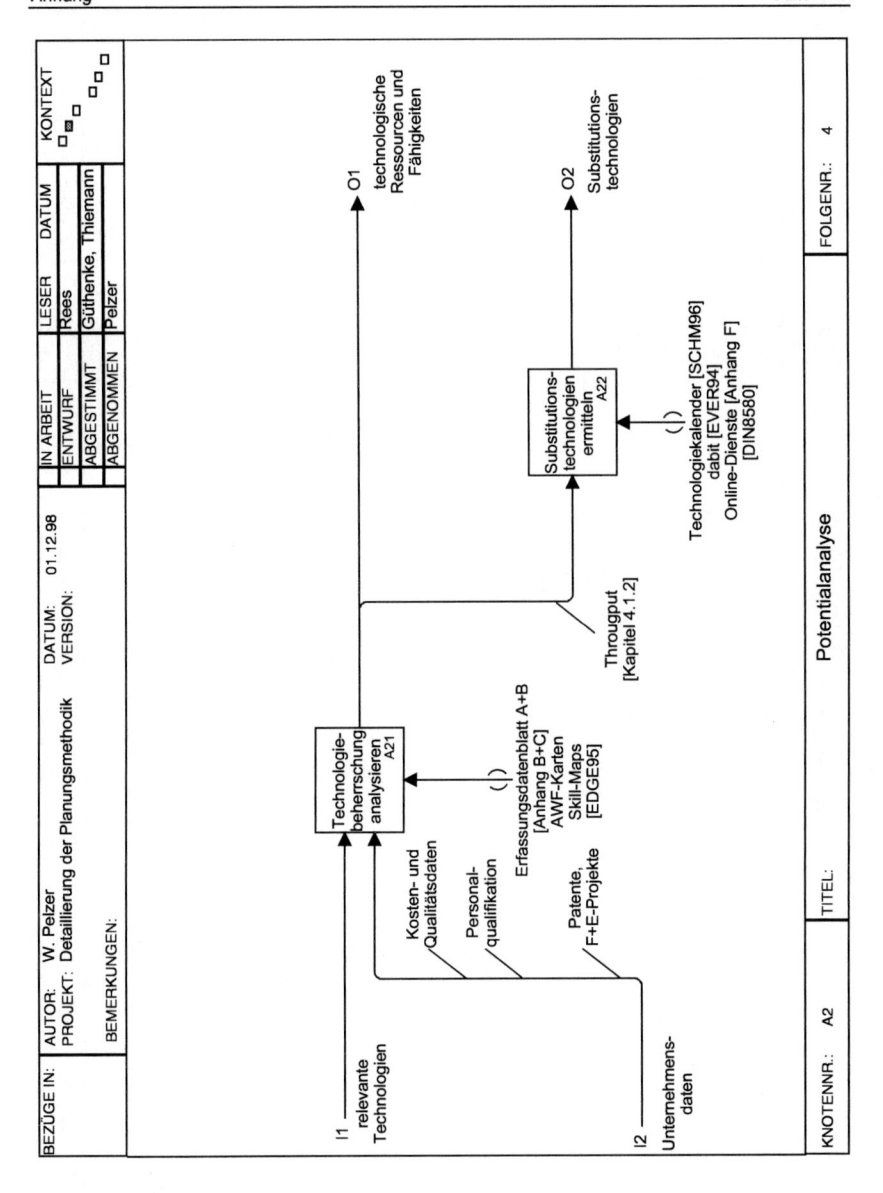

Anhang A: Potentialanalyse

Seite 142   Anhang

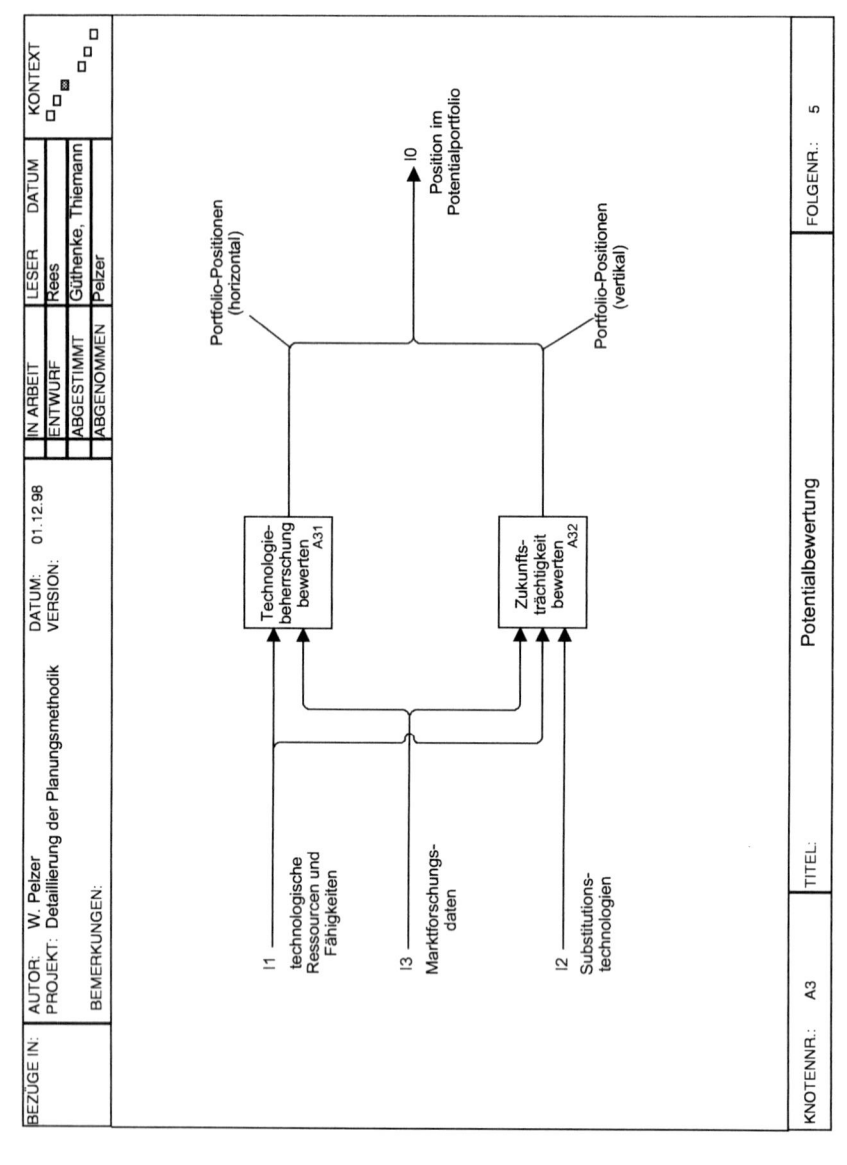

BEZÜGE IN:	AUTOR: W. Pelzer	DATUM: 01.12.98	IN ARBEIT	LESER	DATUM	KONTEXT
	PROJEKT: Detaillierung der Planungsmethodik	VERSION:	ENTWURF	Rees		
			ABGESTIMMT	Güthenke, Thiemann		
	BEMERKUNGEN:		ABGENOMMEN	Pelzer		

Inputs:
- I1: technologische Ressourcen und Fähigkeiten
- I3: Marktforschungsdaten
- I2: Substitutionstechnologien

Prozesse:
- A31: Technologiebeherrschung bewerten
- A32: Zukunftsträchtigkeit bewerten

Outputs:
- Portfolio-Positionen (horizontal)
- Portfolio-Positionen (vertikal)
- I0: Position im Potentialportfolio

| KNOTENNR.: A3 | TITEL: Potentialbewertung | FOLGENR.: 5 |

Anhang A: Potentialbewertung

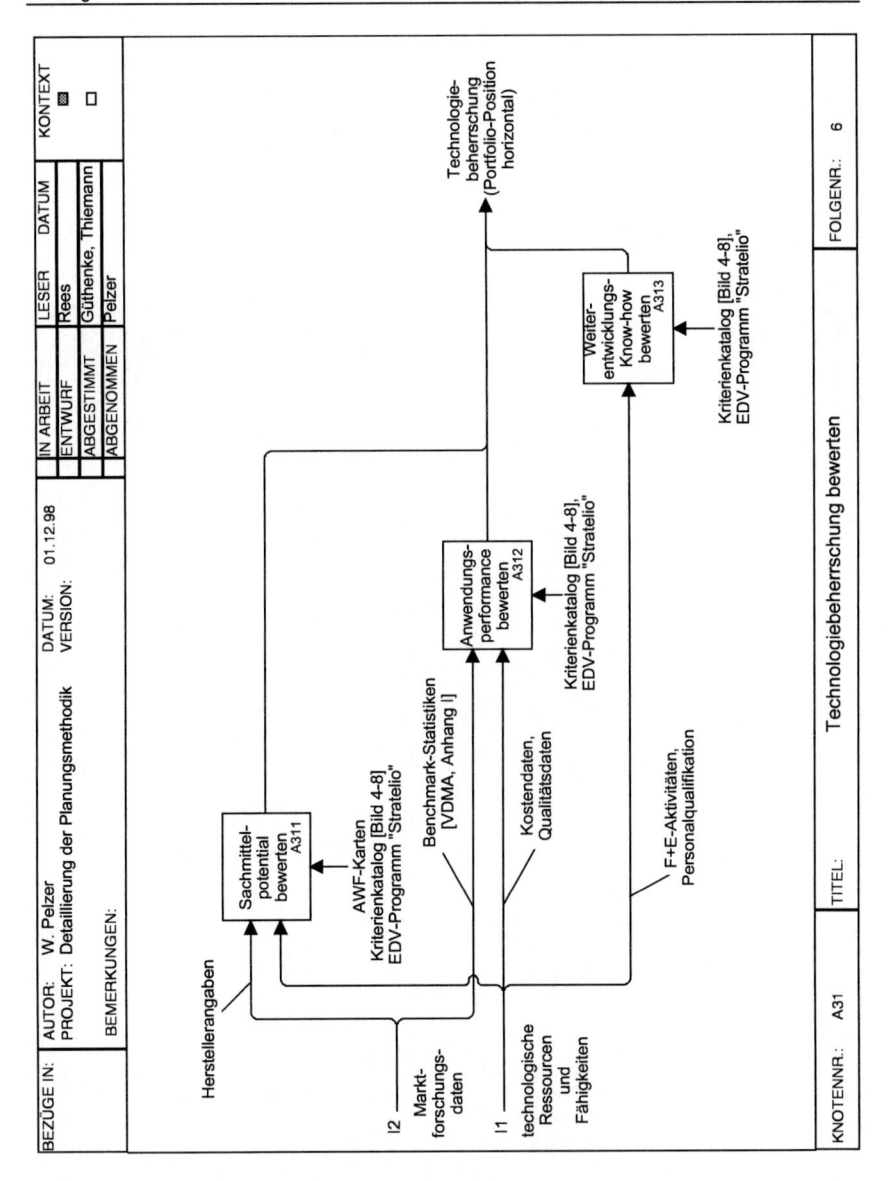

Anhang A: Technologiebeherrschung bewerten

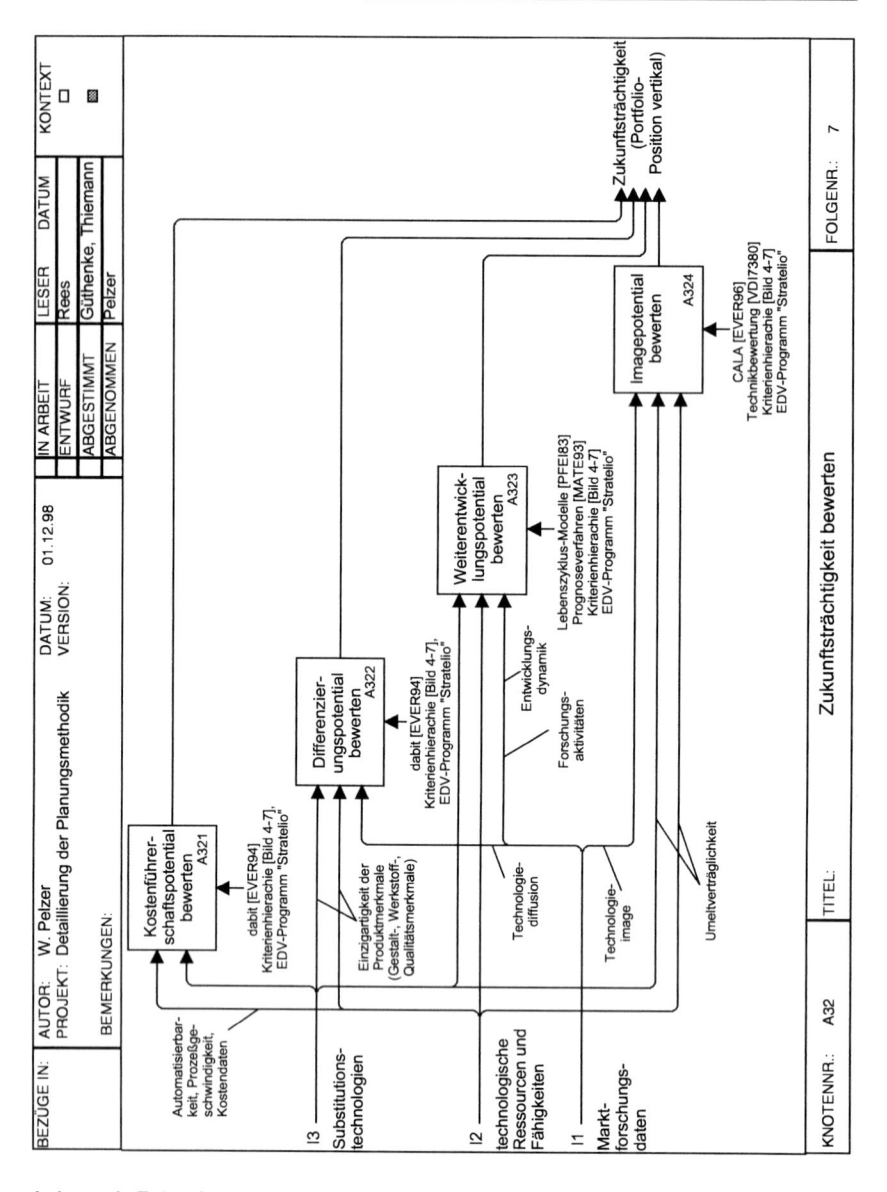

Anhang A: Zukunftsträchtigkeit bewerten

Anhang   *Seite 145*

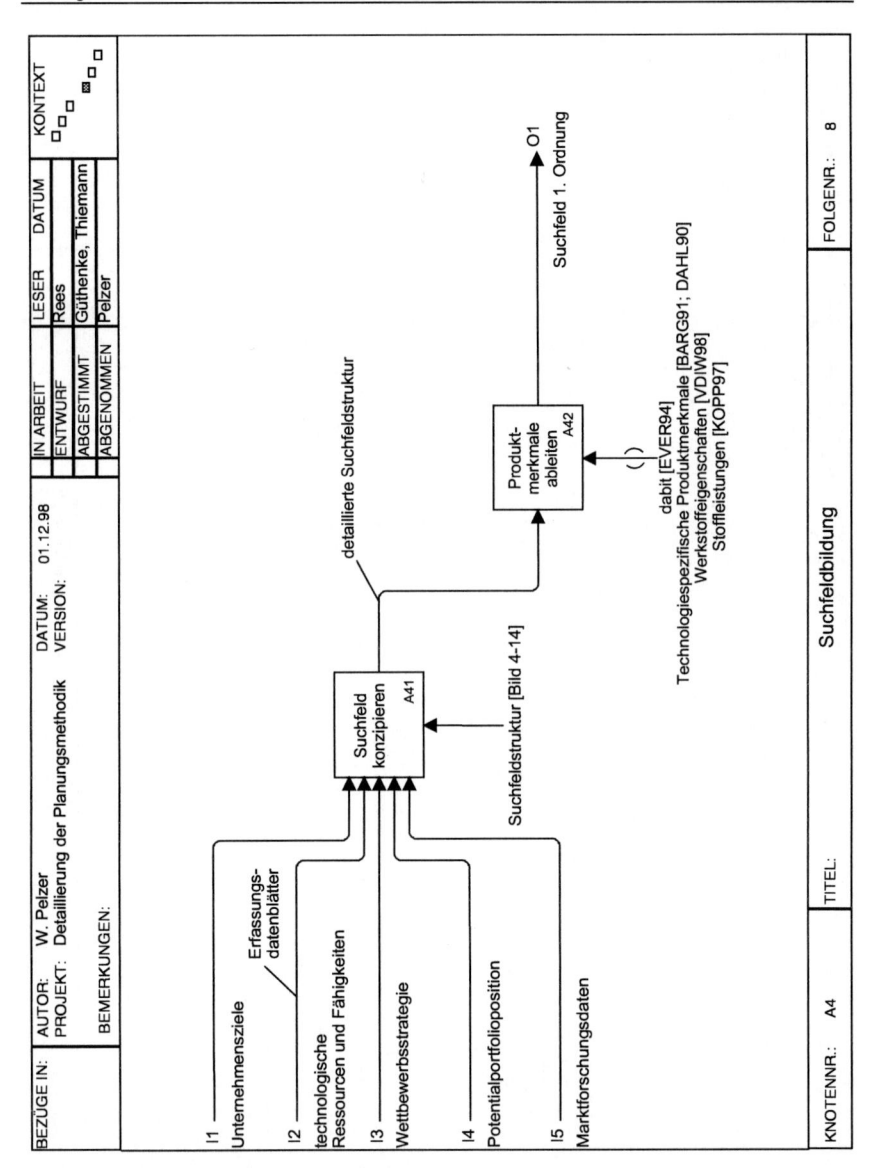

BEZÜGE IN:	AUTOR: W. Pelzer	DATUM: 01.12.98	IN ARBEIT	LESER	DATUM	KONTEXT
	PROJEKT: Detaillierung der Planungsmethodik	VERSION:	ENTWURF	Rees		
			ABGESTIMMT	Güthenke, Thiemann		
	BEMERKUNGEN:		ABGENOMMEN	Pelzer		

I1 Unternehmensziele
Erfassungsdatenblätter
I2 technologische Ressourcen und Fähigkeiten
I3 Wettbewerbsstrategie
I4 Potentialportfolioposition
I5 Marktforschungsdaten

→ **Suchfeld konzipieren** A41
Suchfeldstruktur [Bild 4-14]
detaillierte Suchfeldstruktur
→ **Produktmerkmale ableiten** A42

dabei [EVER94]
Technologiespezifische Produktmerkmale [BARG91; DAHL90]
Werkstoffeigenschaften [VDIW98]
Stoffleistungen [KOPP97]

O1 Suchfeld 1. Ordnung

KNOTENNR.: A4	TITEL: Suchfeldbildung	FOLGENR.: 8

Anhang A: Suchfeldbildung

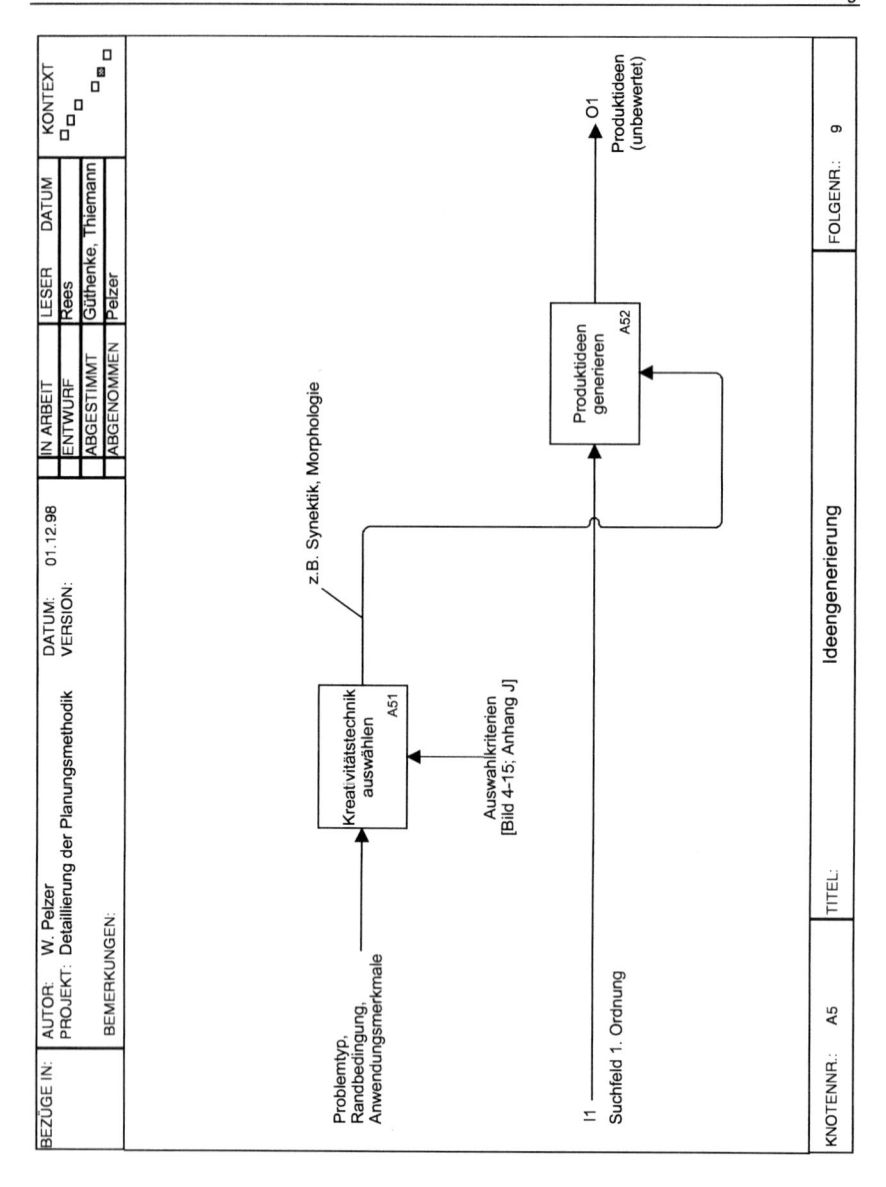

Anhang A: Ideengenerierung

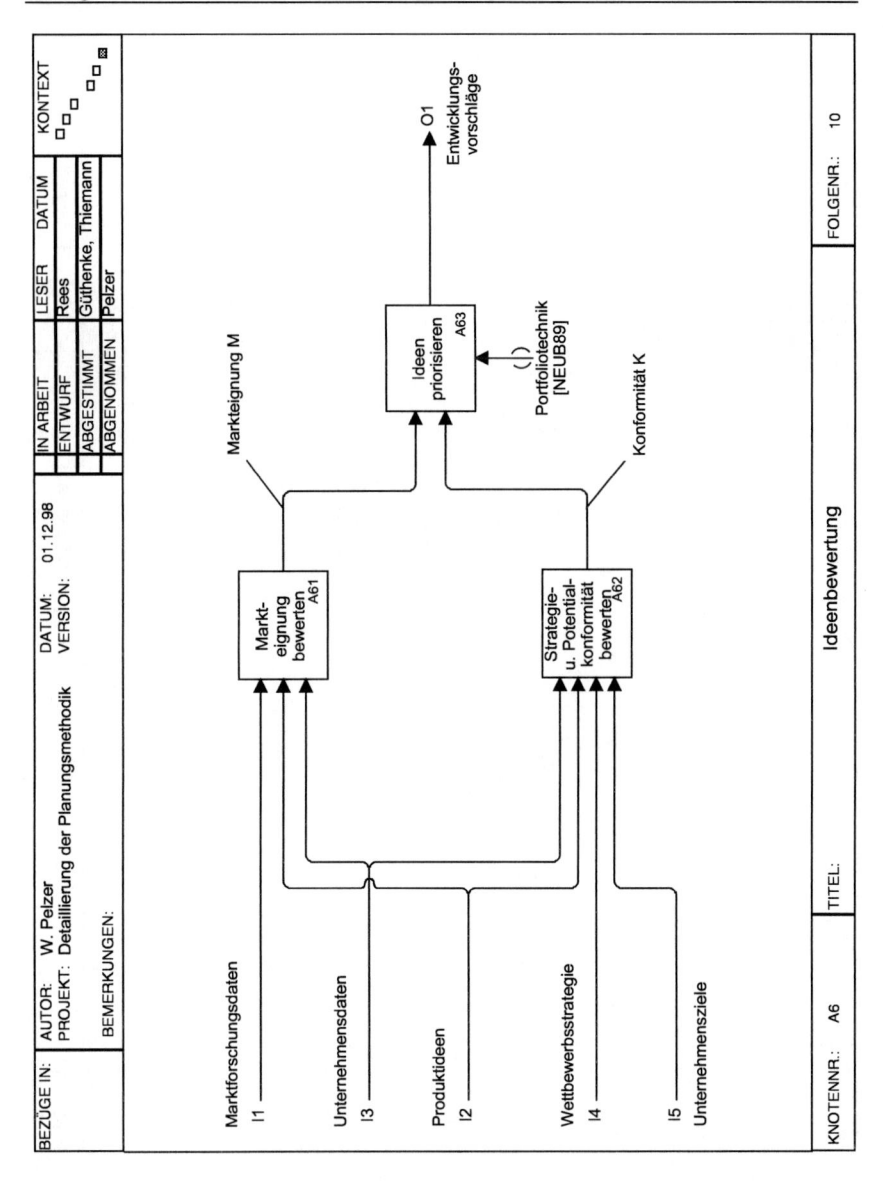

Anhang A: Ideenbewertung

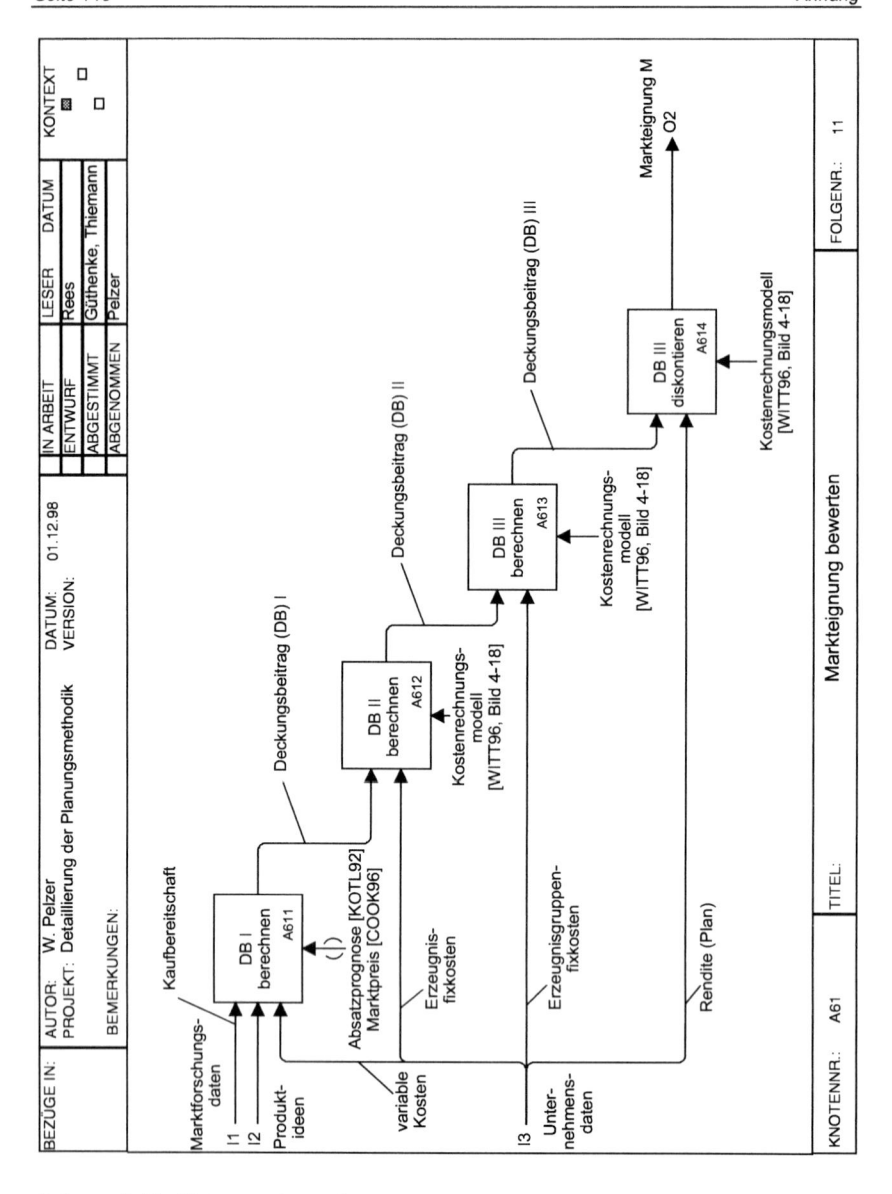

Anhang A: Markteignung bewerten

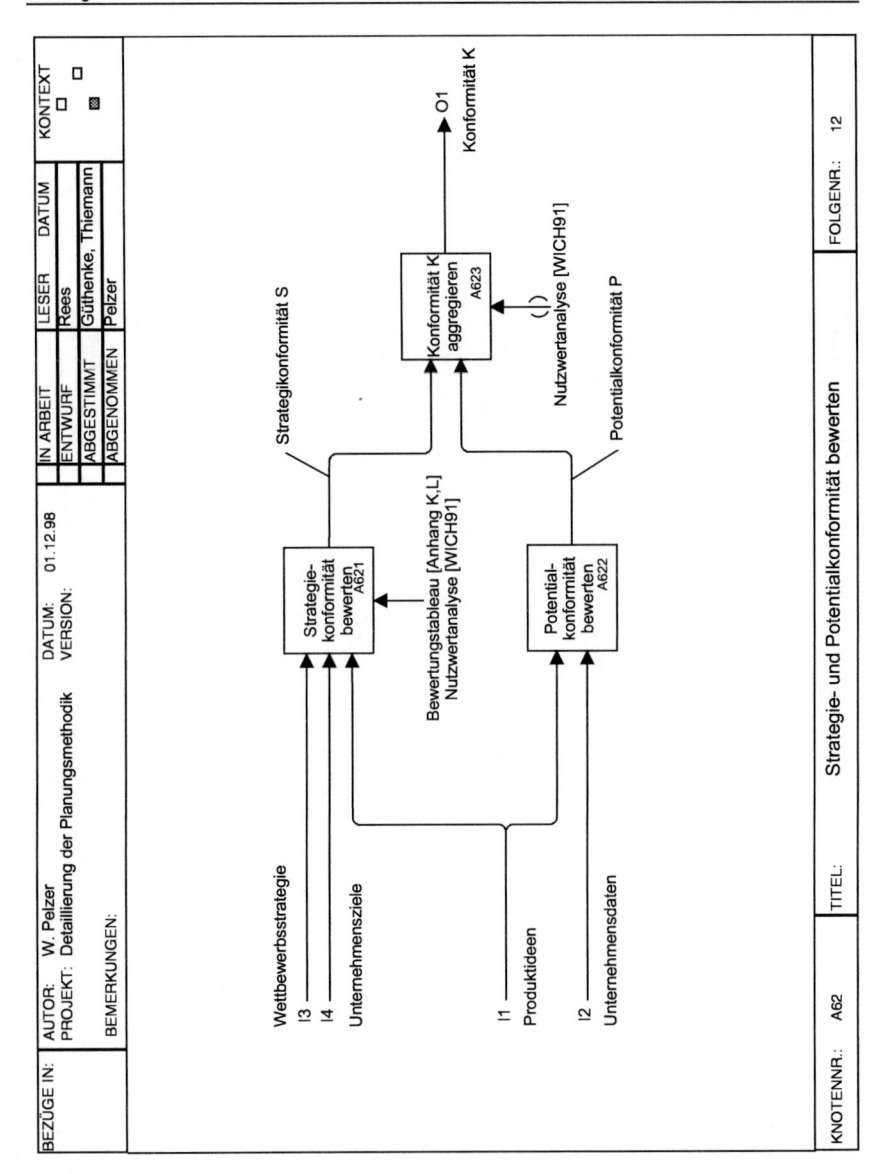

Anhang A: Strategie- und Potentialkonformität bewerten

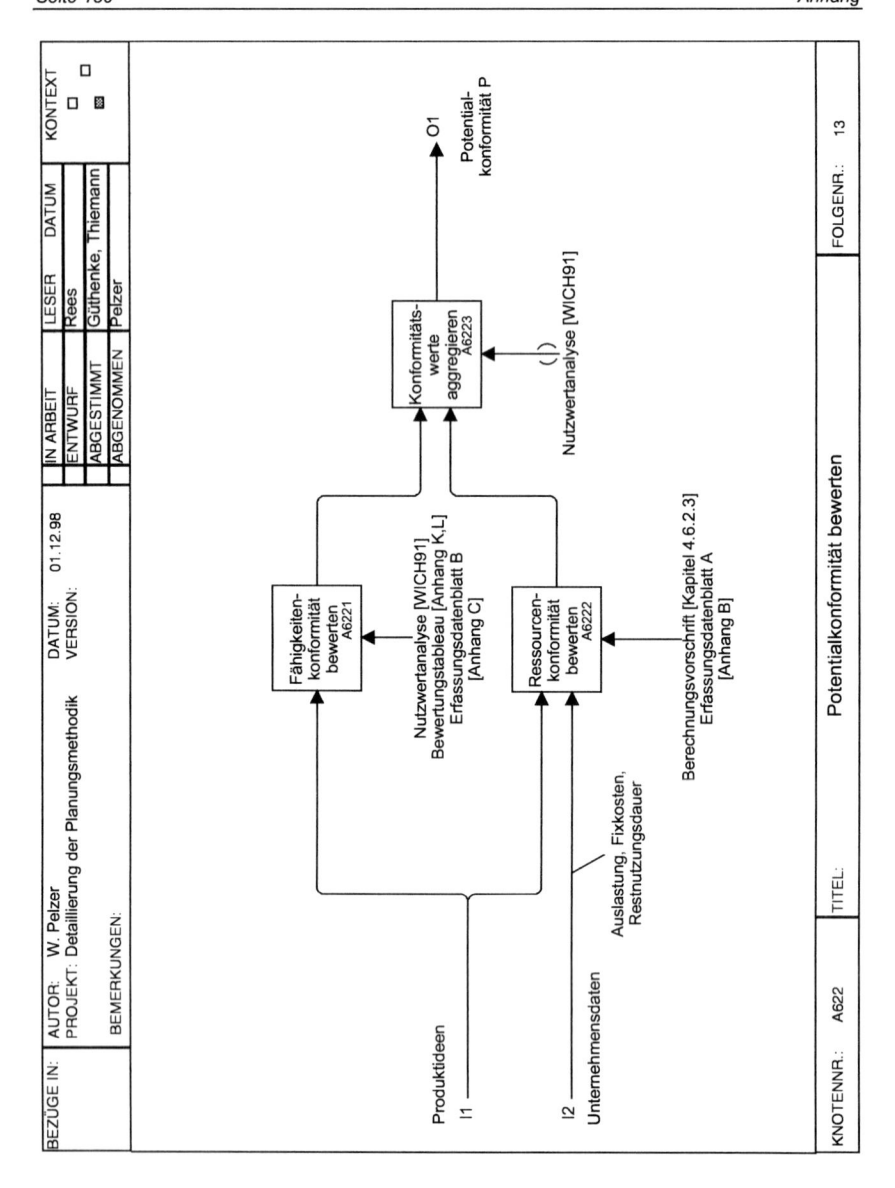

Anhang A: Potentialkonformität bewerten

Anhang Seite 151

Potentialanalyse	Erfassungsdatenblatt A	Ressourcen

Technologiebezeichnung (nach DIN 8580): **Wickeln / Umformen** (Ordnungsnr. nach DIN: 2.4.2.3.1)

Anzahl der Maschinen für diese Technologie (insgesamt) 3

Sachmittel

Maschinenbezeichnung	CNC-Drehbankwickelmaschine			
Kostenstelle	MN-W2	Alter der Maschine	2	[Jahre]
Kalulatorische Restnutzungsdauer	3 [Jahre]	Maschinenverfügbarkeit	85	[%]
Maschinenstundensatz	fix 95 [DM/h]	variabel 20 [DM/h]		
minimale Losgröße	1 [Stck]	Maschinenleistung	25	[kVA]
Werkstückabmessungen	Länge 80-8000 [mm]	Durchmesser 30-550 [mm]	Länge [mm]	Höhe [mm]
Bauteilgestalt	Rotationssymmetrisch (Rohr, Konus, Hohlprofil, Kugelsegment)			
Fadengeschwindigkeit (bei definiertem Wickelwinkel)	1,2 [m/s] Toleranzen	Kernseitig glatte Oberfläche, Nachbearbeitung erforderlich		
Automatisierungsgrad	Vollautomatisch			
Funktionsumfang	Standard & Programmgenerierung			
Art der Steuerung	CNC (3-Achsen)			
Prozeßfähigkeit	Cpk ≈ 1,4 (über alle A-Teile)			
Werkstoffe (mögliche)	Alle Faserarten, vorzugsweise Duroplaste			

Know-how

Anzahl der Maschinenbediener	3	Anzahl der Technologieexperten	3
Know-how Technologieexperten	Hoch (Kooperation & interne Weiterentwicklung)		
Kontakte zu externen Technologieexperten	Entwicklungskooperation mit Technologiegebern		
Dauer der Technologieanwendung	12 [Jahre]		
Produktvarianz Geometrie	Rohre, Profile		
Werkstoff (bearbeitete)	FVK, überwiegend CFK		

Anhang B: Erfassungsdatenblatt A „Ressourcen"

Potentialanalyse	Erfassungsdatenblatt B	Fähigkeiten
Werkstoffe		
Werkstoffbezeichnung	CFK	
	Kohlenstoffaserverstärkter Kunststoff	
Technische Stoffleistungen		
Mechanisch	Hohe Zugfestigkeit, hohes E-Modul	
Thermisch	Sehr geringe Ausdehnungskoeffizienten, gute Isolation	
Elektrisch	Gute elektrische Leitfähigkeit	
Optisch	Schwarz glänzend	
Verhalten gegenüber der Umwelt	Widerstandsfähig gegen Medien, brandbeständig	
Ökologische Leistungen		
Gewinnungsaspekt	Anorganischer Werkstoff	
Wiederverwertungsaspekt	Als minderwertiger Rohstoff weiterverarbeitbar	
Wahrnehmungsleistungen		
Haptisch	Abhängig von der Nachbearbeitung	
Olfaktorisch	Keine	
Gustatorisch	Keine	
Anmutsleistungen		
Natürlich/Künstlich	Künstlich	
Warm/Kalt	Kalt	
Leicht/Schwer	Leicht	
Modern/Alt	Modern	
Funktionen		
Funktionsbezeichnung	Vortriebssystem	
Grundfunktionen	- Speichern (Energie) - Fördern (Festkörper) - Wandeln (gespeicherte Energie in kinetische Energie)	

Anhang C: Erfassungsdatenblatt B „Fähigkeiten"

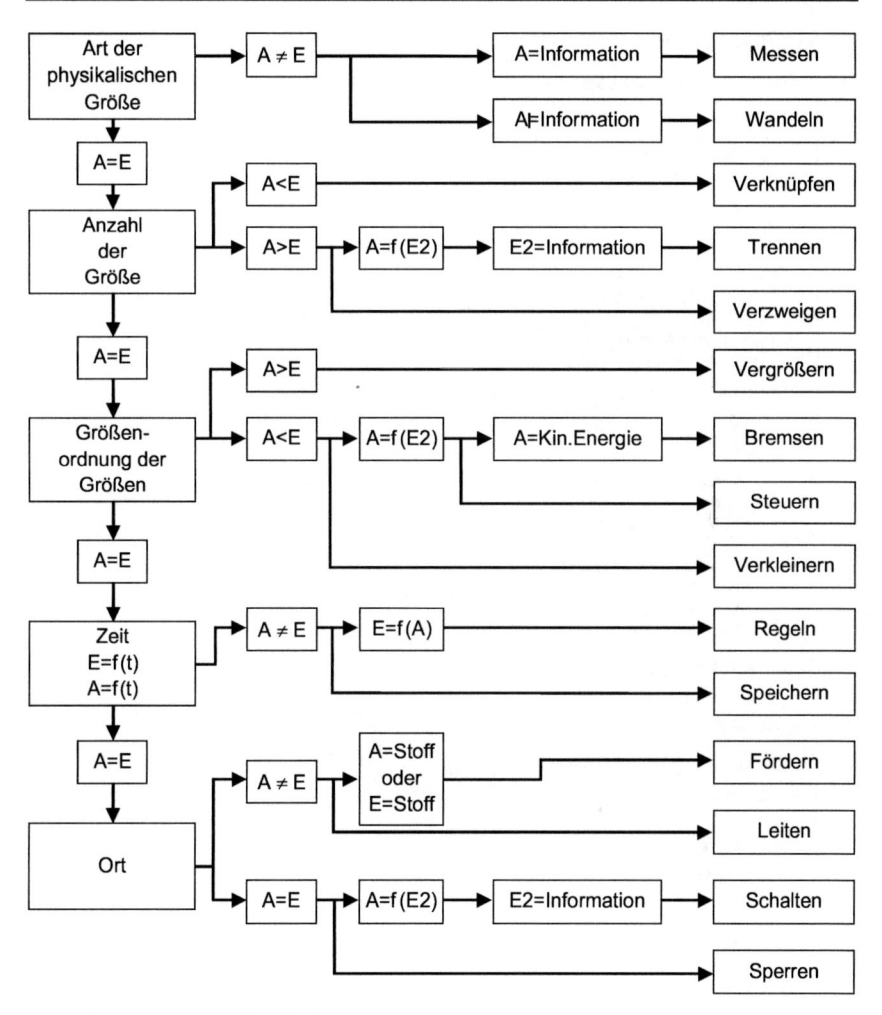

Anhang D: Entscheidungslogik zur Definition von Grundfunktionen nach KUTTIG

Kriterium	Bedingung 1	Bedingung 2	Bedingung 3	Grundfunktion
Art der physikalischen Größe	$A \neq E$	$A = $ Information		Messen
		$A \neq $ Information		Wandeln
Anzahl der Größe ($A=E$)	$A < E$			Verknüpfen
	$A > E$	$A = f(E2)$	$E2 = $ Information	Trennen
				Verzweigen
Größenordnung der Größen ($A=E$)	$A > E$			Vergrößern
	$A < E$	$A = f(E2)$	$A = $ Kin.Energie	Bremsen
				Steuern
				Verkleinern
Zeit $E=f(t)$, $A=f(t)$ ($A=E$)	$A \neq E$	$E = f(A)$		Regeln
				Speichern
Ort ($A=E$)	$A \neq E$	$A = $ Stoff oder $E = $ Stoff		Fördern
				Leiten
	$A = E$	$A = f(E2)$	$E2 = $ Information	Schalten
				Sperren

Legende: A = Ausgang; E = Eingang

Anhang D: Entscheidungslogik zur Definition von Grundfunktionen nach KUTTIG

Werkstoffleistungen

Technisch-naturwissenschaftliche Leistungsaspekte

- Mechanische Leistungen
  - Steifigkeit
  - Bruchverhalten
  - Härte
  - Festigkeit
  - Dauerfestigkeit
- Thermische Leistungen
- Elektrische Leistungen
  - Dielektrisches Verhalten
  - Elektrische Leitfähigkeit
  - Durchschlagfestigkeit
  - Elektrostatische Aufladung
- Optische Leistungen
  - Brechung und Dispersion
  - Transparenz
  - Glanz
  - Farbe
- Verhalten gegenüber der Umwelt
  - Widerstandsfähigkeit gegen Medien
  - Spannungsrißbeständigkeit
  - Diffusion und Permeation
  - Bewitterung
  - Biologisches Verhalten
  - Brandverhalten

Ökologische Leistungen

- Gewinnungsaspekt
- Wiederverwertungsaspekt

Wahrnehmungsleistungen

- Haptische Leistungen (Tastansprüche)
  - Flächentastung
  - Raumtastung
- Olfaktorische Leistungen (Geruchsansprüche)
- Gustatorische Leistungen (Geschmacksansprüche)
  - Zungengeschmack
  - Mundgeschmack

Anmutsleistungen

- Natürliche - künstliche Stoffe
- Rustikale - feine Stoffe
- Moderne - altbewährte Stoffe
- Warme - kalte Stoffe
- Leichte - schwere Stoffe

Anhang E: Klassifizierung der Werkstoffleistung nach Koppelmann

On-Line Dienste für Technologieinformationen	
Name	**Adresse**
aixonix	http://www.aixonix.de
National Technology Transfer Center	http://iridium.nttc.edu/nttc.html
National Center for Manufacturing Sciences	http://www.ncms.org
American Machinist Magazine	http://penton.com/am/guide/index.html
United Grinding Technologies	http://www.grinding.com/pages.html
Manufacturing Technical Information Analysis Center	http://mtiac.iitri.com/
Knowledge Express Data Systems	http://www.thevine.com/knowledgeE/
Metadex	http://info.cas.org/ONLINE/DBSS/metadexss.html
National technological information services	http://www.ntis.gov/ntisdb.htm
Technical insights	http://www.insights.com/manufacturing_tech.html
Teltech (Technical Knowledge Service)	http://us.teltech.com
Institute for Advanced Manufacturing Science	http://www.iams.org
Technical specifications database	http://www.techspex.com/techget.htm
CPAS tool	http://cpas.mtu.edu

Anhang F: On-Line Dienste für Technologieinformationen

Bewertungsdatenblatt: Technologiebeherrschung	Wert 95,15

Technologiebezeichnung	Wickeln

Sachmittelpotential — 3

Leistungspotential						
Funktionsumfang	nur Basisfkt.	erweiterte Basisfkt.	aktuelle Standardfkt. (x)	erweiterte Standardfkt.	max. Funktionsumfang	5
Steuerung	nur Basisst.	erweiterte Basisst.	aktuelle Standardst.	erweiterte Standardst. (x)	max. Steuerungsumfang	3

Flexibilität — 3

	gering	mittel	hoch	
Geometrieflexibilität		x		1
Werkstoffflexibilität		x		1
Mengenflexibilität		x		1
Fertigungsredundanz		x		1

	manuell	mech.	teilautom.	vollautom.	
Automatisierungsgrad			x		3

Anwendungsperformance — 5

Prozeßkosten — 5

Leistungsbezogener Maschinenstundensatz — 5

	KVA	vgl. Min	vgl. Max	
Maschinenleistung (Hilfsgröße)	25	8	35	

	DM/h	vgl. Min	vgl. Max	
Maschinenstundensatz (Hilfsgröße)	115	70	180	

	m/s	vgl. Min	vgl. Max	
Fadengeschwindigkeit (bei definiertem Wickelwinkel)	1,2	0,2	1,5	1

Prozeßqualität — 3

		Min	Max	
Prozeßfähigkeit Cpk	1,4	0,8	1,8	5

	%	vgl. Min	vgl. Max	
Maschinenverfügbarkeit	85	50	95	1

		vgl. Min	vgl. Max	
Bedienerverfügbarkeit		0,5	2	3

Anzahl qualifizierter Bediener	3	Anzahl Bediener/Schicht	1	max. Schichtanzahl	2

Weiterentwicklungs-Know-how — 1

Technologieerfahrung — 5

	< 1 Jahr	ca. 5 Jahre	> 10 Jahre (x)	
Dauer der Technologieanwendung			x	5

	gleiche Formen & gleiche Werkst.	gleiche Formen & versch. Werkst.	versch. Formen & gleiche Werkst.	versch. Formen & versch. Werkst.	
Produktvarität				x	3

	nie	selten	regelmäßig	
Kontakt zu externen Technologieexperten			x	3

	0	1	> 2	
Anzahl der internen Technologieexperten			x	1

	Keine Entwicklungstätigkeit	Entwicklung/ Kooperationen	Intensive Eigenentwicklung	Lehrtätigkeit/ Verbandsfunktion	
Know-How der internen Technologieexperten			x		5

Anhang G: Bewertungsdatenblatt Technologiebeherrschung (Technologie Wickeln)

Kriterien	Symbol	Wickeln	Drehen	Walzen	Strang-pressen	Tief-ziehen	Nieten	Plattieren	WIG-Schweißen
Technologiebeherrschung	**TB**	**95,2**	**35,9**	**64,3**	**63,7**	**68,1**	**69,8**	**25,6**	**52,6**
Sachmittelpotential	**SP**	89,5	42,1	63,4	63,4	63,4	63,4	42,1	63,4
Leistungspotential	LP	84,4	25,0	34,4	34,4	34,4	34,4	25,0	34,4
Funktionsumfang	FU	75,0	25,0	25,0	25,0	25,0	25,0	25,0	25,0
Steuerung	ST	100,0	25,0	50,0	50,0	50,0	50,0	25,0	50,0
Flexibilität	FL	87,5	12,5	75,0	75,0	75,0	75,0	12,5	75,0
Geometrieflexibilität	GF	50,0	0,0	50,0	50,0	50,0	50,0	0,0	50,0
Werkstoffflexibilität	WF	100,0	50,0	50,0	50,0	50,0	50,0	50,0	50,0
Mengenflexibilität	MF	100,0	0,0	100,0	100,0	100,0	100,0	0,0	100,0
Fertigungsredundanz	FR	100,0	0,0	100,0	100,0	100,0	100,0	0,0	100,0
Automatisierungsgrad	AG	100,0	100,0	100,0	100,0	100,0	100,0	100,0	100,0
Anwendungsperformance	**AP**	100,0	21,8	65,5	69,7	66,9	73,2	13,1	52,8
Prozeßkosten	PK	100,0	27,7	82,6	100,0	100,0	100,0	13,8	63,5
Leistungsbezogener Maschinenstundensatz	LM	76,9	31,1	59,7	75,0	90,2	99,0	25,0	46,9
Maschinenleistung	ML	Hilfsgröße	Hilfsgröße	Hilfsgröße	Hilfsgröße	Hilfsgröße	Hilfsgröße	Hilfsgröße	Hilfsgröße
Maschinenstundensatz	MS	Hilfsgröße	Hilfsgröße	Hilfsgröße	Hilfsgröße	Hilfsgröße	Hilfsgröße	Hilfsgröße	Hilfsgröße
Prozeßgeschwindigkeit	PG	100,0	87,7	100,0	100,0	100,0	100,0	64,7	100,0
Prozeßqualität	PQ	100,0	11,8	37,1	19,2	11,8	28,4	11,8	34,9
Prozeßfähigkeit	PF	73,6	26,4	50,0	26,4	26,4	50,0	26,4	50,0
Maschinenverfügbarkeit	MV	100,0	91,7	100,0	100,0	91,7	66,9	91,7	91,7
Bedienerverfügbarkeit	BV	83,1	16,9	16,9	26,4	16,9	16,9	16,9	16,9
Weiterentwicklungs-Know-how	**WK**	87,9	87,9	61,3	34,9	87,9	72,6	38,8	19,2
Technologieerfahrung	TE	100,0	100,0	68,8	24,8	100,0	87,3	68,8	43,6
Dauer der Technologieanwendung	DT	100,0	100,0	50,0	0,0	100,0	100,0	50,0	50,0
Produktvarietät	PV	100,0	100,0	100,0	66,0	100,0	66,0	100,0	33,0
Kontakt zu externen Technologieexperten	KE	100,0	100,0	100,0	50,0	100,0	50,0	50,0	0,0
Anzahl der internen Technologieexperten	AI	100,0	100,0	50,0	50,0	100,0	100,0	50,0	50,0
Know-how der internen Technologieexperten	KI	66,0	66,0	33,0	33,0	66,0	66,0	0,0	0,0

Anhang G1: Einzelergebnisse Technologiebeherrschung

Bewertungsdatenblatt: Zukunftsträchtigkeit						Wert 71,8
Technologiebezeichnung			**Substitutionstechnologien**			
Wickeln			Flechten, Pultrudieren			

Kostenführerschafts- & Differenzierungspotential — 5

Kostenführerschaftspotential

Prozeßbezogene Wertschöpfung — 3

	deutlich weniger	weniger	gleich	mehr	deutlich mehr
Geometriemerkmale (Quantität)					x
Werkstoffmerkmale (Quantität)				x	
Qualitative Merkmale (Quantität)				x	

	geringer	gleich	höher		
Prozeßgeschwindigkeit	x				3

Kosten der Technologieanwendung — 5

	deutlich höher	höher	gleich	geringer	deutlich geringer
Personalintensität			x		
Maschinenkosten				x	

	sehr gering	gering	mittel	hoch	sehr hoch	
Automatisierbarkeit				x		3
Technologieflexibilität					x	3

Differenzierungspotential

Differenzierungsmerkmale — 1

	Standard	besonders	außergewöhnlich
Geometriemerkmale (Einzigartigkeit)			x
Werkstoffmerkmale (Einzigartigkeit)		x	
Qualitätsmerkmale (Einzigartigkeit)		x	

	sehr gering	gering	mittel	hoch	sehr hoch	
Technologiediffusion	x					1

Weiterentwicklungspotential — 1

Lebenszyklus — 5

	Verdrängte Technologie	Basistechnologie	Schlüsseltechnologie	Schrittmachertechnologie	
Stellung im Lebenszyklus		x			3

	sehr gering	gering	mittel	hoch	sehr hoch	
Erwartetes Gesamtpotential				x		5

	gering	mittel	hoch	
Geschwindigkeit der Entwicklung	x			3
Multiplikationspotential	x			1

Imagepotential — 1

Umweltverträglichkeit — 1

	deutlich höher	höher	gleich	geringer	deutlich geringer
Höhe der Emissionen			x		
Höhe des Materialverlustes			x		
Höhe des Energieeinsatzes			x		
Höhe des Betriebshilfsstoffeinsatzes			x		

	negativ	neutral	positiv	
Imagewirkung		x		5

Anhang H: Bewertungsdatenblatt Zukunftsträchtigkeit (Technologie Wickeln)

Anhang   Seite 159

Kriterien	Symbol	Technologien							
		Wickeln	Drehen	Walzen	Strang-pressen	Tief-ziehen	Nieten	Plattieren	WIG-Schweißen
Zukunftsträchtigkeit	**ZT**	**71,8**	**61,6**	**36,7**	**80,4**	**69,6**	**26,7**	**44,9**	**54,6**
Kostenführerschafts- & Differenzierungspotential	**KD**	78,8	68,2	54,8	81,6	74,4	31,6	41,2	53,8
Kostenführerschaftspotential	KP	64,0	53,7	40,4	81,6	61,0	31,6	41,2	53,7
Prozeßbezogene Wertschöpfung	PW	83,3	50,0	41,7	83,3	66,7	25,0	41,7	50,0
Geometriemerkmale	KGM	100,0	50,0	50,0	100,0	50,0	25,0	25,0	50,0
Werkstoffliche Merkmale	KWM	75,0	25,0	50,0	75,0	75,0	0,0	50,0	50,0
Qualitative Merkmale	KQM	75,0	75,0	25,0	75,0	75,0	50,0	50,0	50,0
Prozeßgeschwindigkeit	PG	0,0	0,0	50,0	100,0	50,0	0,0	50,0	0,0
Kosten der Technologieanwendung	KT	62,5	62,5	37,5	62,5	62,5	62,5	25,0	62,5
Personalintensität	PI	50,0	50,0	25,0	50,0	50,0	75,0	25,0	50,0
Maschinenkosten	MK	75,0	75,0	50,0	75,0	75,0	50,0	25,0	75,0
Automatisierbarkeit	AU	0,0	75,0	50,0	75,0	75,0	50,0	50,0	75,0
Technologieflexibilität	FL	0,0	75,0	25,0	100,0	50,0	0,0	50,0	75,0
Differenzierungspotential	**DP**	78,8	73,1	59,6	75,0	78,8	28,8	28,8	53,8
Differenzierungsmerkmale	DM	81,3	65,6	50,0	90,6	81,3	0,0	0,0	40,6
Geometriemerkmale	DGM	100,0	100,0	50,0	100,0	100,0	0,0	0,0	0,0
Werkstoffmerkmale	DWM	50,0	0,0	50,0	50,0	50,0	0,0	0,0	50,0
Qualitätsmerkmale	DQM	50,0	50,0	50,0	100,0	50,0	0,0	0,0	50,0
Technologiediffusion	TD	75,0	75,0	75,0	50,0	75,0	75,0	75,0	75,0
Weiterentwicklungspotential	**WP**	58,3	58,3	51,0	62,9	62,9	20,3	58,3	62,9
Lebenszyklus	LZ	64,2	64,2	56,1	64,2	64,2	22,3	64,2	64,2
Stellung im Lebenszyklus	SL	33,3	33,3	33,3	33,3	33,3	33,3	33,3	33,3
Erwartetes Gesamtpotential	EP	75,0	75,0	75,0	75,0	75,0	25,0	75,0	75,0
Geschwindigkeit der Entwicklung	GW	50,0	50,0	0,0	50,0	50,0	0,0	50,0	50,0
Multiplikationspotential	MP	0,0	0,0	0,0	50,0	50,0	0,0	0,0	50,0
Imagepotential	**IP**	50,0	49,0	46,9	91,7	52,1	8,3	50,0	50,0
Umweltverträglichkeit	UV	50,0	43,8	31,3	50,0	62,5	50,0	50,0	50,0
Höhe der Emissionen	U1	50,0	50,0	25,0	50,0	75,0	50,0	50,0	50,0
Höhe des Materialverlustes	U2	50,0	50,0	0,0	50,0	50,0	50,0	50,0	50,0
Höhe des Energieeinsatzes	U3	50,0	25,0	50,0	50,0	50,0	50,0	50,0	50,0
Höhe des Betriebshilfsstoffeinsatzes	U4	50,0	50,0	50,0	50,0	75,0	50,0	50,0	50,0
Imagewirkung	IW	50,0	50,0	50,0	100,0	50,0	0,0	50,0	50,0

Anhang H1: Einzelergebnisse Zukunftsträchtigkeit

Kosten-Kennzahlen 1996 (BWZ 1)

30.30 Maschinenstundensätze

Spanende Werkzeugmaschinen	von DM/h		bis DM/h
Drehmaschinen und Drehautomaten	95,8	-	172,2
Bohrmaschinen	91,3	-	145,2
Fräsmaschinen	97,4	-	169,8
Hobel-, Stoß-, Räummaschinen	95,7	-	129,0
Sägemaschinen	81,0	-	102,3
Schleifmaschinen	94,1	-	155,8
Hon-, Läpp-, Poliermaschinen	93,2	-	127,2
Transfermaschinen	187,1	-	293,9
Bearbeitungszentren/FFS	159,5	-	249,5
Verzahnmaschinen	99,6	-	156,6

Abtragende Werkzeugmaschinen

Funkenerosions-Werkzeugmasch., EDM	90,9	-	104,6
Elektrochemische Werkzeugmasch., ECM	124,6	-	143,5
Therm. abtragende Werkzeugmasch., TEM	209,3	-	294,5
Therm. Strahl-Trennanl., Plasma/Laser	189,0	-	183,9

Zerteilende Werkzeugmaschinen

Scheren für die Blechbearbeitung	104,4	-	118,5
Scheren für Profilmaterial	88,2	-	89,0
Schneidpressen	123,8	-	132,2
Kombinierte Stanz-,Nibbel-,Umform-u.Strahlenschneidmaschinen	139,6	-	171,5

Umformende Werkzeugmaschinen

Exzenterpressen	96,4	-	125,1
Kurbelpressen	98,7	-	130,9
Kniehebelpressen	76,8	-	87,4
Spindelpressen	107,0	-	120,0
Sonstige mechanische Pressen	86,8	-	89,1
Hydraulische Pressen	108,2	-	157,9
Biege- und Richtpressen	102,8	-	119,6
Hämmer	85,5	-	85,7
Walzmaschinen	96,2	-	127,1
Biege- und Richtmaschinen	97,8	-	105,1
Ziehmaschinen	147,4	-	245,0

VDMA Betriebswirtschaft, BwZ 1

Anhang I: Kostenkennzahlen 1996

Problemtyp

Problemtyp (Teilproblem)	Beispiel	Geeignete Methoden zur Ideenfindung
Analyseproblem	Welche Funktionen (z.B. Verstellung, Helligkeit usw.) soll die Leuchte erfüllen?	> Progressive Abstraktion > Hypothesenmatrix > Funktionsanalyse > Morphologische Matrix
Suchproblem	Welche lichterzeugenden Quellen können genutzt werden?	> Brainstorming > Brainwriting (Methode 635) > Brainwriting-Pool > Problemlösungsbaum
Konstellationsproblem	Konzeption einer Vorrichtung zur flexiblen Positionierung	> Brainstorming > Klassische Synektik > Visuelle Synektik > Reizwortanalyse > Morphologischer Kasten > TILMAG-Methode
Konsequenzproblem	Berechnung des Wirkungsgrades der Lichtquelle X	keine!
Auswahlproblem	Welches der verschiedenen Materialien ist im Hinblick auf Temperaturfestigkeit und Preis optimal?	keine!

Randbedingung

Situative Bedingung		Empfohlene Methoden*
Verfügbare Zeit	knapp	BS, 635, RWA
	reichlich	
Teilnehmerzahl der Problemlösungsgruppe	1 bis 4	MK, MM, PLB, AL
	5 bis 8	BS, 635, SY, RWA
Beziehung der Gruppenmitglieder zueinander	vertraut	alle Methoden
	fremd	Vorsicht mit SY
Spanungen, Konflikte zwischen den Gruppenmitgliedern zu befürchten		635
Erfahrungen mit Methoden zur Ideenfindung	wenig	BS, 635, AL, RWA, PLB
	gute	MK, MM, SY
Verfügbare Arbeitsmittel (Flip, Pinwände usw.)	vollständig	MK, MM, AL, PLB, SY, RWA
	keine	BS, 635
Problemkenntnis der Gruppenmitglieder	Fachleute	MK, MM, PLB
	heterogen	BS, 635, RWA, SY, AL
Ideenurheberschaft	nachzuweisen	635
	gleichgültig	alle Methoden

* Zuordnung auf einige wichtige Methoden zur Ideenfindung beschränkt.
Es bedeuten:
BS = Brainstorming   RWA = Reizwortanalyse   MK = Morphologischer Kasten   AL = Attribute-Listing
635 = Methode 635   SY = Synektik   MM = Morphologische Matrix   PLB = Problemlösungsbaum

Anwendungsmerkmale

	Verfasser	I. Schw. G.	II. G/E	III. Mod.	durchschn. Dauer	IV. Prot.
Progressive Abstraktion	GESCHKA	3	G, E	++	2 h	P!
Hypothesenmatrix	SCHLICKSUPP	2	E	O	>1 Tag	P
KJ-Methode	KAWAKITA	2	E (G)	(++)	>1 Tag	P!
Morphologischer Kasten	ZWICKY	3	E (G)	(++)	bis >1 Tag	A
Sequentielle Morphologie	SCHLICKSUPP	3	E (G)	(++)	bis >1 Tag	A
Attribute-Listing	CRAWFORD	1	E, G	O	bis >1 Tag	A
Morphologische Matrix	ZWICKY	2	E (G)	(+)	bis >1 Tag	P
Problemlösungsbaum		2	E (G)	(+)	bis >1 Tag	A
Brainstorming	OSBORN	2	G	+	0,5 bis 1 h	P!
Methode 635	ROHRBACH	1	G	O	0,75 h	A
Brainwriting-Pool	SCHLICKSUPP	1	G	O	0,75 h	A
SIL-Methode	SCHLICKSUPP	2	G	++	2 h	P!
Synektik	GORDON	3	G (E)	++	3 h	P!
TILMAG-Methode	SCHLICKSUPP	2	G (E)	+	2 bis 3 h	P!
Semantische Intuition	SCHLICKSUPP	1	G, E	+	1 h	P!
Visuelle Synektik	GESCHKA/ SCHAUDE/ SCHLICKSUPP	2	G, E	+	1 h	P!

I. Schwierigkeitsgrad:
1 = nicht sehr hoch; gut als "Einstiegs-" oder "Anfänger-" methode"
2 = setzt gute Methodenkenntnisse voraus
3 = Schwierige Methode, die ausreichend zu trainieren ist

II. Eignung für:
E = Einzelarbeit
G = Gruppenarbeit
( ) = bedingte Eignung

III. Moderation:
O = keine Anforderungen
+ = normale Anforderungen
++ = besondere Anforderungen
( ) = wenn in Gruppen angewandt

IV. Protokollierung:
AS = "automatisches" Protokoll
P = normale Protokollsorgfalt
P! = besondere Protokollsorgfalt (z.B. Tonbandaufzeichnung)

Anhang J: Kreativitätstechniken

Bewertung der Strategie- und Potentialkonformität				Strategietyp Kostenführerschaft
Strategiekonformität	5	3	1	
Größenbedingte Kostendegression				5
Stückzahl	Massenproduktion	Serienproduktion	Einzelfertigung	5
Herstellungsprozeß	automatisiert	teilweise automatisiert	manuell	3
Lernvorgänge				5
Verweildauer des Produktes im Unternehmen (geplant)	lang	mittel	kurz	3
Produktivität gegenüber Konkurrenz	höher	gleich	geringer	3
Zeitwahl				3
Stellung im Produktlebenszyklus	Einführung	Wachstum	Reife	3
Marktkenntnis	hoch	mittel	gering	3
Ermessensentscheidungen				3
Beitrag zur Programmkonzentration (Standardisierung)	hoch	mittel	gering	1
Differenzierung des Produktes	paritätisch	beinahe paritätisch	keine	3
Preis im Vergleich zur Konkurrenz	niedriger	gleich	höher	3
Standort				3
Personalkosten	gering	mittel	hoch	3
Energiekosten	gering	mittel	hoch	3
Rohstoffkosten	gering	mittel	hoch	3
Außerbetriebliche Faktoren				1
Kosten für Genehmigungen (Sicherheit, Umweltschutz)	gering	mittel	hoch	3
Zeitbedarf für Genehmigungen (Sicherheit, Umweltschutz)	gering	mittel	hoch	1
Potentialkonformität				
Fähigkeitenkonformität				5
Kenntnisse über verwendeten Werkstoffe und seine Verarbeitung	hoch	mittel	gering	3
Kenntnisse über Produktfunktionen/ Arbeitsprinzip	hoch	mittel	gering	3
Beherrschung der angewandten Technologien (Potentialportfolio)	hoch	mittel	gering	3
Ressourcenkonformität				5
Ressourcennutzung	hoch	mittel	gering	5

Anhang K: Bewertungsdatenblatt für den Strategietyp „Kostenführerschaft"

Produktidee	Bewertung der Strategie- und Potentialkonformität			Wert	Strategietyp: *Differenzierung*
Strategiekonformität					**1**
Lernvorgänge	5 lang	3 mittel	1 kurz		5
Verweildauer des Produktes im Unternehmen (geplant)					
Zeitwahl	Einführung	Wachstum	Reife		3
Stellung im Produktlebenszyklus				3	
Marktkenntnis	hoch	mittel	gering	3	
Unternehmenspolitische Entscheidungen	einzigartig	besonders	durchschnittlich		5
Produktfunktionen/-eigenschaften					
Außerbetriebliche Faktoren	gering	mittel	hoch		1
Kosten für Genehmigungen (Sicherheit, Umweltschutz)				3	
Zeitbedarf für Genehmigungen (Sicherheit, Umweltschutz)	gering	mittel	hoch	1	
Produktspezifische Faktoren	> 5	3 bis 5	1 oder 2		5
Ebenenzahl der Differenzierung				5	
Wertanmutung des Produktes	exklusiv	mittel	gering	3	
Kostenparität gegenüber Konkurrenz	vollständig	annähernd vollständig	keine	3	
Potentialkonformität					**1**
Fähigkeitenkonformität	5 hoch	3 mittel	1 gering		3
Kenntnisse über verwendeten Werkstoffe und seine Verarbeitung				3	
Kenntnisse über Produktfunktionen/ Arbeitsprinzip	hoch	mittel	gering	3	
Beherrschung der angewandten Technologien (Potentialportfolio)	hoch	mittel	gering	3	
Ressourcenkonformität			berechneter Wert		5
Ressourcennutzung					

Anhang L: Bewertungsdatenblatt für den Strategietyp „Differenzierung"

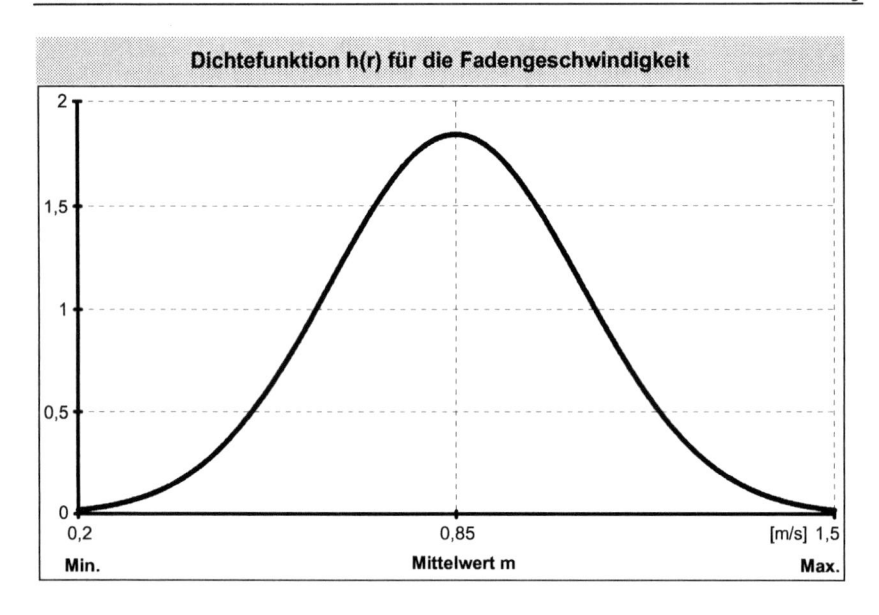

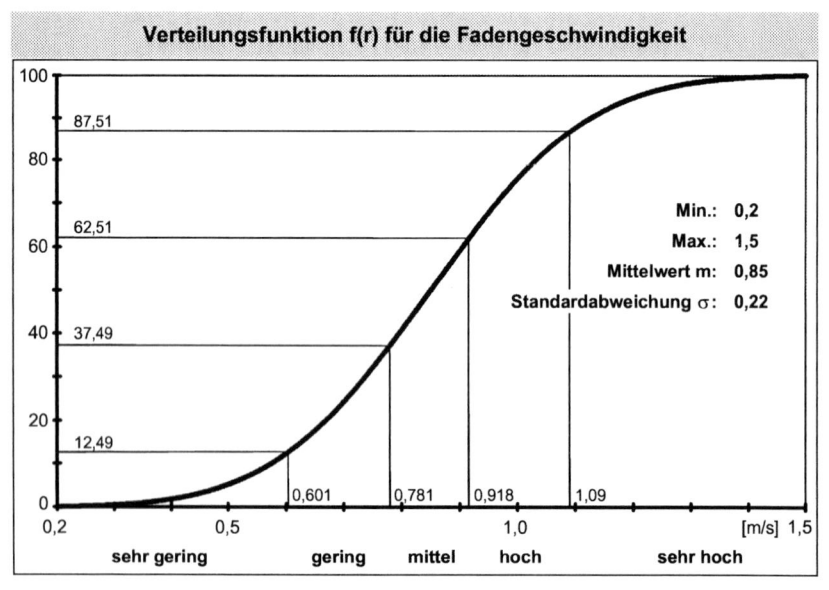

Dichtefunktion h(r) für die Fadengeschwindigkeit

Verteilungsfunktion f(r) für die Fadengeschwindigkeit

Min.: 0,2
Max.: 1,5
Mittelwert m: 0,85
Standardabweichung σ: 0,22

sehr gering | gering | mittel | hoch | sehr hoch

Anhang M: Dichtefunktion und Verteilungsfunktion für die Fadengeschwindigkeit

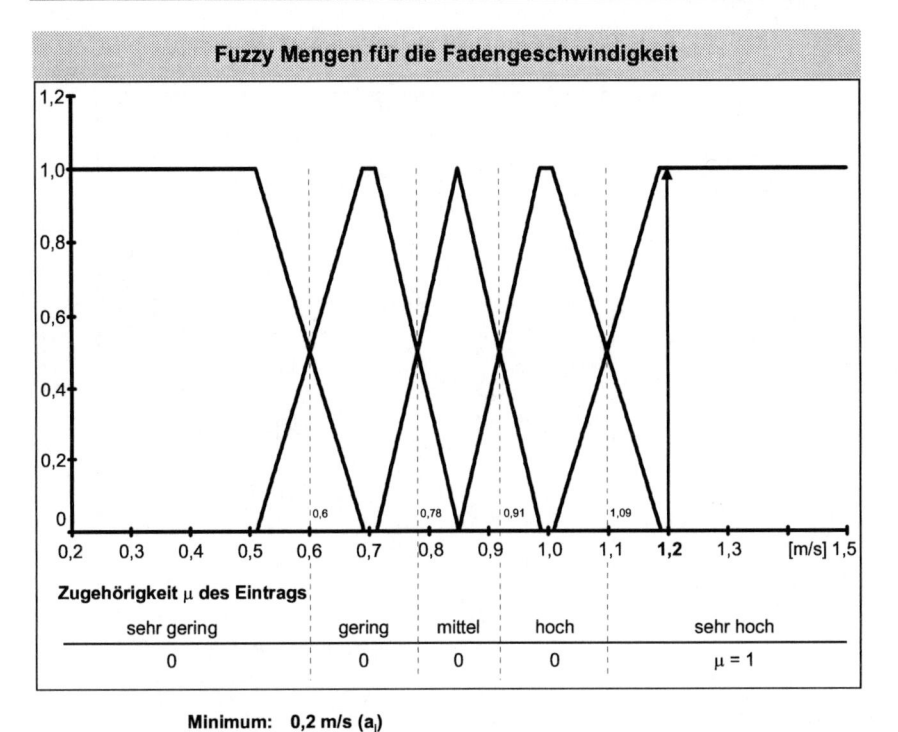

Fuzzy Mengen für die Fadengeschwindigkeit

Zugehörigkeit µ des Eintrags					
sehr gering	gering	mittel	hoch	sehr hoch
0	0	0	0	µ = 1

Minimum: 0,2 m/s (a_j)
Maximum: 1,5 m/s (b_j)
Intervallanzahl H: 5
Mittelwert m: 0,85
Standardabweichung σ: 0,22
Unschärfe U_l: 0,52
Eintrag: 1,2 m/s

Anhang N: Fuzzy Mengen für die Fadengeschwindigkeit

Potentialportfolio

Zukunftsträchtigkeit (ZT)

1: Wickeln
2: Drehen
3: Walzen
4: Strangpressen
5: Tiefziehen
6: Nieten
7: Plattieren
8: WIG-Schweißen

Technologiebeherrschung (TB)

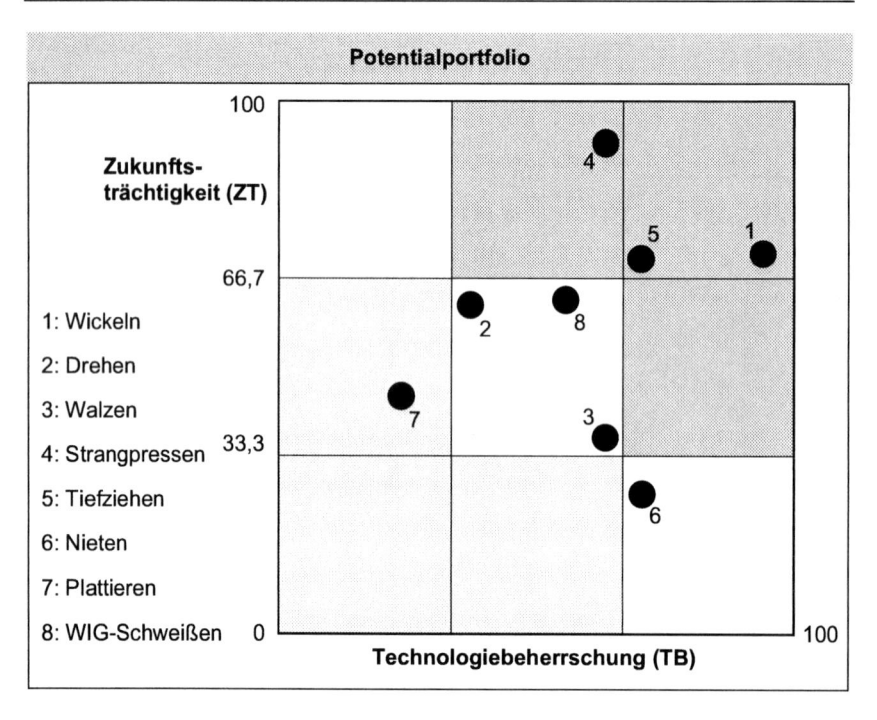

Technologie	Wert TB	Wert ZT
Wickeln	95,2	71,8
Drehen	35,9	61,6
Walzen	64,2	36,7
Strangpressen	63,9	80,4
Tiefziehen	68,1	69,6
Nieten	69,8	26,7
Plattieren	25,7	44,9
WIG-Schweißen	52,6	54,6

Anhang O: Potentialportfolio

Anhang   Seite 167

Berechnung Markteignung M

		CFK-Atemluftflasche				
Herstellkosten		308,05	Fertigungskosten:			
Materialkosten		180	Fertigungseinzelkosten		103,05	
			Gemeinkostenanteil		25	

	Jahr 0	Jahr 1	Jahr 2	Jahr 3	Jahr 4	Jahr 5
Preis am Markt [DM]	0	450	450	450	450	450
Absatz	0	4.000	4.000	4.000	4.000	4.000
Umsatzerlöse	0	1.800.000	1.800.000	1.800.000	1.800.000	1.800.000
Materialeinzelkosten	0	720.000	720.000	720.000	720.000	720.000
Fertigungseinzelkosten	0	412.200	412.200	412.200	412.200	412.200
Sonstige absatzabhängige Kosten	0	0	0	0	0	0
variable Kosten des Erzeugnisses	0	1.132.200	1.132.200	1.132.200	1.132.200	1.132.200
Deckungsbeitrag I	0	667.800	667.800	667.800	667.800	667.800
Entwicklungskosten	500.000	200.000	100.000	50.000	50.000	50.000
Marketingkosten	0	200.000	150.000	150.000	150.000	150.000
Gemeinkostenanteil	0	100.000	100.000	100.000	100.000	100.000
Erzeugnisfixkosten	500.000	500.000	350.000	300.000	300.000	300.000
Deckungsbeitrag II	-500.000	167.800	317.800	367.800	367.800	367.800
Erzeugnisgruppenfixkosten	0	0	0	0	0	0
Deckungsbeitrag III	-500.000	167.800	317.800	367.800	367.800	367.800
Diskontierter Deckungsbeitrag (10%)	-500.000	152.545	262.645	276.541	251.918	228.447
Kumulierter diskontierter Deckungsbeitrag III	-500.000	-347.455	-84.810	191.731	443.649	672.096

Armortisationsdauer	2,24
Markteignung M	**0,45**

Berechnung Ressourcennutzung

CFK-Atemluftflasche

1-Schicht Betrieb, 260 Tage*8 h. Restnutzungsdauer=Sollbetriebsstunden*Jahre
2080 Std. Arbeitszeit Soll-Betriebsstunden (h) Ssoll   1680
Verfügbarkeit d.Maschinen 95%=1976h angestrebte Auslastung 85%=1680h
durchschnittlicher Absatz   4000

Für das neue Produkt verwendete Anlagen:	Drehen	Pressen	Wickeln	Fräsen	Schweißen	Summe
Kosten der Maschinenstunde	110,00	140,00	115,00	125,00	110,00	
Restnutzungsdauer in Jahren	3	2	3	2	4	
Restnutzungsdauer in Stunden	5.040	3.360	5.040	3.360	6.720	
Verweildauer pro Maschine (h/Stck)	0,08	0,10	0,35	0,10	0,25	0,88
Fertigungseinzelkosten pro Maschine (DM)	8,80	14,00	40,25	12,50	27,50	103,05
Ist-Betriebsstunden (h)	1.000	1.100	250	1.000	600	
Zusätzliche Auslastung durch Produkt (h)	320	400	1.400	400	1.000	
neue Ist-Betriebsstunden (h)	1.320	1.500	1.650	1.400	1.600	
Differenz des Deckungsfehlbetrages	105.600	112.000	483.000	100.000	440.000	
Deckungsfehlbetrag	224.400	162.400	493.350	170.000	475.200	
Summe Deckungsfehlbetrag	1.525.350					
Summe zusätzliche Deckung	1.240.600					
Ressourcenkonformität R	**4,25**					

Kostenbeträge jeweils in [DM]

Anhang P: Markteignung und Ressourcennutzung (CFK-Hochdruckflasche)

Berechnung Markteignung M **Hochleistungs-Druckerführungswalze**
Herstellkosten 225 Fertigungskosten:
Materialkosten 140 Fertigungseinzelkosten 65
              Gemeinkostenanteil 20

	Jahr 0	Jahr 1	Jahr 2	Jahr 3	Jahr 4	Jahr 5
Preis am Markt	0	285	285	285	285	285
Umsatz	0	5.000	5.000	5.000	5.000	5.000
Umsatzerlöse	0	1.425.000	1.425.000	1.425.000	1.425.000	1.425.000
Materialeinzelkosten	0	700.000	700.000	700.000	700.000	700.000
Fertigungseinzelkosten	0	325.000	325.000	325.000	325.000	325.000
Sonstige absatzabhängige Kosten	0	0	0	0	0	0
variable Kosten des Erzeugnisses	0	1.025.000	1.025.000	1.025.000	1.025.000	1.025.000
Deckungsbeitrag I	0	400.000	400.000	400.000	400.000	400.000
Entwicklungskosten	400.000	75.000	50.000	50.000	25.000	25.000
Marketingkosten	0	100.000	100.000	100.000	75.000	75.000
Gemeinkostenanteil	0	100.000	100.000	100.000	100.000	100.000
Erzeugnisfixkosten	400.000	275.000	250.000	250.000	200.000	200.000
Deckungsbeitrag II	-400.000	125.000	150.000	150.000	200.000	200.000
Erzeugnisgruppenfixkosten	0	0	0	0	0	0
Deckungsbeitrag III	-400.000	125.000	150.000	150.000	200.000	200.000
Diskontierter Deckungsbeitrag (10%)	-400.000	113.636	123.967	112.782	136.986	124.224
Kumulierter diskontierter Deckungsbeitrag III	-400.000	-286.364	-162.397	-49.615	87.372	211.595
Armortisationsdauer	3,30					
Markteignung M	0,30					

Berechnung Ressourcennutzung **Hochleistungs-Druckerführungswalze**

1-Schicht Betrieb, 260 Tage*8 h. Restnutzungsdauer=Sollbetriebsstunden*Jahre
2080 Std. Arbeitszeit Soll-Betriebsstunden (h) Ssoll 1680
Verfügbarkeit d.Maschinen 95%=1976h angestrebte Auslastung 85%=1680h
durchschnittlicher Umsatz 5000

Für das neue Produkt verwendete Maschinen:	Drehen	Pressen	Wickeln	Fräsen	Schweißen	Summe
Kosten der Maschinenstunde	110,00	140,00	115,00	125,00	110,00	
Restnutzungsdauer in Jahren	3	2	3	2	4	
Restnutzungsdauer in Stunden	5.040	3.360	5.040	3.360	6.720	
Verweildauer pro Maschine (h/Stck)	0,10	0,05	0,30	0,10	0,00	0,55
Fertigungseinzelkosten pro Maschine (DM)	11,00	7,00	34,50	12,50	0,00	65
Ist-Betriebsstunden (h)	1.000	1.100	250	1.000	600	
Zusätzliche Auslastung durch Produkt (h)	500	250	1.500	500	0	
neue Ist-Betriebsstunden (h)	1.500	1.350	1.750	1.500	600	
Differenz des Deckungsfehlbetrages	165.000	70.000	517.500	125.000	0	
Deckungsfehlbetrag	224.400	162.400	493.350	170.000	475.200	
Summe Deckungsfehlbetrag	1.525.350					
Summe zusätzliche Deckung	877.500					
Ressourcenkonformität R	3,30					

Kostenbeträge jeweils in [DM]

Anhang Q: Markteignung und Ressourcennutzung (Druckerführungswalze)

Berechnung Markteignung M

| Herstellkosten | 78,55 |
| Materialkosten | 45 |

CFK-Baseballschläger

Fertigungskosten:
Fertigungseinzelkosten 23,55
Gemeinkostenanteil 10

	Jahr 0	Jahr 1	Jahr 2	Jahr 3	Jahr 4	Jahr 5
Preis am Markt	0	95	95	95	95	95
Umsatz	0	10.000	10.000	10.000	10.000	10.000
Umsatzerlöse	0	950.000	950.000	950.000	950.000	950.000
Materialeinzelkosten	0	450.000	450.000	450.000	450.000	450.000
Fertigungseinzelkosten	0	235.500	235.500	235.500	235.500	235.500
Sonstige absatzabhängige Kosten	0	0	0	0	0	0
Variable Kosten des Erzeugnisses	0	685.500	685.500	685.500	685.500	685.500
Deckungsbeitrag I	0	264.500	264.500	264.500	264.500	264.500
Entwicklungskosten	50.000	40.000	10.000	10.000	5.000	5.000
Marketingkosten	0	150.000	125.000	100.000	75.000	75.000
Gemeinkostenanteil	0	100.000	100.000	100.000	100.000	100.000
Erzeugnisfixkosten	50.000	290.000	235.000	210.000	180.000	180.000
Deckungsbeitrag II	-50.000	-25.500	29.500	54.500	84.500	84.500
Erzeugnisgruppenfixkosten	0	0	0	0	0	0
Deckungsbeitrag III	-50.000	-25.500	29.500	54.500	84.500	84.500
Diskontierter Deckungsbeitrag (10%)	-50.000	-23.182	24.380	40.977	57.877	52.484
Kumulierter diskontierter Deckungsbeitrag III	-50.000	-73.182	-48.802	-7.824	50.053	102.537

| Armortisationsdauer | 3,05 |
| **Markteignung M** | **0,33** |

Berechnung Ressourcennutzung

CFK-Baseballschläger

1-Schicht Betrieb, 260 Tage*8 h.
2080 Std. Arbeitszeit
Verfügbarkeit d.Maschinen 95%=1976h
durchschnittlicher Umsatz 10.000

Restnutzungsdauer=Sollbetriebsstunden*Jahre
Soll-Betriebsstunden (h) Ssoll 1680
angestrebte Auslastung 85%=1680h

Für das neue Produkt verwendete Maschinen:	Drehen	Pressen	Wickeln	Fräsen	Schweißen	Summe
Kosten der Maschinenstunde	110,00	140,00	115,00	125,00	110,00	
Restnutzungsdauer in Jahren	3	2	3	2	4	
Restnutzungsdauer in Stunden	5.040	3.360	5.040	3.360	6.720	
Verweildauer pro Maschine (h/Stck)	0,05	0,00	0,09	0,00	0,07	0,21
Fertigungseinzelkosten pro Maschine (DM)	5,50	0,00	10,35	0,00	7,70	23,55
Ist-Betriebsstunden (h)	1.000	1.100	250	1.000	600	
Zusätzliche Auslastung durch Produkt (h)	500	0	900	0	700	
Neue Ist-Betriebsstunden (h)	1.500	1.100	1.150	1.000	1.300	
Differenz des Deckungsfehlbetrages	165.000	0	310.500	0	308.000	
Deckungsfehlbetrag	224.400	162.400	493.350	170.000	475.200	
Summe Deckungsfehlbetrag	1.525.350					
Summe zusätzliche Deckung	783.500					
Ressourcenkonformität R	**3,05**					

Kostenbeträge jeweils in [DM]

Anhang R: Markteignung und Ressourcennutzung (CFK-Baseballschläger)

Produktidee: FVK-Druckerführungswalze	Bewertung der Strategie- und Potentialkonformität	Wert 3,49	Strategietyp: Differenzierung

Strategiekonformität 3,54 — 1

Kriterium	5	3	1	Wert
Lernvorgänge	lang	mittel	kurz	5
Verweildauer des Produktes im Unternehmen (geplant)	x			
Zeitwahl				3
	Einführung	Wachstum	Reife	
Stellung im Produktlebenszyklus		x		3
	hoch	mittel	gering	
Marktkenntnis		x		3
Unternehmenspolitische Entscheidungen				5
	einzigartig	besonders	durchschnittlich	
Produktfunktionen/-eigenschaften		x		
Außerbetriebliche Faktoren				1
	gering	mittel	hoch	
Kosten für Genehmigungen (Sicherheit, Umweltschutz)	x			3
	gering	mittel	hoch	
Zeitbedarf für Genehmigungen (Sicherheit, Umweltschutz)	x			1
Produktspezifische Faktoren				5
	> 5	3 bis 5	1 oder 2	
Ebenenzahl der Differenzierung			x	5
	exklusiv	mittel	gering	
Wertanmutung des Produktes	x			3
	vollständig	annähernd vollständig	keine	
Kostenparität gegenüber Konkurrenz		x		3

Potentialkonformität 3,44 — 1

Kriterium	5	3	1	Wert
Fähigkeitenkonformität	hoch	mittel	gering	3
Kenntnisse über verwendeten Werkstoffe und seine Verarbeitung	x			3
	hoch	mittel	gering	
Kenntnisse über Produktfunktionen/ Arbeitsprinzip			x	3
	hoch	mittel	gering	
Beherrschung der angewandten Technologien (Potentialportfolio)	x			3
Ressourcenkonformität			berechneter Wert	5
Ressourcennutzung			3,3	

Anhang S: Bewertungsdatenblatt „Differenzierung" (Druckerführungswalze)

Produktidee: CFK-Baseballschläger	Bewertung der Strategie- und Potentialkonformität	Wert 2,84	Strategietyp: Differenzierung

Strategiekonformität 2,41 — 1

Kriterium	5	3	1	Wert
Lernvorgänge — Verweildauer des Produktes im Unternehmen (geplant)	lang	mittel (x)	kurz	5
Zeitwahl — Stellung im Produktlebenszyklus	Einführung	Wachstum	Reife (x)	3
Marktkenntnis	hoch	mittel	gering (x)	3
Unternehmenspolitische Entscheidungen — Produktfunktionen/-eigenschaften	einzigartig	besonders (x)	durchschnittlich	5
Außerbetriebliche Faktoren — Kosten für Genehmigungen (Sicherheit, Umweltschutz)	gering (x)	mittel	hoch	1 / 3
Zeitbedarf für Genehmigungen (Sicherheit, Umweltschutz)	gering (x)	mittel	hoch	1
Produktspezifische Faktoren — Ebenenzahl der Differenzierung	> 5	3 bis 5	1 oder 2 (x)	5 / 5
Wertanmutung des Produktes	eklusiv	mittel (x)	gering	3
Kostenparität gegenüber Konkurrenz	vollständig	annähernd vollständig	keine (x)	3

Potentialkonformität 3,27 — 1

Fähigkeitenkonformität

Kriterium	5	3	1	Wert
Kenntnisse über verwendeten Werkstoffe und seine Verarbeitung	hoch (x)	mittel	gering	3 / 3
Kenntnisse über Produktfunktionen/ Arbeitsprinzip	hoch	mittel	gering (x)	3
Beherrschung der angewandten Technologien (Potentialportfolio)	hoch (x)	mittel	gering	3

Ressourcenkonformität

Ressourcennutzung	berechneter Wert 3,05	5

Anhang T: Bewertungsdatenblatt „Differenzierung" (CFK-Baseballschläger)

LEBENSLAUF

Persönliches:

Name:	Walther Pelzer
Geburtsdatum:	18. Juli 1967 in Aachen
Eltern:	Pelzer, Hubert
	Pelzer, Irmgard (geb. Kerres)
Geschwister:	Pelzer, Werner
	Pelzer, Günther
	Pelzer, Volker
	Consten, Karin (geb. Pelzer)
	Pelzer, Heiner
Familienstand:	verheiratet mit Runak-Ariane Pelzer (geb. Shatavi)
Staatsangehörigkeit:	Deutsch

Schulbildung:

1973-1977	Grundschule Preuswald, Aachen
1977-1978	Hauptschule Kronenberg, Aachen
1978-1988	Kaiser-Karls-Gymnasium, Aachen
	Abschluß Allgemeine Hochschulreife am 4. Juni 1988

Studium:

10.1988-11.1994	Maschinenbau an der RWTH Aachen
	Fachrichtung: Fertigungstechnik
	Diplomzeugnis vom 3. November 1994

Berufstätigkeit:

08.1988-11.1994	36 Wochen Praktikum in verschiedenen Industrieunternehmen
11.1992-11.1994	Studentische Hilfskraft am Fraunhofer-Institut für Produktionstechnologie, Aachen
12.1994-12.1998	Wissenschaftlicher Angestellter am Fraunhofer-Institut für Produktionstechnologie, Abteilung Planung und Organisation unter der Leitung von Prof. W. Eversheim
seit 01.1999	Technologie-Controlling bei der Degussa-Hüls AG, Geschäftsbereich Edelmetalle